Fachberichte Simulation

Herausgegeben von D. Möller und B. Schmidt

Band 7

B. Schmidt

Transportmodelle

Springer-Verlag
Berlin Heidelberg NewYork
London Paris Tokyo 1987

Herausgeber der Reihe
Dr. D. Möller
Physiologisches Institut
Universität Mainz
Saarstraße 21
6500 Mainz

Prof. Dr. B. Schmidt
Informatik IV
Universität Erlangen-Nürnberg
Martensstraße 3
8520 Erlangen

Autor
Prof. Dr. Bernd Schmidt
Informatik IV
Universität Erlangen-Nürnberg
Martensstraße 3
8520 Erlangen

CIP-Kurztitelaufnahme der Deutschen Bibliothek

Schmidt, Bernd:
Transportmodelle / B. Schmidt.
Berlin; Heidelberg; New York; London; Paris; Tokyo: Springer, 1987.
(Fachberichte Simulation; Bd. 7)
ISBN-13: 978-3-540-18186-6 e-ISBN-13: 978-3-642-83187-4
DOI:10.1007/978-3-642-83187-4
NE: GT

Druck: Color-Druck, G. Baucke, Berlin; Bindearbeiten: Lüderitz & Bauer, Berlin
2160/3020-543210

Vorwort

Für den Aufbau komplexer Modelle auf dem Gebiet der Produktionssysteme ist es bedeutsam, daß die Komponenten für Fertigung, Montage und Lagerung durch ein sehr leistungsfähiges und dennoch sehr flexibles Transportsystem verbunden werden können.

Ein Transportsystem besteht aus den Transportmitteln, dem Wegenetz und der Steuerung.

Zu den Transportmitteln gehören:

* Spurgebundene Fahrzeuge z.B.
  Eisenbahnzüge mit Waggons
  Fahrerlose Transportsysteme
  Hängebahnen usw.

* Nicht spurgebundene Fahrzeuge z.B.
  Elektrowagen
  Gabelstapler
  PKW's und LKW's usw.

* Stetigförderer z.B.
  Förderbänder
  Rutschen usw.

Die Transportmittel bewegen sich auf dem Wegenetz. Ein Wegenetz setzt sich wie folgt zusammen.

* Einfache Streckenabschnitte
* Blockstrecken
* Weichen
* Kreuzungen

Die Steuerung sorgt dafür, daß die Aufträge auf die vorgesehene Weise durch die Transportmittel über das Wegenetz befördert werden. Sie besteht aus den folgenden beiden Komponenten:

* Dispositive Steuerung
  Sie übernimmt die Zuteilung von Auftrag und Transportmittel

* Fahrzeugsteuerung
  Sie führt das Fahrzeug durch das Wegenetz

Für das gesamte Transportsystem, bestehend aus Transportmitteln, Wegenetz und Steuerung wird ein einheitliches Modellkonzept vorgestellt.

Die Implementierung wird mit Hilfe des Simulators GPSS-FORTRAN Version 3 durchgeführt.

Der Simulator GPSS-FORTRAN Version 3 war immer schon in der Lage, in seinem warteschlangenorientierten Teil Modelle mit Bearbeitungsstationen, Lagerverwaltung und Auftragssteuerung aufzubauen.

Durch einen Zusatz ist es möglich geworden, jetzt auch Vorgänge, die Transportmittel benötigen, zu simulieren. Hierdurch eröffnet sich für den Simulator GPSS-FORTRAN als Anwendungsgebiet der

Modellaufbau für Produktionssysteme. Alle für Fertigung, Montage, Lagerung und Materialfluß erforderlichen Komponenten werden angeboten.

Der Simulator GPSS-FORTRAN ist ein Paket. Das bedeutet, daß die Modellelemente und Modellfunktionen in Form von Unterprogrammen zur Verfügung gestellt werden. Auf diese Weise ist es möglich, Modellelemente und Modellfunktionen zu verändern oder zu ergänzen. Es liegt benutzereigene Spracherweiterung vor.

Diese benutzereigene Spracherweiterung hat sich besonders bei der Simulation komplexer Modelle bewährt. Hier müssen Einzelheiten sehr abbildungstreu nachgebildet werden. Sprachem mit ihren eingeschränkten Ausdrucksmöglichkeiten versagen an dieser Stelle (siehe hierzu: B. Schmidt, Classification of Simulation Software, System Analysis, Modelling, Simulation, 3 (1986), Heft 2, Akademie Verlag, Berlin).

Bei der Entwicklung des Transportmodells für den Simulator werden vielseitige Anregungen berücksichtigt. Besonderen Einfluß hat das System MFSP (siehe G. Stemmer, MFSP - Ein Verfahren zur Simulation komplexer Materialflußsysteme, Otto Krausskopf-Verlag, Mainz 1977) und SIMAN (siehe C.D. Pedgen, Introduction to SIMAN, System Modelling Corporation, State College, Pensylvania, 1982)

Die von GPSS-FORTRAN Version 3 angebotenen Verfahren und Methoden gehen allerdings weit über das hinaus, was in MFSP und SIMAN möglich ist.

In Kap. 1 "Der Aufbau des Transportmodells" wird in Form einer Übersicht der Leistungsumfang des Simulators beschrieben. Dieser Teil setzt keine Vorkenntnisse voraus.

Kap. 2 "Die Ablaufkontrolle für das Simulationsmodell" zeigt, wie die Modellelemente und Modellfunktionen des Transportmodells in den Simulator eingebunden sind. Dieses Kapital verlangt gute Kenntnis des Simulators GPSS-FORTRAN Version 3. Es ist nur wichtig für Benutzer, die sich selbst mit der Implementierung vertraut machen wollen oder sich Anregungen für den Aufbau eines eigenen Simulators beschaffen möchten. Um mit dem Transportmodell zu arbeiten, genügt ein oberflächliches Überfliegen. In Kap. 4 wird dem Anwender in Form einer Gebrauchsanweisung gezeigt, wie Modelle aufgebaut werden.

Dasselbe gilt für Kap. 3 "Der Aufbau des Wegenetzes".

Kapitel 2 und 3 verstehen sich als Beitrag zur Simulationstechnik, die zeigen sollen, auf welche Weise ein Simulator für Transportmodelle aufgebaut werden kann.
Voraussetzung für das Verständnis ist die Vertrautheit mit den Teilen des Simulators, die in B. Schmidt, Fachberichte Simulation Band 1, 2 und 3, Springer Verlag 1984 beschrieben wurden.

Kap. 4 "Transportmodelle" zeigt an zahlreichen Beispielen die Leistungsfähigkeit und die Modellierungsmöglichkeiten des Simulators. Dieses Kapitel ist zunächst für den Benutzer des Simulators gedacht.
Weiterhin gibt sie einen guten Einblick in die Art der Modelle, die bearbeitet werden können und in die Art der Ergebnisse, die ein Simulationsmodell zu liefern vermag.

Ein umfangreiches Projekt wie der Entwurf, die Implementierung, der Test und die Dokumentation des Transportmodells für den Simulator GPSS-FORTRAN Version 3 ist nicht ohne wesentliche Unterstützung möglich.
Zu besonderen Dank bin ich meinen Mitarbeitern verpflichtet, die an der Ausgestaltung des Simulators beteiligt waren.
Herr G. Biehler und Herr J. Petzoldt wirkten sowohl beim Konzept, bei der Programmierung, den Beispielmodellen und der Dokumentation mit.
Herr K.-J. Langer hat die Implementierung des Algorithmus zur Wegefindung in der Fahrzeugsteuerung übernommen.

Mein besonderer Dank gilt weiterhin Frl. Sonja Wilfer, die das Manuskript und die Abbildung mit großer Sorgfalt erstellt hat.

Es ist mein Wunsch, daß der vorliegende Beitrag der Simulation neue Anwendungsgebiete erschließt und mithilft, der Simulation als Instrument bei Entwurf, Planung und Realisierung zusätzliche Anerkennung zu vermitteln.

Erlangen, Frühjahr 1987 Bernd Schmidt

Inhaltsverzeichnis

1 Der Aufbau des Transportmodells

Im Simulator GPSS-FORTRAN Version 3 bestand bereits von Anfang an die Möglichkeit, die Stationen zu einem komplexen Netz zusammenzuschalten. Allerdings wurde bisher den Verbindungswegen zwischen den Stationen wenig Aufmerksamkeit zugewandt.

Der Weg von einer Station zur nächsten erfolgte in der Regel unmittelbar, indem die Unterprogrammaufrufe, die zu zwei aufeinanderfolgenden Stationen gehören, im Unterprogramm ACTIV ebenfalls direkt hintereinander stehen.

* Beispiel:

Ein Auftrag benötigt zunächst Betriebsmittel und wird dann bearbeitet. Die Stationsfolge mit den dazugehörigen Unterprogrammaufrufen ist die folgende:

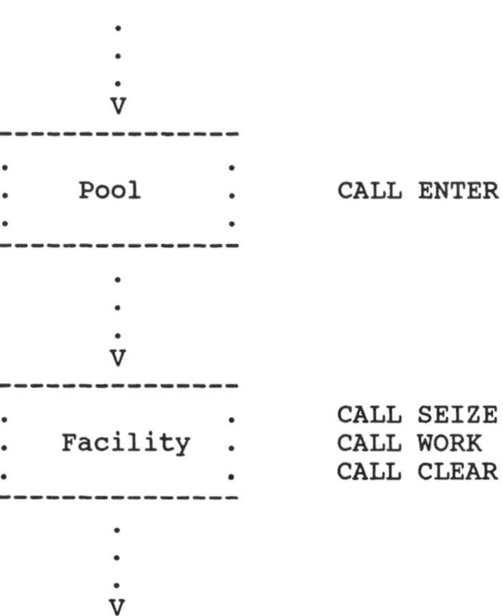

Im vorliegenden Fall erfolgt der Übergang vom Pool zur Facility ohne Einschränkungen.
Falls der Weg zwischen zwei Stationen nicht vernachlässigt werden kann, war es bisher möglich, einen zeitverbrauchenden Vorgang dazwischen zu schieben. Die Unterprogrammfolge des Beispiels hätte die folgende Form:

```
CALL ENTER
CALL ADVANC
CALL SEIZE
CALL WORK
CALL CLEAR
```

Um auf diese Weise vorgehen zu können, muß vorausgesetzt werden, daß der Transport zwischen den Stationen selbst keine Betriebsmittel benötigt, die unter Umständen nicht sofort belegt werden können.
Für alle Modelle, in denen Transportmittel erforderlich sind, die nur in begrenzter Zahl zur Verfügung stehen, müssen daher neue Modellierungsmöglichkeiten bereitgestellt werden.

1.1 Das Terminal

Der Simulator GPSS-FORTRAN Version 3 bietet zusätzlich zu den bereits bestehenden Verfahren und Methoden die Möglichkeit, ein eigenständiges Transportmodell sehr detailgetreu aufzubauen.
Das bisherige Auftragsmodell, in dem Transactionen als Aufträge von Station zu Station wandern, wird durch das Transportmodell ergänzt, in dem sich Transportmittel oder Fahrzeuge bewegen.
Das Auftragsmodell und das Transportmodell können unabhängig voneinander beschrieben werden. Die Verbindung zwischen beiden Komponenten stellen die Haltepunkte dar (englisch: Terminal).

Ein Terminal ist eine neue Station, die sowohl von Aufträgen als auch von Fahrzeugen betreten werden kann.
Die Aufträge betreten das Terminal, sobald sie sich an das Transportmodell wenden, um befördert zu werden.
Die Fahrzeuge betreten das Terminal, um dort wartende Aufträge aufzunehmen oder um transportierte Güter abzulegen.

Hinweis:

* Das Terminal ist die Schnittstelle zwischen den zunächst unabhängigen Komponenten Auftragsmodell und Transportmodell. Es liegt hiermit eine sehr klare und übersichtliche Modularisierung vor.

Den Aufbau des Terminals beschreibt Bild 1.

Die Aufträge betreten das Terminal und stellen sich in eine Warteschlange, in der sie auf die Fahrzeuge warten.

* Beispiele:

1. Passagiere warten an einer Bushaltestelle.

2. Werkstücke werden auf einen Ablageplatz gestellt, wo sie von einem Gabelstapler abgeholt werden sollen.

Die Fahrzeuge betreten das Terminal, um einen Beladevorgang einzuleiten. Weiterhin besteht für Fahrzeuge die Möglichkeit, an einem Terminal zu parken, falls die dispositive Steuerung keinen Transportauftrag hat.

Das Betreten des Terminals durch ein Fahrzeug ist eine Funktion, die zum Transportmodell gehört.
Sobald ein Fahrzeug in einem Terminal erscheint, werden die zu transportierenden Aufträge aus der Warteschlange herausgelöst und an das Transportmittel gekettet.

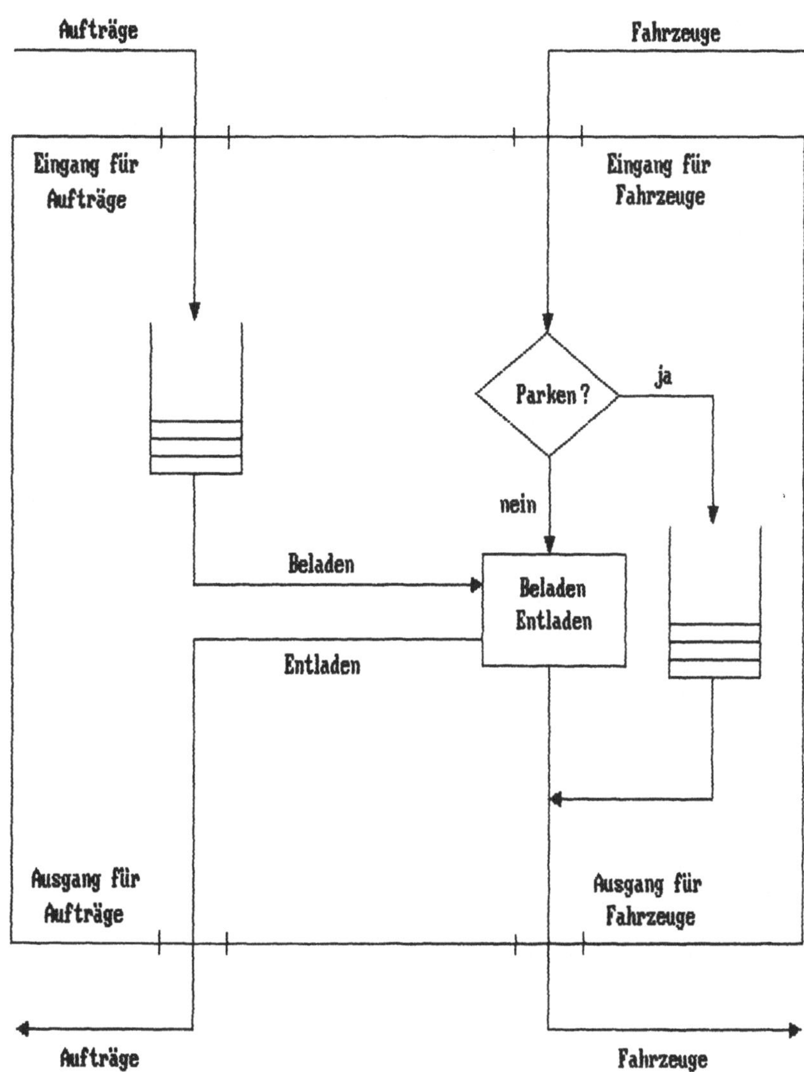

Bild 1: Der Aufbau eines Terminals

Während der Bewegungen des Fahrzeuges durch das Transportsystem sind die transportierten Aufträge passiv.

Sobald das Fahrzeug das gewünschte Zielterminal erreicht hat, werden die Aufträge entladen. Das heißt, sie verlassen das Terminal durch einen gesonderten Ausgang. Von hier aus können sie ihren Weg im Auftragsmodell fortsetzen.

Das Be- und Entladen erfolgt im Auftragsteil durch die beiden Unterprogrammaufrufe

CALL GETIN
und
CALL GETOUT

Soll beispielsweise ein Auftrag von einem Pool zu einer Facility über das Transportsystem befördert werden, so sind im Unterprogramm ACTIV zwischen die Aufrufe für den Pool und die Facility die Aufrufe für das Transportsystem einzuschieben.

```
          .
          .
          .
          V
---------------
.             .
.    Pool     .        CALL ENTER
.             .
---------------
          .
          .
---------------
.  Terminal   .
.  (Beladen)  .        CALL GETIN
.             .
---------------
          .
          .
---------------
.  Terminal   .
. (Entladen)  .        CALL GETOUT
.             .
---------------
          .
          .
---------------
.             .        CALL SEIZE
.  Facility   .        CALL WORK
.             .        CALL CLEAR
---------------
          .
          .
          .
          V
```

Durch den Unterprogrammaufruf CALL GETIN wird der Auftrag an das Transportsystem übergeben.

An der Stelle des Unterprogrammaufrufs CALL GETOUT wird der Auftrag vom Transportsystem zurückgeliefert. Anschließend kann der Auftrag seinen Weg zu weiteren Stationen fortsetzen.

Hinweise:

* Das Auftragsmodell kann wie bisher im Unterprogramm ACTIV beschrieben werden. Zu den bereits bekannten Stationen (siehe B. Schmidt, Der Simulator GPSS-FORTRAN Version 3, Springer Verlag, Kap. 3.1.3 "Stationen"), kommt ein neuer Stationstyp "Terminal" hinzu. Wie alle Stationen sind auch die Terminals durchnumeriert. Jedes Terminal ist demnach durch seine Terminalnummer NTER (Nummer Terminal) gekennzeichnet.
  Die Funktionen Be- und Entladen sowie das Parken für die Fahrzeuge übernehmen die Unterprogramme GLOAD, GOUT und GPARK. Sie werden im Transportmodell im hierfür vorgesehenen Unterprogramm ACTIVG aufgerufen.

* So wie das Auftragsmodell im Unterprogramm ACTIV zu formulieren ist, muß das Transportmodell im Unterprogramm ACTIVG beschrieben werden.

1.2 Das Wegenetz des Transportmodells

Das Wegenetz des Transportmodells wird als gerichteter Graph aufgefaßt, der aus Kanten und Knoten besteht. Die Kanten sind die Wegstrecken, die zwei Knoten verbinden.

Das Wegenetz wird beschrieben, indem zunächst für alle Knoten die (x,y)- Koordinaten angegeben werden. Damit wird für die Knoten die Position in der Ebene festgelegt. Als Knoten sind Terminals und Verzweigungen zulässig.
Anschließend muß angegeben werden, welche Knoten miteinander verbunden werden sollen.

1.2.1 Terminals im Wegenetz

Ein Terminal ist eine Station, die von einem Fahrzeug angelaufen wird und in der ein Fahrzeug unterschiedliche Funktionen ausführt. Bisher beschrieben wurden die Funktionen Beladen, Entladen und Parken. Es ist jedoch möglich, in ein Terminal auch alle die anderen Stationen einzubauen, die GPSS-FORTRAN Version 3 bereitstellt. Hierzu gehören Facilities, Pools usw.

Durch die Möglichkeit, auch im Transportmodell alle Stationen des Simulators GPSS-FORTRAN Version 3 nutzen zu können, ergibt sich die Möglichkeit, sehr ausführlich und sehr detailgetreu zu modellieren.

* Beispiele:

1. Ein Fahrzeug kann in einer Facility gewartet oder repariert werden.

2. Zur weiteren Fahrt benötigt ein Fahrzeug Betriebsmittel, die in einem Pool zur Verfügung gestellt werden.

3. Fahrzeuge belegen nach bestimmten Strategien einen Parkplatz.

4. Die Gather-Station bietet die Möglichkeit, Fahrzeuge zu stauen.

5. Die Koordination von Fahrzeugbewegungen kann mit Hilfe der User-Chains und Trigger-Stations modelliert werden.

1.2.2 Verzweigungen im Wegenetz

Verzweigungen sind Knoten, an denen im Transportmodell der Transportvorgang unterbrochen wird, um eine Entscheidung über die weitere Fahrtroute zu treffen (englisch: Branch).

Verzweigungen kann man sich als Weichen vorstellen, an denen verschiedene Wege zur Weiterfahrt zur Verfügung stehen.

1.2.3 Der Transportvorgang

Ein Fahrzeug bewegt sich im Transportmodell immer nur von Knoten zu Knoten. Ein derartiger Vorgang wird durch den Unterprogrammaufruf

```
      CALL GRIDE
```

bewirkt.

In der Parameterliste des Unterprogrammes GRIDE müssen der Start- und der Zielknoten angegeben werden.

Die anschauliche Vorstellung geht davon aus, daß durch den Aufruf des Unterprogrammes GRIDE ein Fahrzeug von einem Knoten zum nächsten Knoten bewegt wird. An diesem Knoten werden dann anschließend die Funktionen eines Terminals ausgeführt oder aufgrund einer Strategieentscheidung an einer Verzweigung die Fortsetzung des Weges festgelegt.

Bild 2 zeigt ein mögliches Wegenetz mit Terminals und Verzweigungen.

Hinweise:

* Als Knoten sind Terminals und Verzweigungen zulässig. Sie werden getrennt durchnumeriert und durch die Symbole T (Terminal) und B (Branch) gekennzeichnet.

* Zusätzlich gibt es Stützpunkte, die es gestatten, den Wegeverlauf zwischen zwei Knoten genauer darzustellen. Die Stützpunkte werden mit P bezeichnet.

* Eine Kante repräsentiert eine Verbindung zwischen zwei Knoten in einer ausgezeichneten Richtung. Soll zwischen zwei Knoten Hin- und Rückverkehr möglich sein, so sind zwei Kanten anzugeben.

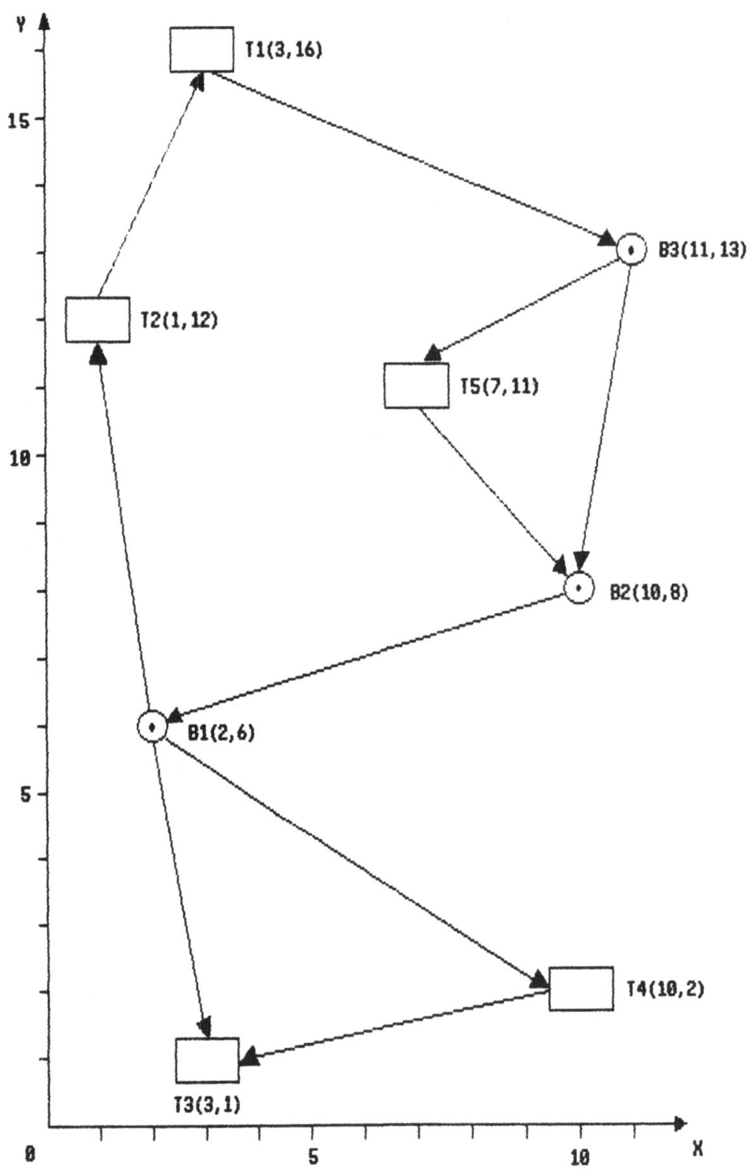

Bild 2: Ein Wegenetz mit Terminals und Verzweigungen

1.2.4 Segmente und Sectionen

Ein Wegstück zwischen zwei Knoten heißt Segment. Ein Segment ist daher durch seine beiden Knoten definiert. Die Segmente werden ebenfalls durchnumeriert.

Um die Möglichkeit zu haben, den Wegeverlauf detaillierter nachbilden zu können, bietet GPSS-FORTRAN die Sectionen an.

Sectionen sind die Feingliederung von Segmenten. Das heißt, daß sich ein Segment bei Bedarf aus Sectionen zusammensetzen läßt.
Die Sectionen werden durch ihre Endpunkte definiert, für die ebenfalls die (x,y)- Koordinaten anzugeben sind.

Bild 3 zeigt an einem Beispiel, wie das Segment, das die Knoten T5 und T8 verbindet, in Sectionen aufgeteilt werden kann.

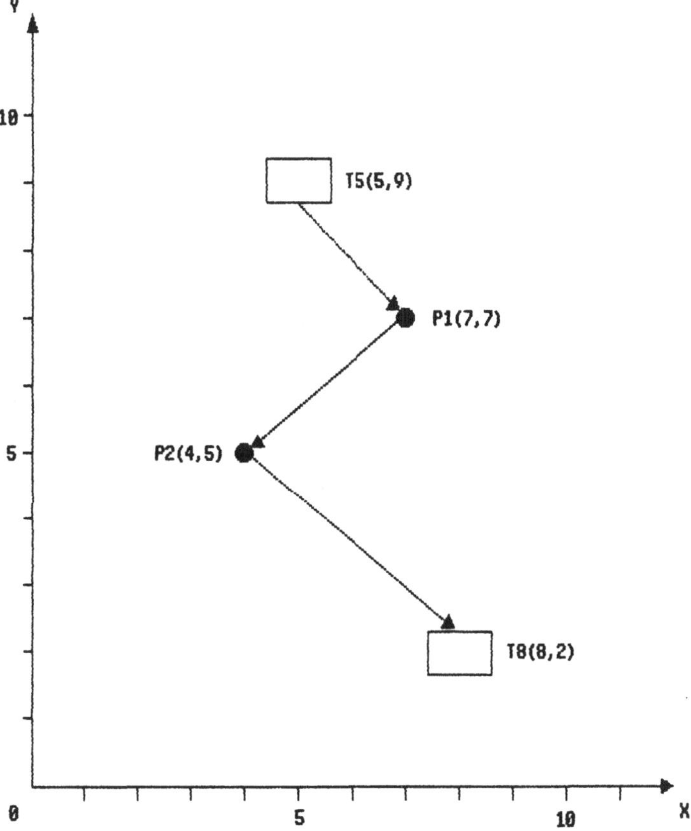

Bild 3: Segmente und Sectionen

Die Sectionen sind die elementaren Bauelemente des Wegenetzes. Für sie gelten die folgenden Eigenschaften:

a) Geschwindigkeitsfaktor
   Jede Section verfügt über einen Geschwindigkeitsfaktor, mit dem die Grundgeschwindigkeit des Fahrzeuges während der Durchfahrt einer Section modifiziert werden kann. Damit sind z.B. Steigungen oder das Anfahrverhalten modellierbar.

b) Blockstrecke
   Eine Section kann eine Blockstrecke sein. Das bedeutet, daß sich nur eine angebbare Anzahl von Fahrzeugen zur gleichen Zeit in der Section befinden kann. Ist eine Blockstrecke belegt, so bauen Fahrzeuge, denen die Einfahrt verwehrt ist, vor der Blockstrecke eine Warteschlange auf.

Hinweise:

* Alle Aktivitäten innerhalb eines Segmentes bleiben dem Anwender nach außen hin verborgen. Sie machen sich nur durch das entsprechende Zeitverhalten des Fahrzeuges bemerkbar. Der Anwender schickt das Fahrzeug durch den Unterprogrammaufruf
  CALL GRIDE
  von einem Knoten zu einem anderen auf die Reise. Das Fahrzeug meldet sich im Unterprogramm ACTIVG erst wieder, nachdem es am Zielknoten angekommen ist.

* Das Durchfahren der Sectionen, die zu einem Segment gehören, wird von der Ablaufsteuerung des Simulators GPSS-FORTRAN Version 3 selbständig aufgrund der Beschreibung des Wegenetzes erledigt. Ein Fahrzeug meldet sich im Unterprogramm ACTIVG erst wieder, nachdem der in der Parameterliste des Unterprogrammaufrufes vermerkte Zielknoten erreicht ist.

* Es ist möglich, durch einen Aufruf von GRIDE von einem Startknoten aus auch weiter entfernt liegende Zielknoten zu erreichen. In diesem Fall sucht sich das Fahrzeug seinen Weg durch das Netz selbst auf Grund einer vom Benutzer anzugebenden Strategie.
  In Bild 2 "Ein Wegenetz mit Terminals und Verzweigungen" wäre der folgende Aufruf des Unterprogramms GRIDE zulässig:
  CALL GRIDE (T1 --> T3)
  Hierdurch wird ein Fahrzeug von Terminal T1 zum Terminal T3 geschickt. Die Wegewahl erfolgt auf Grund einer Strategie, z.B. Wahl des kürzesten oder des schnellsten Weges.

1.2.5 Weichen und Kreuzungen

Um ein abbildungsgetreues Wegenetz aufbauen zu können, müssen Weichen und Kreuzungen angeboten werden.

Eine Weiche ist eine Verzweigung, die den Weiterweg eines Fahrzeuges auf Grund einer beliebigen Bedingung festlegt. Die Bedingung kann in Form eines prädikatenlogischen Ausdruckes alle Zustandsvariablen des Modells enthalten; sie ist vom Benutzer jeweils frei programmierbar.

In der Modellvorstellung von GPSS-FORTRAN Version 3 wird eine Section bis zu dem Knoten durchfahren, der die Weiche darstellt. Im Anschluß daran entscheidet eine logische Bedingung, welche Section als nachfolgende durchfahren werden soll. Bild 4 zeigt den Vorgang.

Hierbei ist zu beachten, daß der Endpunkt der Section Si mit den Anfangspunkten der Section S_j und S_k identisch ist.

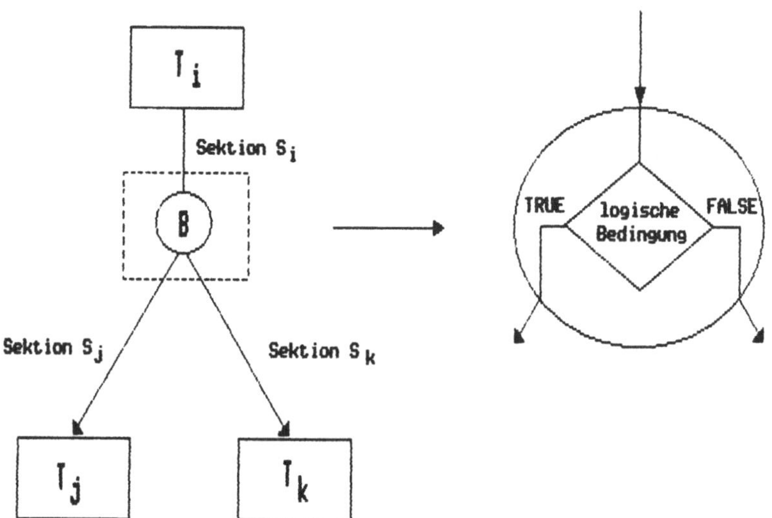

Bild 4: Aufbau einer Weiche

In der Modellbeschreibung hat die Weiche die folgende Form:

```
      CALL GRIDE (Ti --> B)

      IF (log. Bedingung) GOTO Label

      CALL GRIDE (B --> Tj)

Label CALL GRIDE (B --> Tk)
```

In der soeben beschriebenen Weise sind auch Mehrfachverzweigungen möglich.

Hinweis:

* Im folgenden werden Weichen in der graphischen Repräsentation immer auf die folgende Weise dargestellt:

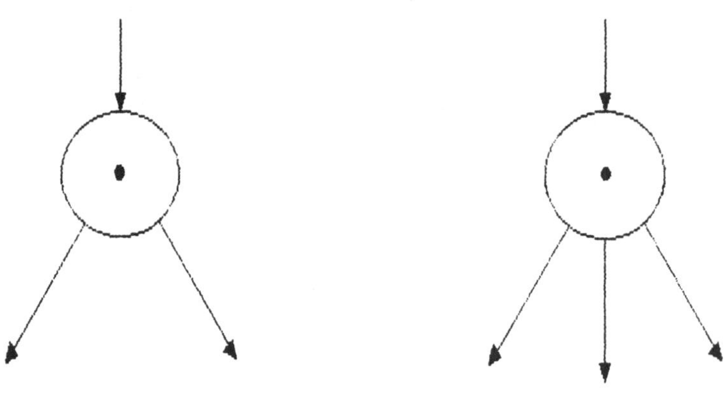

Bild 5: Die graphische Repräsentation einer Weiche

Wenn sichergestellt werden soll, daß eine Weiche von nur einem Fahrzeug befahren werden kann, so sind alle Sectionen, die die Weiche bilden, zu einer Blockstrecke mit Kapazität 1 zusammenzufassen.
Das bedeutet, daß sich in den entsprechenden Sectionen nur ein Fahrzeug aufhalten darf.

Bei der Darstellung von Kreuzungen entstehen keine Probleme. Zunächst können sich Sectionen in beliebiger Weise überschneiden.

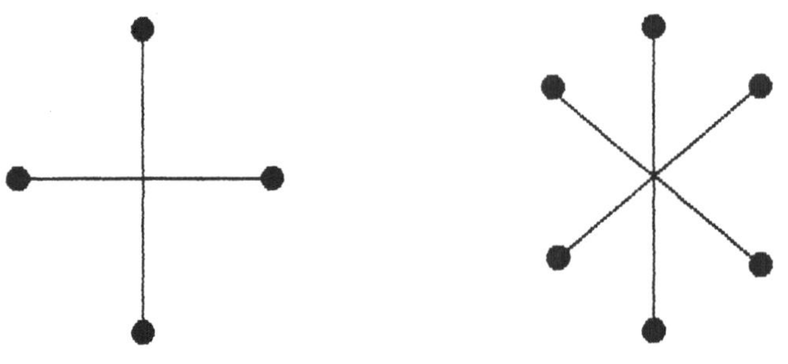

Bild 6: Die graphische Repräsentation einer Kreuzung

Soll sichergestellt werden, daß sich auf der Kreuzung nur ein Fahrzeug befinden kann, so sind alle zur Kreuzung gehörigen Sectionen zu einer Blockstrecke mit Kapazität 1 zusammenzufassen.

Der Kreuzungspunkt als Schnittpunkt der Segmente wird nicht gesondert gekennzeichnet.

1.3 Fahrzeugfunktionen

Die Fahrzeuge des Transportsystems bewegen sich im Wegenetz von Knoten zu Knoten. Ein Segment ist ein Wegestück, das Terminals bzw. Verzweigungen miteinander verbindet.

Handelt es sich bei dem Endknoten eines Segmentes um ein Terminal, so sind nach Durchfahren des Segmentes die für die Terminals typischen Funktionen zu durchlaufen.

Für das Terminal gibt es zunächst für Beladen, Entladen und Parken die folgenden Möglichkeiten:

```
      CALL GOUT
      CALL GLOAD
      CALL GPARK
```

Weiterhin können jedoch in einem Terminal auch alle anderen Stationen, die GPSS-FORTRAN Version 3 anbietet, eingebaut werden.

Das Durchlaufen eines Segmentes zwischen zwei Knoten besorgt der Unterprogrammaufruf CALL GRIDE.

Die Erzeugung der Fahrzeuge übernimmt das Unterprogramm GGEN.

So wie im Simulator GPSS-FORTRAN Version 3 für das Auftragssystem die Stationsfolge im Unterprogramm ACTIV festgelegt wird, so wird die Terminalfolge für die Fahrzeuge des Transportsystems in einem eigenem Unterprogramm ACTIVG definiert.

* Beispiel:

Ein Fahrzeug wird erzeugt und erreicht das Terminal 1, in dem eine Facility eingebaut ist; hier wird es aufgetankt. Anschließend fährt es zum zweiten Terminal, wo es Werkstücke aufnimmt. Die Werkstücke werden zu einem weiteren Terminal transportiert und dort entladen. Nach diesem Vorgang wird das Fahrzeug an einem Terminal abgestellt, wo es seine Parkposition einnimmt.

Die Folge der Unterprogrammaufrufe im ACTIVG hat die folgende Form:

```
C     Erzeugen des Fahrzeuges
C     =======================
      CALL GGEN
C
C     Bearbeiten in der Facility (Terminal 1)
C     =======================================
      CALL SEIZE
      CALL WORK
      CALL CLEAR
C
C     Fahrt zum 2. Terminal
C     =====================
      CALL GRIDE (T1 --> T2)
C
C     Beladen (Terminal 2)
C     ====================
      CALL GLOAD
```

```
C
C     Fahrt zum 3. Terminal
C     =====================
      CALL GRIDE (T2 --> T3)
C
C     Entladen (Terminal 3)
C     =====================
      CALL GOUT
C
C     Fahrt zum 4. Terminal
C     =====================
      CALL GRIDE (T3 --> T4)
C
C     Parken (Terminal 4)
C     ===================
      CALL GPARK
```

Hinweise:

* Der Übersichtlichkeit halber wurden die Parameterlisten in dem obenstehenden Beispiel weggelassen. An dieser Stelle ist nur die Aufeinanderfolge der Unterprogrammaufrufe von Interesse.

* Die Parameterliste des Unterprogrammaufrufes CALL GRIDE enthält den Start- und Zielpunkt eines Transportsystems.

* Im Unterprogramm ACTIVG lassen sich die Bewegungen der Fahrzeuge in der gleichen Weise beschreiben, wie die Aufträge im Unterprogramm ACTIV beschrieben werden. Neue Funktionen, die spezifisch für Fahrzeuge sind und daher nur im Unterprogramm ACTIVG vorkommen dürfen, sind die folgenden: GGEN, GLOAD, GOUT, GPARK und GRIDE.

1.4 Die Steuerung

In Transportmodellen spielt die Steuerung eine besondere Rolle. Man unterscheidet die dispositive Steuerung von der Fahrzeugsteuerung.

Die dispositive Steuerung bestimmt die Zuordnung von Auftrag zu Fahrzeug. Die Fahrzeugsteuerung gibt an, auf welche Weise sich ein Fahrzeug durch das Wegenetz bewegt.

1.4.1 Die dispositive Steuerung

Die dispositive Steuerung weist jedem Transportwunsch ein Fahrzeug zu. Hierbei sind zwei Fälle zu unterscheiden:

a) Auswahl eines Fahrzeuges
   Falls ein Auftrag ein Terminal betritt, wird an die zentrale Steuerung ein Beförderungswunsch gemeldet. Dieser Beförderungswunsch enthält Start- und Zielpunkt des Transports. Sind freie Fahrzeuge verfügbar, wird aufgrund einer Strategie entschieden, welches Fahrzeug den Auftrag übernehmen soll. Sind alle Fahrzeuge zur Zeit der Anfrage belegt, so wird der Beförderungswunsch in einem Auftragsbuch registriert.

b) Auswahl des Auftrages
   Hat ein Fahrzeug einen Transport abgeschlossen, so meldet es sich bei der zentralen Steuerung als frei. Die zentrale Steuerung weist dem Fahrzeug einen neuen Transport zu, falls ein Beförderungswunsch im Auftragsbuch registriert ist. Ist zur Zeit das Auftragsbuch leer, so schickt die zentrale Steuerung das Fahrzeug zu dem Terminal, das als Parkposition festgelegt wurde.

Die Strategien für die dispositive Steuerung sind sehr vielfältig. Eine allgemeine Behandlung ist an dieser Stelle nicht möglich. Aus diesem Grund bietet GPSS-FORTRAN Version 3 nur einige, wichtige Strategien an und läßt Raum für die Definition benutzereigener Strategien. Die benutzereigenen Strategien sind vom Anwender selbst zu programmieren.

Für die Auswahl des Fahrzeugs wird angeboten:

1. Zufall
   Das Fahrzeug wird durch Zufall bestimmt.

2. Fahrzeug mit der niedrigsten Nummer
   Alle Fahrzeuge sind durchnumeriert. Es wird das Fahrzeug mit der niedrigsten Nummer ausgewählt.

3. Räumlich nächstes Fahrzeug
   Das Fahrzeug, das an einem Terminal parkt, das vom Terminal des zu transportierenden Auftrages die kürzeste Entfernung hat, wird ausgewählt.

4. Räumlich weitestes Fahrzeug
   In gleicher Weise kann das räumlich am weitesten entfernte Fahrzeug mit dem Transport beauftragt werden.

5. Fahrzeug am Terminal
   Es darf nur ein Fahrzeug verwendet werden, das sich bereits an dem Terminal, an dem der Auftrag entsteht, befindet.

6. Benutzereigene Strategie
   Die größte Bedeutung kommt der benutzereigenen Strategie zu. Hier lassen sich alle Sonderfälle der Steuerung individuell nachbilden.

Hinweis:

* Die Angabe der Strategie, nach der für einen Auftrag ein freies Fahrzeug gesucht wird, erfolgt individuell für jeden Auftrag beim Betreten des Terminals. Die Nummer der gewünschten Strategie wird in der Parameterliste des Unterprogrammaufrufes
  CALL GETIN
  übergeben.

Wird ein Fahrzeug frei, so muß für dieses Fahrzeug ein neuer Transportwunsch ausgewählt werden. Für die Auswahl des Transportwunsches wird angeboten:

1. Ältester Auftrag
   Der älteste Auftrag, der ein Terminal betreten hat, erhält das freie Fahrzeug zugewiesen.

2. Auftrag mit der höchsten Priorität
   Der Auftrag mit der höchsten Priorität wird vorrangig bedient.

3. Nächstgelegener Auftrag
   Der Auftrag, der zur derzeitigen Position des gerade frei gewordenen Fahrzeugs am nächsten liegt, wird ausgewählt.

4. Weitester Auftrag
   In entsprechender Weise wird der weiteste Auftrag zugewiesen.

5. Auftrag am Terminal
   Es wird nur ein Auftrag gewählt, der an dem Terminal wartet, an dem sich das Fahrzeug befindet.

6. Benutzereigene Strategie
   Für den abbildungstreuen Modellaufbau wird es häufig erforderlich sein, von den fertig angebotenen Strategien abzuweichen und benutzereigene Strategien einzuführen.

Hinweis:

* Die Angabe der Strategie, nach der die zentrale Steuerung einem freien Fahrzeug einen neuen Auftrag zuweist, ist spezifisch für das Fahrzeug. Die Nummer der Strategie wird in der Parameterliste des Unterprogrammaufrufes
  CALL GGEN
  übergeben, das ein Fahrzeug erzeugt.

1.4.2 Die Fahrzeugsteuerung

Die Fahrzeugsteuerung hat die Aufgabe, ein Fahrzeug durch das Wegenetz zu dirigieren.

Im allgemeinen Fall ist an jeder Verzweigung eine für diese entsprechende Verzweigung charakteristische Bedingung zu überprüfen. Es liegt eine Weiche vor, wie sie im Kap. 1.2.5 "Weichen und Kreuzungen" beschrieben worden ist. In diesem Fall handelt es sich um eine individuelle Fahrzeugsteuerung.

Bei der Systemanalyse für Transportsysteme stellt man fest, daß es zwei ausgezeichnete Sonderfälle für die Fahrzeugsteuerung gibt, die sehr häufig vorkommen und die daher eine gesonderte Behandlung verdienen.

a) Feste Route
   Ein Fahrzeug folgt einer festen, vorgegebenen Route. Bei Verzweigungen wird jeweils der fest vorgegebene Weg gewählt. Aus Analogiegründen wird diese Steuerung Busbetrieb genannt. Fahrzeuge, die einer festen Route von Terminal zu Terminal folgen, heißen Busse.

b) Globale Strategie
   An allen Verzweigungen wird nach einer einheitlichen, globalen Strategie verfahren. Eine individuelle Entscheidung an einer Weiche ist nicht möglich.
   Eine derartige Steuerung wird Taxibetrieb genannt.

Für die globale Steuerung werden die folgenden Strategien angeboten:

1. Kürzeste Strecke
   Es wird die kürzeste Strecke zwischen Start- und Zielpunkt ermittelt.

2. Schnellste Strecke
   Es wird die Strecke gewählt, die den Transportvorgang schnellstmöglich durchführt.

3. Benutzereigene Strategie
   Der Benutzer hat die Möglichkeit, eine benutzereigene Strategie zu definieren, die global für alle Verzweigungen zuständig ist.

Die globale Strategie führt ein Fahrzeug zunächst nur von einer Verzweigung zur nächsten Verzweigung. Hier wird die Strategie erneut aufgerufen und ermittelt erneut den Nachfolger.
Auf diese Weise werden Veränderungen im Wegenetz während der Fahrzeit des Transporters berücksichtigt.

Hinweis:

* Die Angabe der globalen Strategie erfolgt in der Funktion GESGEW, die zu den Benutzerunterprogrammen des Simulators gehört. An dieser Stelle wird für jede Section ein Gewicht vergeben. Die globale Strategie des Simulators bestimmt daraufhin einen Weg, der die Summe der Gewichte minimiert.

1.5 Die Fahrzeuge

Die Fahrzeuge werden in GPSS-FORTRAN Version 3 durch Transactions dargestellt, die sich im Vergleich zu den Transactions im Auftragsmodell durch zusätzliche Attribute auszeichnen.

Die zusätzlichen Attribute sind die folgenden:

a) Kapazität
Es kann angegeben werden, wieviel Aufträge von einem Fahrzeug befördert werden können.

b) Bestand
Hier wird angegeben, wieviele Aufträge zur aktuellen Zeit gerade befördert werden.

c) Geschwindigkeit
Die Geschwindigkeit dient zur Berechnung des Zeitverbrauches beim Durchfahren einer Section.
Die Ausgangsgeschwindigkeit des Fahrzeuges kann durch einen Faktor, der zu einer Section gehört, modifiziert werden.

d) Position
Es wird der zuletzt durchlaufende Knoten des Wegenetzes registriert.

e) Fahrzeugzustand
0 frei
1 belegt
2 reserviert
3 auf dem Weg zum Parkterminal

f) Fahrzeugtyp
Je nach der Steuerung werden Busse, Taxis und Transporter unterschieden.

Die Fahrzeuge werden im Simulator von einer Quelle erzeugt. Der Unterprogrammaufruf hierfür ist für Transporter

```
CALL GGEN
```

Dieser Aufruf erzeugt im Unterprogramm ACTIVG die Fahrzeuge und setzt sie in Bewegung. Der Start der Quelle erfolgt im Rahmen durch den Aufruf des Unterprogramms

```
CALL TSTART
```

Die Attribute Kapazität und Geschwindigkeit werden den Fahrzeugen individuell bei der Generierung mitgegeben.
Die Attribute Bestand, Position und Zustand sind dynamische Parameter, die sich während des Simulationslaufes ändern und in den Terminals des Simulators besetzt werden.

Der Fahrzeugtyp wird beim Start der Quelle festgelegt. Aufgrund dieser Kennung bewegt sich ein Fahrzeug im Unterprogramm ACTIVG (Transporter), im Unterprogramm ACTIVB (Busse) oder ACTIVT (Taxis).

1.6 Bus- und Taxibetrieb

Bei Transportsystemen beobachtet man in bezug auf die Steuerung Sonderfälle. Diese Sonderfälle sind vergleichsweise häufig und erleichtern die Modellbeschreibung sehr. Aus diesem Grund werden sie im Simulator GPSS-FORTRAN getrennt behandelt.

1.6.1 Der Busbetrieb

Falls für die Fahrzeuge eine festgelegte Route besteht und neben Terminals mit Be- und Entladefunktion keine weiteren Stationstypen vorkommen, verfügt der Simulator über alle erforderlichen Informationen, um das Fahrzeug selbständig durch das Wegenetz zu führen. Es ist daher für den Anwender nicht erforderlich, die Folge der Terminals mit den Ent- und Beladevorgängen einzeln zu beschreiben.

Liegt eine feste Route vor, so ist es in der Regel so, daß Aufträge, die befördert werden wollen, keinen Transportwunsch an die dispositive Steuerung abschicken, sondern am Terminal warten, bis das Fahrzeug vorbeikommt und sie aufnimmt.
Das Fahrzeug seinerseits nimmt alle Aufträge auf, die einen Zielpunkt angeben, der auf der Route liegt.
Wird ein Terminal erreicht, so verlassen alle Aufträge, die dieses Terminal als Zielterminal haben, das Fahrzeug.

Die Voraussetzungen für einen Busbetrieb sind in der Zusammenfassung die folgenden:

- Feste Route
- Nur Terminals mit Be- und Entladefunktion
- Keine Fahrzeuganforderung an die dispositive Steuerung

Die Bewegungen der Fahrzeuge im Busbetrieb laufen im Unterprogramm ACTIVB ab. Hier werden entsprechend der festen Folge von Terminals, die eine Route ausmachen, für jedes Terminal die erforderlichen Funktionen ausgeführt.

Im Vergleich zum allgemeinen Betrieb heißen die Funktionen im Busbetrieb wie folgt:

BGEN	Bus erzeugen
BLOAD	Bus beladen
BOUT	Bus entladen
BRIDE	Bus durchfährt Segment

Die Festlegung der Route erfolgt im Zusammenhang mit der Beschreibung des Wegenetzes mit Hilfe von Datensätzen.

Eine Route wird definiert als Folge von Segmenten, die von Terminal zu Terminal zu durchfahren sind.

1.6.2 Der Taxibetrieb

Falls an jeder Verzweigung nach einer globalen Strategie über die Weiterfahrt entschieden wird und außer Terminals keine weiteren Stationstypen verwendet werden, spricht man vom Taxibetrieb. In diesem Fall wird erwartet, daß jeder Auftrag beim Betreten des Terminals einen Transportwunsch an die dispositive Steuerung schickt, die daraufhin nach einer Strategie ein Fahrzeug auswählt und zu dem gewünschten Terminal schickt, um den Auftrag abzuholen und zum Ziel zu bringen.

Die Voraussetzungen für den Taxibetrieb sind in der Zusammenfassung die folgenden:

- Globale Strategie an allen Verzweigungen
- Nur Terminals mit Be- und Entladefunktion
- Der Transport erfolgt nur aufgrund eines Transportwunsches an die dispositive Steuerung

Die Bewegungen der Fahrzeuge im Taxibetrieb laufen im Unterprogramm ACTIVT ab. Hier werden entsprechend den Anordnungen der zentralen Steuerung die Funktionen ausgeführt.

Es sind die folgenden Funktionen möglich:

TGEN Taxi erzeugen
TLOAD Taxi beladen
TOUT Taxi entladen
TRIDE Taxi durchfährt Segment
TPARK Taxi bezieht Parkposition

1.6.3 Die Activ-Unterprogramme

Ganz allgemein stehen für das Transportmodell die folgenden drei Benutzerunterprogramme zur Verfügung:

ACTIVB (Busbetrieb)
ACTIVT (Taxibetrieb)
ACTIVG (allgemeiner Betrieb)

In diesen drei Unterprogrammen bewegen sich die Fahrzeuge. Hier wird die Folge von Funktionen festgelegt, die der Reihe nach zu erledigen sind.

Für den Bus- und Taxibetrieb liegt die Folge von Funktionen weitgehend fest. Sie wird vom Simulator GPSS-FORTRAN Version 3 fertig angeboten. Der Anwender hat in diesem Fall in den beiden Unterprogrammen ACTIVB bzw. ACTIVT nur geringfügige Ergänzungen durchzuführen.

Sind die Voraussetzungen für Bus- oder Taxibetrieb nicht gegeben, so muß der Benutzer die erforderliche Folge der Funktionen in Form einer Folge von Unterprogrammaufrufen selbst festlegen.

Hinweis:

* Die gesonderte Behandlung der Betriebsarten ermöglicht für einfache Standardfälle eine sehr schnelle und bequeme Modellerstellung.
  Die volle Flexibilität wird mit erhöhtem Aufwand für die Modellerstellung durch den allgemeinen Betrieb ermöglicht.

Der Teil des Simulators, der für das Transportmodell zuständig ist, verbindet auf diese Weise bequeme und leichte Modellerstellung mit einem sehr hohen Maß an Einsatzbreite und Abbildungstreue.

1.7 Förderbänder

Förderbänder bilden einen wichtigen Bestandteil eines Transportsystems. Ihre Nachbildung im Modell muß daher unmittelbar möglich sein.

Die wesentliche Eigenschaft eines Förderbandes liegt in der Tatsache, daß die Aufträge sich in einem festen Zeitraster auf der Strecke bewegen. Für den Modellaufbau ist das Förderband selbst nicht bedeutsam.

Ein Förderband kann daher ohne Verlust von Abbildungstreue durch eine Station ersetzt werden, die die Aufträge in festen Zeitabständen passieren läßt. Aufträge, die zwischen zwei Zeitabständen auf die Station treffen, werden in eine Warteschlange eingehängt. Von hier werden sie herausgelöst und auf den Weg geschickt, sobald das Zeitraster ein Nachrücken erlaubt.

Hinweis:

* In GPSS-FORTRAN Version 3 bewegen sich die Aufträge in einer zeitlichen Reihenfolge wie wenn sie auf einem Förderband säßen. Das Förderband selbst wird nicht modelliert.

Aufgrund des vorgestellten Verfahrens sind beliebige Netze aus Förderbändern darstellbar. Auch die Verbindung von Förderbändern und Transportfahrzeugen ist in natürlicher Weise möglich.

Die erforderlichen Funktionen eines Förderbandes werden durch den Aufruf des Unterprogrammes

```
CALL RASTER
```

im Unterprogramm ACTIV angesprochen.

1.8 Die Ein- und Ausgabe

Die Ein- und Ausgabe bezieht sich auf die Beschreibung des Wegenetzes und die Darstellung statistischer Ergebnisdaten.

1.8.1 Die Beschreibung des Wegenetzes

Die Beschreibung des Wegenetzes erfolgt mit Hilfe von gesondert gekennzeichneten Eingabedatensätzen, die formatfrei angegeben werden können. Zunächst sind die Koordinaten der Knoten und Punkte im (x, y)-Koordinatensystem anzugeben.

Hierbei gibt es die folgenden Möglichkeiten:

T: Terminal
B: Verzweigung
P: Stützpunkt zwischen zwei Knoten zur Definition einer Section

Ein Datensatz zur Definition der Koordinaten hat die folgende Form:

KOOR; Bezeichnung; Nummer; x-Koordinate; y-Koordinate/

* Beispiel:
  KOOR; T; 5; 8; 13/
  Das Terminal T5 hat die Koordinaten x = 8.0 und y = 13.0.

Die Koordinaten ermöglichen weiterhin die Definition von Sectionen.

Ein Datensatz zur Definition einer Section hat die folgende Form:

SECT; Sectionsnummer; Bezeichnung Anfangspunkt; Nummer Anfangspunkt; Bezeichnung Endpunkt; Nummer Endpunkt; Typ; Blocknummer; Geschwindigkeitsfaktor; benutzereigene Markierung/

* Beispiel:
  SECT; 1; T; 1; P; 17; C; 3; 2; 0/
  Die Section mit der Nummer 1 verbindet das Terminal T1 mit dem Stützpunkt P17 durch einen Kreisbogen. Die Section ist eine Blockstrecke, die die Bezeichnung B3 trägt. Die Geschwindigkeit der Fahrzeuge ist auf dieser Section doppelt so hoch wie normal. Eine gesonderte Benutzerkennung der Section liegt nicht vor.

Ein Segment besteht aus einer oder mehreren Sectionen. Der Datensatz zur Definition eines Segmentes hat die folgende Form:

SEGM; Segmentnummer; Sectionsnummern/

* Beispiel:
  SEGM; 12; 1; 3/
  Das Segment Nummer 12 setzt sich aus den beiden Sectionen 1 und 3 zusammen.

Eine Route für den Busbetrieb wird als Folge von Segmenten definiert. Der Datensatz hat die folgende Form:

ROUT; Routennummer; Segmentnummern/

* Beispiel:
  ROUT; 1; 1; 3; 4/
  Die Route mit der Nummer 1 besteht aus den Segmenten 1,3 und 4.

Die Datensätze können mehrfach vorkommen; sie sind in beliebiger Reihenfolge angebbar.

Hinweis:

* Die Beschreibung des Wegenetzes erfolgt ausschließlich über Eingabedatensätze. Auf diese Weise ist es leicht möglich, Simulationsexperimente mit verändertem Wegenetz durchzuführen. Eine erneute Übersetzung des Simulationsmodells ist nicht erforderlich.

1.8.2 Die Ergebnisse

Während des Ablaufes eines Simulationsexperimentes werden laufend Daten gesammelt, die für die Endauswertung bei der Berechnung und Darstellung der Ergebnisse zur Verfügung stehen. Neben den Verfahren, die der Simulator GPSS-FORTRAN Version 3 zur Bestimmung von Mittelwerten und Konfidenzintervallen einsetzt, werden Informationen über das statistische Verhalten der Terminals, Fahrzeuge und der Strecken aufgenommen.

Standardmäßig stehen folgende Mittelwerte zur Verfügung:

Statistik für Terminals mit Be- und Entladefunktion:

- Mittlere Warteschlangenlänge und mittlere Wartezeit für Aufträge, die befördert werden möchten.
- Mittlere Warteschlangenlänge und mittlere Wartezeit für Fahrzeuge, die in der Parkwarteschlange stehen.

Fahrzeugstatistik:

- Leerzeit
- Belegtzeit
- Parkzeit
- Blockierzeit
- Anzahl transportierter Aufträge
- Auslastung

- Fahrstrecke (beladen)
- Fahrstrecke (leer)
- Ladezeit

Segmentstatistik:

- Anzahl der Fahrzeuge, die das Segment durchfahren haben
- Mittlere Belegung

Blockstreckenstatistik:

- Mittlere Warteschlangenlänge und mittlere Wartezeit der Fahrzeuge, die vor einer Blockstrecke stehen

Zur Ausgabe der beschriebenen statistischen Daten dient der Aufruf des Report-Unterprogrammes

```
CALL REPRT9
```

Die aktuelle Besetzung aller Datenbereiche, die zum Transportmodell gehören erhält man durch das Report-Unterprogramm

```
CALL REPRT8
```

Diese Informationen geben einen guten Überblick über das Modellverhalten. Sie erlauben eine umfassende Modellanalyse und bieten die Möglichkeit für gezielte Eingriffe, um eine Verbesserung des Leistungsverhaltens zu erreichen.

1.9 Einschränkungen

Transportmodelle weisen einen hohen Grad an Komplexität auf. Es ist daher trotz sehr sorgfältiger funktionaler Dekomposition nicht möglich, alle Sonderfälle zu berücksichtigen. Für derartige Fälle bieten sich drei Lösungswege an:

1. Gewisse Besonderheiten fallen während der Systemanalyse dem Abstraktionsprozeß zum Opfer. Dieses Vorgehen ist nur gerechtfertigt, wenn das Modellverhalten von der vernachläßigten Besonderheit nicht entscheidend beeinflußt wird.

2. Man bemüht sich, mit den zur Verfügung gestellten Mitteln Ersatzlösungen zu konstruieren, die dem ursprünglichen Vorhaben möglichst nahe kommen.

3. Man ergänzt den Simulator um diejenigen Modellelemente und Modellfunktionen, die benötigt werden. An dieser Stelle liegt der große Vorteil des Simulators als Paket. Da der Quellcode zugänglich ist, können Sonderfälle vom Benutzer selbst programmiert und in den Simulator eingefügt werden.

Es folgt eine kurze Zusammenstellung derjenigen Modellfunktionen, die vom Simulator GPSS-FORTRAN Version 3 nicht angeboten werden:

a) Dynamische Modifikation des Entladeziels

Es kann die Möglichkeit bestehen, daß ein Auftrag, der sich bereits im Terminal befindet, sein Ziel ändert.

Beispiele:
1. Das angegebene Ziel ist zur Zeit defekt. Es muß ein Alternativterminal angefahren werden.
2. Die aktuelle Belegung des Wegenetzes läßt es ratsam erscheinen, einem anderen Terminal den Vorzug zu geben.

Es wäre die Aufgabe des Benutzers, den Auftrag in der Warteschlange zu suchen und ihm in der Matrix TARMA, in der sein Ziel vermerkt ist, selbst das neue Ziel einzutragen.

Sobald sich in GPSS-FORTRAN ein Auftrag mit seinem Ziel in die Warteschlange in einem Terminal eingereiht hat, ist dieses Ziel nicht mehr zu ändern.

b) Mitnahmevorgänge

Ein Fahrzeug, das über größere Kapazität verfügt, könnte auf seiner Fahrt mehrere Aufträge zugleich erledigen, die an verschiedenen Terminals anstehen. Falls sich ein Fahrzeug unterwegs zu einem Terminal befindet, kann es dynamisch zu einem Umweg veranlaßt werden, um Aufträge, die auf dem Wege liegen, gleich mitzuerledigen.

Im Simulator GPSS-FORTRAN Verison 3 kann immer nur ein Auftrag nach dem anderen abgewickelt werden. Ein Auftrag besteht hierbei aus der Anfahrt zum Beladeterminal, der Weiterfahrt zum Zielterminal und gegebenenfalls die Fahrt zum Parkterminal. Erst wenn ein Auftrag vollständig abgefertigt worden ist, wendet sich ein Fahrzeug an die dispositive Steuerung, um sich einen neuen Auftrag zuweisen zu lassen.

c) Beladeverweigerung

Im Simulator GPSS-FORTRAN Version 3 teilt die dispositive Steuerung einem Auftrag ein Fahrzeug zu. Sobald dieses Fahrzeug am Beladeterminal erscheint, muß der Auftrag das zugewiesene Fahrzeug auch benutzen.

In ähnlicher Weise wird im Busbetrieb jeder Auftrag vom ersten Bus mitgenommen, der am Terminal erscheint und auf dessen Route das Zielterminal des Auftrages liegt. Es besteht keine Möglichkeit, auf den nächsten Bus zu warten, weil dieser eine kürzere Route fährt oder schneller ist.

d) Benutzereigener Aufruf der dispositiven Steuerung

Die dispositive Steuerung wird im Simulator GPSS-FORTRAN Version 3 immer aufgerufen, sobald ein Auftrag das Terminal betritt oder sobald ein Fahrzeug frei geworden ist. Es besteht keine Möglichkeit, die dispositive Steuerung in anderer Form mit der Zuweisung von Aufträgen an Fahrzeuge zu beauftragen. Denkbar wäre beispielsweise, erst eine größere Anzahl von Aufträgen auflaufen zu lassen, bevor man die Zuteilung vornimmt, um dadurch eine bessere Auslastung der Verkehrsmittel zu erreichen.

Wiederum hat der Benutzer die Möglichkeit, durch eigene Eingriffe die gewünschte Funktion selbst zu realisieren. Der Aufruf der dispositiven Steuerung und die Abwicklung der Zuteilung sind ein eigener Modul, der im Simulator beim Betreten eines Terminals durch den Auftrag und beim Freiwerden eines Fahrzeuges angesprochen wird. Die dispositive Steuerung kann vom Benutzer aus den bisherigen Stellen herausgelöst und anderweitig aufgerufen werden. Das könnte z.B. ereignisgesteuert oder dgl. geschehen.

e) Informationen über die aktuelle Belegung des Wegenetzes

Über die Belegung der Sectionen, Blockstrecken und Segmente im Wegenetz wird nur statistische Information gesammelt. Es stehen also für Strategieentscheidungen in der Steuerung nur Mittelwerte zur Verfügung.

Das heißt, es ist nicht bekannt, wieviel Fahrzeuge bzw. welche Fahrzeuge sich zum aktuellen Zeitpunkt in einem Wegeabschnitt befinden. Man verfügt nur über die Information, an welcher Stelle sich das Fahrzeug befindet, aber nicht umgekehrt.
Die Fahrzeugsteuerung hätte damit die Möglichkeit, für eine bestimmte Wegeroute einen Weg zu wählen, der im Mittel am wenigsten befahren ist. Es ist jedoch ohne benutzereigene Modifikation nicht festzustellen, welcher Weg zum aktuellen Zeitpunkt tatsächlich die geringste Verkehrsdichte aufweist.

Die bisher aufgeführte Liste gibt einen Überblick über die Funktionen, die nicht standardmäßig angeboten werden. Im Vergleich zu einer Sprache besteht allerdings für den Benutzer zunächst die Möglichkeit, bestehende Funktionen zu ändern, um sie für eine abbildungsgetreue Modellierung den gegebenen Bedingungen anpassen zu können. Weiterhin kann er sich neue Funktionen schaffen, sobald das erforderlich ist.

Diese Flexibilität ist besonders für Transportmodelle wichtig, da gerade hier sehr viele, unterschiedliche Anforderungen erfüllt werden müssen.

Hinweis:

* In den nachfolgenden beiden Kapiteln wird die Implementierung des Transportmodells ausführlich beschrieben. Anwender, die sich auf den Modellbau konzentrieren wollen, können Kap. 2 und Kap. 3 überfliegen und sich gleich Kap. 4 zuwenden.

2 Die Ablaufkontrolle für das Transportmodell

Die Ablaufkontrolle für das Transportmodell ist in die allgemeine Ablaufkontrolle des Simulators GPSS-FORTRAN Version 3 eingebunden.

Das zugrunde liegende Konzept geht davon aus, daß sowohl Aufträge als auch Fahrzeuge durch Transactions dargestellt werden können. Durch eine zusätzliche Kennung wird festgestellt, ob eine Transaction einen Auftrag oder ein Fahrzeug repräsentiert.

2.1 Fahrzeug-Transactions

Ein Fahrzeug wird zunächst durch eine gewöhnliche Transaction dargestellt, die ihren Platz in der üblichen Weise in der Transactionmatrix TX hat und deren Zustandsübergänge in der Matrix ACTIVL der Ablaufkontrolle bekannt gemacht werden.

Um Transactions, die Aufträge sind und Transactions, die Fahrzeuge darstellen, gesondert behandeln zu können, sind einige Zusätze erforderlich. Sie betreffen die folgenden Punkte:

* Identifikation der Transaction
* Eigene Unterprogramme für Aufträge und Fahrzeuge
* Zusätzliche Datenbereiche für die Fahrzeug-Transactions

2.1.1 Die Identifikation der Transactions und das Unterprogramm TRAVEL

Zusätzlich zur Transactionmatrix TX wurde ein Identifikationsvektor eingeführt, der angibt, ob eine Transaction ein Fahrzeug ist.

Der Identifikator ist wie folgt dimensioniert:

```
INTEGER   TXI
DIMENSION TXI("TX1")
```

Der Wertebereich des Identifikationsvektors ist der folgende:

```
TXI (LTX) = 0      Transaction ist Auftrag
TXI (LTX) = 1      Transaction ist Bus
TXI (LTX) = 2      Transaction ist Taxi
TXI (LTX) = 3      Transaction ist Transporter
```

Alle Transactions, unabhängig davon, ob sie einen Auftrag oder ein Fahrzeug darstellen, stehen gemeinsam in der Zeitkette der Aktivierungsliste ACTIVL bzw. der dazugehörigen Zeigermatrix CHAINA.

Sobald eine Transactionaktivierung erfolgen soll, wird im Unterprogramm FLOWC in gewohnter Weise zum Abschnitt "Aktivieren einer Transaction" mit der Anweisungsnummer 300 verzweigt.

Falls es sich bei der Transaction um einen Auftrag handelt, so wird an dieser Stelle zum Unterprogramm ACTIV verzweigt. Hier wird die von der Transaction zu durchlaufende Stationsfolge festgelegt (Auftragsmodell).

Handelt es sich um eine Fahrzeugtransaction, so wird zum Unterprogramm TRAVEL verzweigt.

Die Unterscheidung, ob es sich um eine Auftrags- oder um eine Fahrzeugtransaction handelt, erfolgt aufgrund des Identifikationsvektors. Die hierfür zuständige Abfrage im Unterprogramm FLOWC hat die folgende Form:

```
IF (TXI(LTX).EQ.0) THEN
   CALL ACTIV (*9999)
ELSE
   CALL TRAVEL (*9999)
ENDIF
```

Das Unterprogramm TRAVEL selbst wirkt nur als Verteiler, der eine Fahrzeugtransaction entsprechend ihrer Identifikation zu den Unterprogrammen ACTIVB, ACTIVT oder ACTIVG weiterleitet.

ACTIVB	Terminalfolge für den Busbetrieb
ACTIVT	Terminalfolge für den Taxibetrieb
ACTIVG	Terminalfolge für den allgemeinen Betrieb

Hinweise:

* Aus Gründen der Übersichtlichkeit wurde für jede Betriebsart ein eigenes ACTIV-Unterprogramm geschaffen.

* Die Unterprogramme ACTIV, ACTIVB, ACTIVT und ACTIVG sind gleichwertig. In ihnen durchlaufen die Transactions Unterprogrammaufrufe, die als Funktionen zu bestimmten Stationen gehören. Es ist jedoch vorgesehen, daß bestimmte, ausgezeichnete Funktionen, die für einen Fahrzeugtyp spezifisch sind, nur in den entsprechenden Unterprogrammen aufgerufen werden können.

* Beispiel:

Ein Taxi wird durch den Unterprogrammaufruf TLOAD beladen.
TLOAD darf nur im Unterprogramm ACTIVT aufgerufen werden.

2.1.2 Sources für Fahrzeuge

Eine Source erzeugt Transactions und trägt sie in die Transactionmatrix ein.

Eine Source wird durch ein eigenes Unterprogramm gestartet, das in die Source-Matrix SOURCL den Aktivierungszeitpunkt und die Anweisungsnummer desjenigen Unterprogramms einträgt, das die Erzeugung vornimmt.

Falls eine Source eine Auftragstransaction erzeugen soll, muß das Unterprogramm

```
CALL START (NSC,TSC,IDG,EXIT1)
```

aufgerufen werden.

Falls eine Source eine Transaction erzeugen soll, die ein Fahrzeug darstellt, so hat das durch den Aufruf des Unterprogrammes

```
CALL TSTART (NSC,TSC,IDG,ITYPE,EXIT1)
```

zu erfolgen.

Funktion:

Anmelden oder Ändern des Zeitpunktes für einen Sourcestart. Weiterhin ist es möglich, eine Source stillzulegen.

Parameterliste:

NSC — Nummer der Source
Für jede Source muß getrennt der Startzeitpunkt angegeben werden.

TSC — Startzeit
Es wird angegeben, zu welcher Zeit die nächste Erzeugung einer Transaction erfolgen soll. Ist noch keine Erzeugung vorgesehen, so handelt es sich um einen Start. Im anderen Fall liegt eine Änderung vor. Weiterhin ist das Stillegen einer Source möglich.
TSC.LT.0 Stillegen einer Source
TSC.GE.0 Starten oder Ändern

IDG — Anweisungsnummer des Unterprogrammes, das die Transaction erzeugt
Es muß für jede Source angegeben werden, welche Anweisungsnummer das Unterprogramm hat, das die Erzeugung der Transaction für die Source mit der Nummer NSC übernimmt.

ITYPE — Fahrzeugtyp
Es wird angegeben, um welchen Fahrzeugtyp es sich handelt, der erzeugt werden soll
ITYPE = 1 Bus
ITYPE = 2 Taxi
ITYPE = 3 Transporter

EXIT1 Fehlerausgang
Das Unterprogramm TSTART wird über den Fehlerausgang verlassen, wenn eine Source gestartet werden soll, die es nicht gibt.

Hinweise:

* Das Unterprogramm TSTART wird im Rahmen im Abschnitt 5 "Source Start" aufgerufen.

* Die Anzahl der Transactions, die von einer Source erzeugt werden sollen, muß vom Benutzer im Rahmen im Abschnitt 4 "Setzen Sourceliste" angegeben werden. Das geschieht, indem in das Element SOURCL(NSC,2) die Anzahl eingetragen wird.
  Beispiel:
  Wenn die Source NSC=2 eine Transactionzahl von 100 erzeugen soll, lautet die entsprechende Anweisung im Rahmen:
  SOURCL(2,3)=100.

Die beiden Unterprogramme START bzw. TSTART melden einen Sourcestart nur an. Die Erzeugung der Transaction erfolgt in einem eigenen Unterprogramm.

Eine Source, die eine Transactionerzeugung im Auftragsmodell durch den Aufruf des Unterprogrammes START vornehmen soll, führt diese Aufgabe durch, indem sie das Unterprogramm GENERA aufruft, das im Unterprogramm ACTIV eingetragen werden muß. Die Anweisungsnummer des Unterprogrammaufrufes von GENERA wird in START im Parameter IDG übergeben.

In gleicher Weise vermag eine Source eine Transaction zu erzeugen, die ein Fahrzeug darstellt, das zu einer der drei möglichen Fahrzeugtypen gehört. Jede Transaction eines bestimmten Fahrzeugtyps wird durch ein eigenes Unterprogramm erzeugt. Dieses Unterprogramm muß je nach Fahrzeugtyp im Unterprogramm ACTIVB, ACTIVT oder ACTIVG aufgerufen werden. Es gilt:

Erzeugen eines Busses:
Unterprogramm BGEN
Unterprogrammaufruf in ACTIVB

Erzeugen eines Taxis:
Unterprogramm TGEN
Unterprogrammaufruf in ACTIVT

Erzeugen eines Transporters:
Unterprogramm GGEN
Unterprogrammaufruf in ACTIVG

Eine Source, die eine Auftrags- oder Fahrzeugtransaction erzeugen soll, muß wissen, in welchem Unterprogramm der zur Erzeugung erforderliche Unterprogrammaufruf von GENERA bzw. BGEN, TGEN oder GGEN steht. Das heißt, es muß der Ablaufkontrolle in FLOWC bekannt sein, ob zur Aktivierung einer Source und damit zur Erzeugung einer Transaction in das Unterprogramm ACTIV, ACTIVB, ACTIVT oder ACTIVG gesprungen werden soll.

Um diese Entscheidung möglich zu machen, wird jeder Source der Identifikationsvektor SOURCI beigegeben, der angibt, welche Art von Transaction eine Source erzeugen soll.

Der Vektor ist wie folgt dimensioniert:

```
INTEGER   SOURCI
DIMENSION SOURCI("SRC")
```

Der Wertebereich des Identifikationsvektors ist der folgende:

```
SOURCI(LSL) = 0    Transaction ist Auftrag
SOURCI(LSL) = 1    Transaction ist Bus
SOURCI(LSL) = 2    Transaction ist Taxi
SOURCI(LSL) = 3    Transaction ist Transporter
```

Sobald die Ablaufkontrolle in FLOWC einen Sourcestart feststellt, wird an Hand des Identifikationsvektors geprüft, ob es sich um die Erzeugung eines Auftrages oder um die Erzeugung eines Fahrzeuges handelt.

Soll ein Auftrag erzeugt werden, so wird in das Unterprogramm ACTIV verzweigt, wo sich der dazugehörige Aufruf von GENERA befindet.

Soll ein Fahrzeug generiert werden, so wird zunächst das Unterprogramm TRAVEL aufgerufen, von wo aus dann ACTIVB, ACTIVT oder ACTIVG erreicht wird.

Die Entscheidung, ob ein Auftrag oder ein Fahrzeug erzeugt werden soll, fällt im Unterprogramm FLOWC "Aktivieren einer Source" bei der Anweisungsnummer 200.

Der Abschnitt hat folgendes Aussehen:

```
      IF (SOURCL(LSL).EQ.0) THEN
         CALL ACTIV (*9999)
      ELSE
         CALL TRAVEL (*9999)
      ENDIF
```

Die Besetzung des Identifikationsvektors SOURCI und damit die Festlegung, welchen Typ von Transaction eine Source erzeugen soll, wird im Unterprogramm TSTART aufgrund des Parameters ITYPE vorgenommen.

2.1.3 Datenbereiche für die Transaction

Durch das Hinzufügen des Transportmodells werden für Transactions zusätzliche Datenbereiche benötigt, die zur Transaction-Matrix TX gehören würden. Um jedoch den Simulator GPSS-FORTRAN Version 3 nicht allzusehr umstellen zu müssen, wurden die neuen Datenbereiche in einer Matrix TXADD zusammengefaßt.

Die Matrix TXADD ist wie folgt dimensioniert:

```
REAL      TXADD
DIMENSION TXADD ("TX1",4)
```

Die einzelnen Felder haben die folgende Bedeutung:

TXADD(LTX,1) Zeiger auf die CARMA- und TARMA-Matrix
Falls eine Transaction ein Fahrzeug darstellt, sind zusätzliche Datenbereiche für das Fahrzeug erforderlich. Diese Informationen werden in den Matrizen CARMA und TARMA gehalten. Der Zeiger gibt an, in welcher Zeile der CARMA bzw. der TARMA-Matrix diese Information steht.
Handelt es sich bei der Transaction um einen Auftrag, so gilt TXADD(LTX,1)=0.

TXADD(LTX,2) Entladeziel für einen Auftrag
Falls die Transaction einen Auftrag darstellt, der transportiert werden möchte, so steht in diesem Element die Nummer des Terminals, das als Ziel angegeben wurde.

TXADD(LTX,3) Typ des angeforderten Transportmittels
Ein Auftrag, der befördert werden möchte, vermerkt hier, mit welchem Fahrzeugtyp der Transport abgewickelt werden soll. Es gilt:
= 1 Bus
= 2 Taxi
= 3 Transporter

TXADD(LTX,4) Platzanforderung
Jeder Auftrag kann eine bestimmte Anzahl von Platzeinheiten in einem Transporter belegen.
In der Regel wird davon ausgegangen, daß jeder Auftrag eine Platzeinheit belegt.

Hinweise:

* Für Transactions, die Fahrzeuge darstellen, wird nur das Element TXADD(LTX,1) benötigt. Die übrigen Elemente sind nur belegt, falls es sich um eine Auftragstransaction handelt.

* Die Zuordnung von Transaction und Fahrzeugnummer erfolgt in den Unterprogrammen BGEN, TGEN und GGEN. Hierdurch wird der Zeiger in TXADD(LTX,1) gesetzt, der angibt, in welche Zeile der Matrizen CARMA und TARMA die zu einer Fahrzeugtransaction gehörende Information steht.

* Die Datenbereiche TXADD(LTX,2) und TXADD(LTX,3) werden besetzt, wenn sich eine Auftragstransaction im Unterprogramm ACTIV zu einem Terminal begibt und sich dort durch den Aufruf des Unterprogrammes GETIN in die Reihe der wartenden Aufträge einordnet. Die Information wird im wesentlichen von der Steuerung benötigt, die den Transport zum Entladeziel organisiert.

* Im Element TXADD(LTX,4) steht, wieviel Platzeinheiten eine Auftragstransaction belegen will. Die Auftragstransaction muß diesen Wert selbst in das Element TXADD(LTX,4) eintragen, bevor sie das Terminal betritt und das Unterprogramm GETIN aufruft.
  Beispiel:
  Eine Auftragstransaction möchte in einem Bus 4 Platzeinheiten belegen. Die Anweisungen haben die folgende Form:
  ```
      TXADD(LTX,4) = 4
      CALL GETIN (NTERM,ITARGU,IDN,1,0,0,*9000,*9999)
  ```

Falls eine Transaction einen Auftrag darstellt, sind keine weiteren Informationen erforderlich.

Transactions, die Fahrzeuge darstellen, benötigen weitere Datenbereiche. Sie sind in den beiden Matrizen CARMA und TARMA zusammengefaßt.

Die Car-Matrix CARMA enthält alle Informationen, die das Fahrzeug selbst näher charakterisieren. Die Target-Matrix TARMA enthält Daten, die den Weg des Fahrzeuges zum Entladeziel betreffen.

Jedes Fahrzeug, das im Simulator GPSS-FORTRAN Version 3 verkehrt, besitzt eine eigene Fahrzeugnummer. Die Fahrzeugnummer (car number) ist mit der Zeile in den Matrizen CARMA und TARMA identisch, in der sich die Informationen für das entsprechende Fahrzeug befinden.

Die Fahrzeug-Matrix CARMA ist wie folgt definiert:

```
REAL      CARMA
DIMENSION CARMA("CAR",10)
```

CARMA(CARNR,1) Zeiger auf die TX-Matrix
Jedes Fahrzeug wird durch eine Transaction dargestellt. Der Zeiger verweist auf die Zeile LTX in der Transactionmatrix TX, in der die Transaction steht, die das Fahrzeug mit der Nummer CARNR repräsentiert.

CARMA(CARNR,2) Kopfanker für die Aufträge im Fahrzeug
Alle Aufträge, die sich in einem Fahrzeug befinden, stehen in einer Kette. Der Kopfanker verweist auf die Zeilennummer LTX derjenigen Transaction in der TX-Matrix, die den ersten Auftrag darstellt.

CARMA(CARNR,3) Kapazität
In diesem Element wird notiert, wieviel Platzeinheiten das Fahrzeug insgesamt zur Verfügung hat.

CARMA(CARNR,4) Bestand
Hier wird notiert, wieviele Platzeinheiten zur Zeit belegt sind.

CARMA(CARNR,5) Geschwindigkeit
Die Geschwindigkeit des Fahrzeuges ist vor allem für die Berechnung der Zeitdauer für das Befahren einer Wegstrecke nötig.

CARMA(CARNR,6) Position
Hier steht der Punkt des Wegenetzes, an dem sich das Fahrzeug zur Zeit befindet.

CARMA(CARNR,7) Zustand
Den Zustand benötigt die dispositive Steuerung, um die Zuordnung von Fahrzeug zu Auftrag treffen zu können. Für Taxis und Transporter gilt:

= 0 Das Fahrzeug ist frei verfügbar. Das heißt, daß es sich in der Parkposition befindet.
= 1 Das Fahrzeug ist belegt
= 2 Das Fahrzeug ist reserviert. Es befindet sich auf dem Weg zu einem Terminal, wo es Aufträge entgegennehmen soll.
= 3 Das Fahrzeug befindet sich auf dem Weg zur Parkstation.

Für den Bus wird vermerkt, ob er an einem Terminal bereits entladen hat (=0) oder nicht (=1).

CARMA(CARNR,8) Status
In den Unterprogrammen ACTIVB und ACTIVT wird die Reihenfolge der Terminals und Knoten selbständig ohne Zutun des Benutzers durchlaufen. Der Status gibt an, welche Funktion als nächstes aufzurufen ist.

CARMA(CARNR,9) Strategie
Für Fahrzeuge, die sich an die dispositive Steuerung wenden, um neue Aufträge entgegenzunehmen, wird hier die Strategie angegeben, nach der die dispositive Steuerung nach zu befördernden Aufträgen suchen soll. Die Strategie wird bei der Erzeugung im Unterprogramm TGEN und GGEN angegeben. Für Busse gilt:
CARMA (CARNR,9) = 0

CARMA(CARNR,10) Zeiger auf die LOGMA
Falls Aufträge, die an einem Terminal warten und die ein gemeinsames Ziel haben, von der dispositiven Steuerung bereits an das Fahrzeug vergeben wurden, so stehen sie noch in der Matrix LOGMA, sind aber dort bereits aus der Verkettung gelöst und an ihr Fahrzeug gebunden. Dieser Sachverhalt ist nur möglich, solange sich das Fahrzeug selbst im Zustand reserviert (CARMA(CARNR,7)=2) befindet.

Während die CARMA-Matrix die Informationen enthält, die ein Fahrzeug betreffen, sind in der TARMA-Matrix die Daten zusammengefaßt, die den Weg des Fahrzeuges durch das Netz beschreiben.

Die TARMA-Matrix ist folgendermaßen definiert:

```
REAL      TARMA
DIMENSION TARMA("CAR",7)
```

Die einzelnen Elemente haben folgende Bedeutung:

TARMA(CARNR,1) Beladeterminal
Nummer des Terminals, an dem ein Fahrzeug beladen werden soll.

TARMA(CARNR,2) Entladeterminal
Nummer des Terminals, an dem ein Fahrzeug entladen werden soll.

TARMA(CARNR,3) Parkterminal
Nummer des Terminals, an dem ein Fahrzeug parken soll, falls keine Aufträge mehr vorhanden sind. Falls kein Terminal angegeben ist (=0), parkt das Fahrzeug an seinem letzten Entladeterminal.

TARMA(CARNR,4) Belegte Blockstrecke
Der Absolutbetrag des Wertes bezeichnet die Nummer der Blockstrecke, die das Fahrzeug belegt.
= NR Das Fahrzeug belegt die Blockstrecke NR und durchfährt sie.
= -NR Das Fahrzeug belegt die Blockstrecke NR, ist aber selbst vor der nachfolgenden Blockstrecke blockiert.
= -0.1 Das Fahrzeug ist vor einer Blockstrecke blockiert, belegt aber selbst keine Blockstrecke.

TARMA(CARNR,5) Nummer der befahrenen Route.

TARMA(CARNR,6) Verweis auf derzeit befahrenes Segment.

TARMA(CARNR,7) Verweis auf derzeit befahrene Section.

Die Informationen in der TARMA-Matrix richten sich nach dem gewählten Fahrbetrieb. Falls die Verwaltung der Transportaufträge und die Zuteilung der Fahrzeuge von der dispositiven Steuerung übernommen werden, sind die Elemente TARMA(CARNR,1), TARMA(CARNR,2) und TARMA(CARNR,3) erforderlich. Das ist bei Taxibetrieb und bei Bedarf im allgemeinen Betrieb der Fall. Die Angabe der Route wird nur im Busbetrieb benötigt.

Hinweise:

* Zwischen der TX-Matrix und der CARMA-Matrix besteht eine wechselseitige Verzeigerung. Eine Transaction, die ein Fahrzeug darstellt, findet im Element TXADD(LTX,1) den Zeiger auf die Zeile in der CARMA, in der sich weitere Information über das Fahrzeug befindet.
  In gleicher Weise ist für jedes Fahrzeug bekannt, durch welche Transaction es dargestellt wird. Ein Fahrzeug mit der Wagennummer CARNR findet in dem Element CARMA(CARNR,1) die Zeile der dazugehörigen Transaction in der Transactionmatrix.
  Wird beispielsweise für eine gerade aktive Fahrzeugtransaction Information benötigt wie z.B. den gerade aktuellen Bestand, so ist diese wie folgt zugänglich:
  CARNR = TXADD(LTX,1)
  CONTEN = CARMA(CARNR,4)

* Die Bedeutung der einzelnen Elemente wird zum Teil erst verständlich, wenn die Funktionen des Transportmodells im nachfolgenden Kapitel ausführlicher beschrieben werden. An dieser Stelle soll eine kurze Darstellung der Datenbereiche in vollständiger Form gegeben werden.

2.1.4 Der Transactionzustand "fahrend"

Eine Transaction, die von einem Fahrzeug transportiert werden möchte, betritt im Unterprogramm ACTIV durch den Unterprogrammaufruf

```
      CALL GETIN
```

ein Terminal und wird dort solange blockiert, bis ein Fahrzeug die Transaction aufnimmt.
Je nach der Kapazität des Fahrzeuges können sich zur gleichen Zeit mehrere Transactions von einem Fahrzeug transportieren lassen. Alle Transactions, die transportiert werden, befinden sich im Zustand "fahrend". In diesem Fall befinden sich alle Transactions, die von einem Fahrzeug mit der Fahrzeugnummer CARNR transportiert werden, in einer Kette, deren Kopfanker sich in dem Element CARMA(CARNR,2) befindet. Die Verkettung der Transaction wird in der Matrix CHAINA geführt.

Hinweise:

* Die Transactions, die sich im Zustand fahrend befinden, bauen eine Kette auf, die der Kette entspricht, die Transactions im Zustand "blockiert" bilden. Der Unterschied besteht im Kopfanker. Der Kopfanker für die blockierten Transactions steht im Vektor BHEAD, während er für Transactions im Element CARMA(CARNR,2) untergebracht ist.

* Im Element CHAINA(LTX,2) gibt es jetzt drei Verkettungen:
  Zeitkette Kopfanker THEAD
  Blockkette Kopfanker BHEAD
  Transportkette Kopfanker CARMA
  Da sich eine Transaction immer nur in einer der drei Ketten

befinden kann, gibt es in der Matrix CHAINA keine Überschneidungen.

In den Zustand fahrend gelangt eine Transaction nur dann, wenn sie sich vorher in der Warteschlange vor einem Terminal befand. Sobald ein Fahrzeug dieses Terminal erreicht und den Aufruf des Unterprogrammes GLOAD, bzw. TLOAD und BLOAD durchläuft, werden alle blockierten Transactions, die für das Fahrzeug bestimmt sind, aus der Warteschlange vor dem Terminal herausgesucht und in die Kette der Transactions eingehängt, die sich im Zustand fahrend befinden.

Hinweis:

* Für jedes Fahrzeug gibt es eine eigene Kette. Dies entspricht dem Vorgehen bei den Stationen. Dort gibt es ebenfalls pro Station eine Warteschlange.

Wenn ein Fahrzeug ein Zielterminal erreicht hat, werden die Transactions, die entladen werden sollen, aus der Kette der fahrenden Transactions herausgelöst und in die Zeitkette gehängt. Der Aktivierungszeitpunkt ist der aktuelle Stand der Simulationsuhr T.

Der Wiederaufsetzpunkt für die entladene Transaction ist der Unterprogrammaufruf

```
IDN   CALL GETOUT
```

im Unterprogramm ACTIV. Die Anweisungsnummer IDN des Unterprogrammaufrufes GETOUT wird in der Parameterliste des Unterprogrammes

```
      CALL GETIN(NTERM,ITARGU,IDN,ITYPE,IORDR,NSTRAT,*9000,*9999)
```

mitgegeben. Sie wird im Element ACTIV(LTX,2) als Zieladresse eingetragen.

Hinweise:

* Die Ablaufkontrolle verwaltet die Transaction im Zustand aktiv, termingebunden und blockiert. Die Ablaufkontrolle verfügt über Unterprogramme, die eine Transaction von einem Zustand in den anderen überführen.
  Transactions, die sich im Zustand fahrend befinden, sind der Ablaufkontrolle entzogen. Sobald Transactions in der Kette stehen, die an einem Fahrzeug hängt, sind sie für die Ablaufkontrolle nicht mehr erreichbar. Sie gehen erst wieder in die Obhut der Ablaufkontrolle über, wenn sie in einem Terminal durch den Aufruf
  ```
      CALL GOUT (IDN,IORDR,TIME,*9000,*9999)
  ```
  aus der Transportkette am Fahrzeug in die Zeitkette überführt werden.

* Falls in der Parameterliste des Unterprogrammaufrufes
  ```
      CALL GOUT (IDN,IORDR,TIME,*9000,*9999)
  ```
  für die Entladezeit ein Wert TIME > 0. angegeben wird, so ver-

läßt die Fahrzeugtransaction das Terminal entsprechend verspätet. TIME gibt die Zeit an, die zum Entladen eines Auftrages benötigt wird. Die gesamte Verzögerungszeit besteht daher aus n * TIME, wobei n die Anzahl der entladenen Aufträge ist.

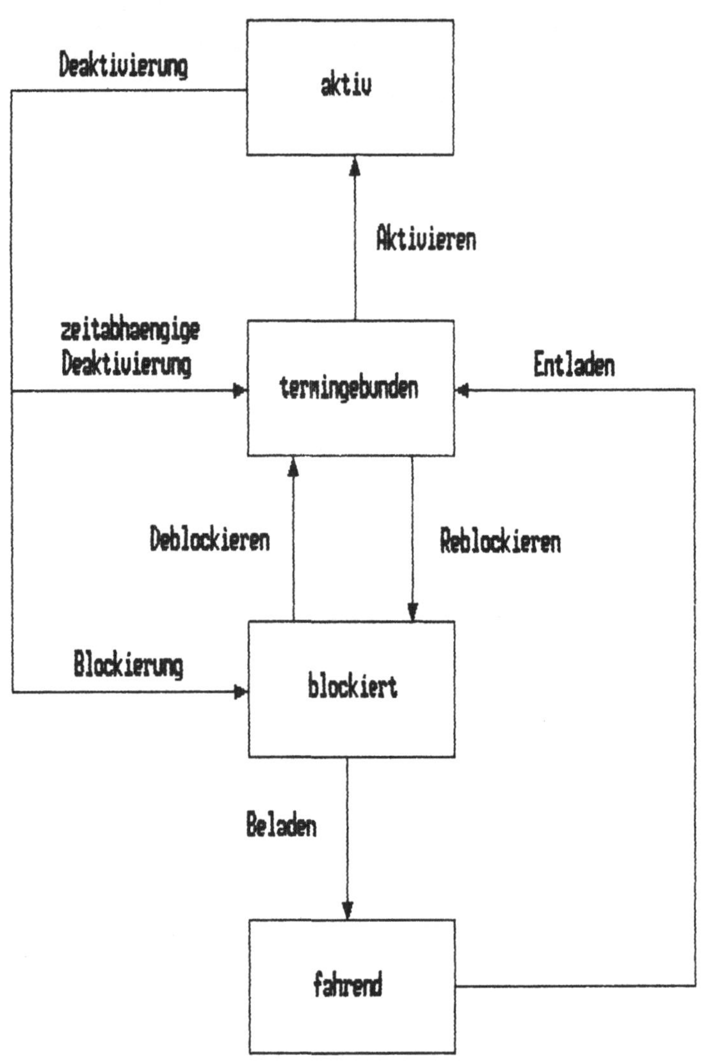

Bild 7: Transactionzustände und Zustandsübergänge

2.1.5 Datenbereiche für Terminals

Terminals sind ein neuer Stationstyp, der den bisherigen Stationstypen hinzugefügt wurde.

Terminals stellen das Verbindungsglied zwischen Auftragsmodell und Transportmodell dar. Ein Terminal kann vom Unterprogramm ACTIV aus von einer Transaction, die befördert werden will, betreten oder verlassen werden.
Terminals können weiterhin von Fahrzeugen betreten werden. Die wichtigsten Funktionen, die ein Fahrzeug an einem Terminal ausführen kann, sind Beladen, Entladen und Parken. Es sind jedoch in einem Terminal alle anderen Stationstypen, die GPSS-FORTRAN kennt, einsetzbar.

Eine Übersicht über ein Terminal mit Belade-, Entlade- und Parkfunktion zeigt Bild 1.

Ein Terminal verfügt auf jeden Fall über zwei Warteschlangen. Die eine Warteschlange enthält die Aufträge, die befördert werden möchten. Transactions gelangen in diese Warteschlange durch den Aufruf des Unterprogrammes

```
CALL GETIN (NTERM,ITARGU,IDN,ITYPE,IORDR,NSTRAT,*9000,*9999)
```

Weiterhin enthält ein Terminal eine Warteschlange, in der parkende Fahrzeuge stehen können.

Hinweis:

* Eine Warteschlange für Fahrzeuge, die beladen werden möchten, besteht nicht. Zunächst kann jedes Fahrzeug, das das Terminal betritt und hier die Unterprogramme GLOAD oder GOUT aufruft, sofort mit den Be- oder Entladen beginnen.

Die anschauliche Vorstellung geht zunächst davon aus, daß die Fahrzeuge keine räumliche Ausdehnung haben und daß in einem Terminal beliebig viele Fahrzeuge parallel entladen werden können. Trifft diese Voraussetzung nicht zu, dann sind zusätzliche Modellfunktionen einzuführen, die das Geforderte leisten. In Kap. 4.3 "Stationstypen im Transportmodell" zeigen Beispiele die Vorgehensweise in diesem Fall.

Transactions, die in einem Terminal in einer der beiden Warteschlangen stehen, befinden sich im Zustand blockiert. Aus diesem Grund muß der Vektor BHEAD, der die Kopfanker vor den Stationen enthält, erweitert werden. Er besitzt zwei zusätzliche Bereiche. Der eine enthält zusammenhängend alle Elemente für die Kopfanker der Warteschlangen, die von den blockierten Transactions gebildet werden.
Der zweite zusammenhängende Bereich enthält Parkwarteschlangen, in denen sich die Transactions befinden, die Fahrzeuge darstellen.

Die Zerlegung des Vektors BHEAD erfolgt in bekannter Weise über den TYPE-Vektor, der den Beginn eines Abschnittes angibt, der die zu einem Stationstyp gehörigen Kopfanker enthält.

Die Besetzung des TYPE-Vektors erfolgt im Unterprogramm INIT4.

Für die Terminals werden zunächst 2 neue Elemente im TYPE-Vektor benötigt.

TYPE(13) Beginn der Kopfanker für die Warteschlange der blockierten Aufträge.

TYPE(14) Beginn der Kopfanker für die Warteschlange der parkenden Fahrzeuge.

* Beispiel:

Die Stationsnummer K für die Warteschlange im Terminal NTERM=4 für wartende Aufträge berechnet sich wie folgt:
K=TYPE(13)+NTERM-1
In analoger Weise berechnet man die Stationsnummer K im Terminal NTERM=8 für parkende Fahrzeuge:
K=TYPE(14)+NTERM-1

Hinweis:

* Die Terminals besitzen selbst keine Attribute. Es gibt daher auch keinen eigenen Datenbereich für Terminals.

2.1.6 Datenbereiche für die dispositive Steuerung

Die dispositive Steuerung hat die Aufgabe, den Transportaufträgen ein Fahrzeug zuzuweisen. Hierbei unterscheidet man die Auswahl eines Fahrzeuges von der Auswahl der Aufträge.

Die Auswahl des Fahrzeuges wird wirksam, wenn ein Transportauftrag an die dispositive Steuerung gemeldet wird und die dispositive Steuerung aus der Anzahl der verfügbaren Fahrzeuge nach einer Strategie das zutreffende Fahrzeug auswählt.

Die Auswahl der Aufträge wird erforderlich, wenn ein Fahrzeug einen Transportauftrag abgeschlossen hat und sich an die dispositve Steuerung wendet. In diesem Fall muß dem frei gewordenen Fahrzeug aus den noch unerledigten Aufträgen nach einer Strategie der geeignete Auftrag zugewiesen werden.

Die Auswahl eines Fahrzeuges findet sich im Unterprogramm GETIN, das von einer Auftragstransaction aufgerufen wird, sobald sie ein Terminal betritt. Hierzu wird in GETIN das Unterprogramm ORDER aufgerufen, das seinerseits nach der angegebenen Strategie ein weiteres Unterprogramm aufruft, das dann die Fahrzeugauswahl vornimmt (siehe Kap. 2.4.1 "Das Unterprogramm ORDER").

Um einem Auftrag ein freies Fahrzeug zuweisen zu können, wird bei jeder Anforderung die CARMA-Matrix durchlaufen und alle Fahrzeuge herausgesucht, für die gilt:

```
CARMA(CARNR,7) = 0
CARMA(CARNR,9) > 0
```

Es handelt sich um alle Fahrzeuge mit dem Zustand "frei verfügbar", die nicht zu den Bussen gehören.

Hinweis:

* Eine eigene Liste mit frei verfügbaren Fahrzeugen existiert nicht.

Die Auswahl eines Auftrages erfolgt im Unterprogramm GOUT bzw. TOUT, durch den Aufruf des Unterprogrammes FIND, falls ein Fahrzeug einen neuen Transportauftrag sucht, da es durch den Entladevorgang frei geworden ist. Das Unterprogramm FIND verzweigt selbst weiter zu dem Unterprogramm, das abhängig von der gewählten Strategie den auszuführenden Transportauftrag heraussucht (siehe Kap. 2.4.2 "Das Unterprogramm FIND").

Alle Transportaufträge, die sich in der dispositiven Steuerung gesammelt haben und die bisher noch nicht bearbeitet werden konnten, befinden sich im sogenannten Logbuch. Die erforderlichen Informationen sind in der LOGMA-Matrix zusammengefaßt.

Alle Aufträge im Logbuch sind nach FIFO verkettet; das heißt, daß der älteste Auftrag in der Kette an erster Stelle steht.

Die LOGMA-Matrix ist wie folgt dimensioniert:

```
REAL      LOGMA
DIMENSION LOGMA("TX1",5)
```

LOGMA(NR,1) Das Beladeterminal der beauftragenden Transaction.

LOGMA(NR,2) Das Entladeterminal der Transaction.

LOGMA(NR,3) Die Zeile in der TX-Matrix der anfordernden Transaction. Sie dient bei der Auswahl von Aufträgen für zusätzliche Informationen (z.B. Priorität, Kapazitätsanforderungen, etc.).

LOGMA(NR,4) Zeitpunkt der Anforderung.

LOGMA(NR,5) Verweis auf die nachfolgende Zeile des Logbuches in Zeitreihenfolge.

Für die einfache Verkettung wird der Kopfanker benötigt. Weiterhin ist es bequem, wenn beim Einketten eines neuen Auftrages nicht die gesamte Kette bis zum Ende durchlaufen werden muß. Es gibt einen Verweis, der die Position des bisher letzten Auftrages vermerkt. Der Datenbereich für die Anker ist ein Vektor mit dem Namen LOGPTR (Logbuchpointer).

Er ist wie folgt dimensioniert:

```
INTEGER   LOGPTR
DIMENSION LOGPTR(2)
```

LOGPTR(1) Kopfanker
Verweis auf die Zeile des ältesten Auftrages im Auftragsbuch. Bei -1 ist das Auftragsbuch leer.

LOGPTR(2) Verweis auf die Zeile des jüngsten Auftrages im Auftragsbuch. Nach dieser wird bei jedem neuen Auftrag eingekettet. Dieser Datenbereich dient zur schnelleren Einfügung von neuen Aufträgen in das Auftragsbuch.

Die Aufträge, die im Logbuch notiert sind, können auf zwei verschiedene Arten verkettet sein:
Ein Auftrag, der noch keinem Fahrzeug zugewiesen wurde steht in der obengenannten Verkettung, ausgehend von LOGPTR(1). Ein Auftrag, der bereits einem Fahrzeug zugeteilt wurde, steht zwar immer noch im Logbuch, ist aber aus der Verkettung des Logbuches gelöst, und dafür über das Fahrzeug verkettet.

Ein derartiger Fall tritt ein, wenn die dispositive Steuerung einen Auftrag an ein Fahrzeug vergibt.
Der Kopfanker für Aufträge, denen bereits ein Fahrzeug zugewiesen wurde, die jedoch noch in der Warteschlange im Terminal stehen, befindet sich dann in dem Element CARMA(CARNR,10).

Sobald ein Fahrzeug das Terminal erreicht und das Unterprogramm GLOAD bzw. TLOAD aufruft, werden die Transactions aus der Warteschlange vor dem Terminal herausgenommen und in die Kette gehängt, die das Fahrzeug mitführt. Zur gleichen Zeit wird der Eintrag in der LOGMA-Matrix gelöscht.

Hinweise:

* Es wird daran erinnert, daß die dispositive Steuerung im allgemeinen Betrieb (Transporter) nur auf Wunsch eingesetzt wird. Das geschieht durch den Parameter
  IORDR=1
  in den Unterprogrammen GETIN, GLOAD und GOUT.

* Falls das Transportmodell im Taxibetrieb läuft, wird die dispositive Steuerung auf jeden Fall eingesetzt.

* Für den Busbetrieb wird die dispositive Steuerung nicht benötigt. In diesem Fall warten die Aufträge in den Warteschlangen vor den Terminals solange, bis ein Bus auf einer festen Route vorbeikommt und die Aufträge aufnimmt, die für ihn in Frage kommen.

2.1.7 Datenbereiche für die Fahrzeugstatistik

Um das Modellverhalten statistisch auswerten zu können, stehen dem Benutzer alle Möglichkeiten zur Verfügung, die GPSS-FORTRAN Version 3 bietet. Darüber hinaus werden vom Simulator ausgewählte Vorgänge selbständig überwacht, ohne daß der Benutzer einzugreifen hat.

Die statistische Analyse umfaßt zunächst zwei Bereiche. Es handelt sich einmal um die Fahrzeugstatistik und um das Warteschlangenverhalten in den Terminals.

Hinweis:

* Die statistische Analyse der Sections- und Segmentbelegung wird im Kap. 3.4 "Der Statistikbereich für das Wegenetz" gesondert beschrieben.

Zur Aufnahme der Daten für die Fahrzeugstatistik dient die STATIS-Matrix.

Die STATIS-Matrix ist wie folgt definiert:

```
REAL      STATIS
DIMENSION STATIS("CAR",10)
```

Die einzelnen Felder haben folgende Bedeutung:

STATIS(CARNR,1)	Es wird die Zeit aufgesammelt, die mit Leerfahrten verbraucht wurde.
STATIS(CARNR,2)	Die Zeit, die aufgewendet wurde, während Aufträge befördert wurden.
STATIS(CARNR,3)	Die Zeit, während ein Fahrzeug geparkt hat.
STATIS(CARNR,4)	Wartezeit vor Blockstrecken.
STATIS(CARNR,5)	Anzahl der erledigten Transportaufträge.
STATIS(CARNR,6)	Die Anzahl der transportierten Mengeneinheiten.
STATIS(CARNR,7)	Gesamtzeit Beladen Dieser Wert wird benötigt, um die mittlere Anzahl der Aufträge, die von einem Fahrzeug befördert wurden, berechnen zu können. Der mittlere Bestand ergibt im Vergleich zur Kapazität ein Maß für die Auslastung.
STATIS(CARNR,8)	Die beladen zurückgelegte Strecke.
STATIS(CARNR,9)	Die leer zurückgelegte Strecke.
STATIS(CARNR,10)	Die Zeit, die für das Be- und Entladen verbraucht wurde.

Hinweise:

* Die Fahrzeugstatistik wird für jedes Fahrzeug einzeln geführt.

* Die Auswertung der STATIS-Matrix und der Ausdruck der Ergebnisse erfolgt durch den Aufruf des Unterprogrammes REPRT9.

* Um die mittlere Anzahl der Aufträge zu berechnen, die ein Fahrzeug transportiert hat, benötigt man die Gesamtbeladezeit. Es gilt:
  Gesamtzeit Beladen = (aktueller Bestand des Fahrzeuges) * (Zeit für Fahrten + Wartezeit vor Blockstrecken).
  Der mittlere Bestand eines Transporters ergibt sich aus Gesamtzeit Beladen/Gesamtzeit.
  Die Gesamtzeit setzt sich hierbei aus der Leerzeit, der Parkzeit und der Belegtzeit zusammen.

Weiterhin werden Datenbereiche zur Verfügung gestellt, die es gestatten, das Verhalten der beiden Warteschlangen in einem Terminal zu überwachen.

Das übliche Verfahren zur Überwachung von Warteschlangen für alle anderen Stationstypen mit Hilfe von Bins ist bei Terminals nicht einsetzbar, da das Verlassen der Warteschlange für Aufträge mit Transportwunsch dem Benutzer nicht zugänglich ist. Eine Auftragstransaction, die aus der Warteschlange ausgehängt wird, wird unmittelbar in die Ladekette eines Fahrzeuges eingefügt. Sie wird zu diesem Zweck nicht selbst aktiviert. Aus diesem Grund gibt es keine Stelle, an der das Unterprogramm DEPART vom Benutzer aufgerufen werden könnte.

Aus diesem Grund werden für die Terminals die Datenbereiche, die den Bins entsprechen, vom Simulator selbst angelegt. Die Funktionen, die für Bins von den Unterprogrammen ARRIVE und DEPART durchgeführt werden, werden von den Unterprogrammen GETIN und GLOAD (bzw. BLOAD und TLOAD) erledigt.

Zur Aufnahme der Daten für die Warteschlange der Aufträge dient die STATST-Matrix. Sie ist wie folgt dimensioniert:

```
REAL      STATST
DIMENSION STATST ("TERM",4)
```

Die einzelnen Elemente haben die folgende Bedeutung:

STATST(NTERM,1)	Gesamtwartezeit
STATST(NTERM,2)	Anzahl der Zugänge
STATST(NTERM,3)	Anzahl der Abgänge
STATST(NTERM,4)	Zeitpunkt der letzten Veränderung

Aus den Informationen der STATST-Matrix werden durch Aufruf des Unterprogrammes REPRT9 die mittlere Warteschlangenlänge und die mittlere Wartezeit berechnet. Hierbei wird in der gleichen Art und Weise vorgegangen, in der im Auftragsmodell das Unterprogramm REPRT4 aus der BIN-Matrix die Mittelwerte der BINSTA-Matrix berechnet.

Hinweise:

* Analog wird die Warteschlange behandelt, in der sich die in einem Terminal parkenden Fahrzeuge aufhalten. Die hierfür vorgesehene Matrix heißt PARKST. Die Bedeutung der Elemente ist mit der Bedeutung der Elemente der STATST identisch.

* Die Matrix zur Aufnahme der Daten für die Warteschlange vor einer Blockstrecke heißt BLOCST. Auch diese Elemente stimmen mit den Elementen der STATST-Matrix überein.

2.2 Die Unterprogramme für das Transportmodell

Die Unterprogramme für das Transportmodell gliedern sich in vier Bereiche.

- Betreten und Verlassen des Terminals durch einen Auftrag
  Unterprogramme: GETIN, GETOUT

- Erzeugen von Fahrzeugen
  Unterprogramm: GGEN

- Beladen, Entladen und Parken von Fahrzeugen in einem Terminal
  Unterprogramme: GLOAD, GOUT, GPARK

- Fahren zwischen zwei Knoten
  Unterprogramm: GRIDE

Hinweis:

* In diesem Kapitel werden nur die Unterprogramme für die allgemeine Betriebsart (Transporter) beschrieben. Die Unterprogramme für den Bus- bzw. den Taxibetrieb unterscheiden sich hiervon nur unerheblich.

2.2.1 Die Unterprogramme GETIN und GETOUT

Die Unterprogramme GETIN und GETOUT besorgen das Betreten und Verlassen eines Terminals.
Alle Aufträge, die sich im Auftragsmodell an ein Terminal wenden, um transportiert zu werden, rufen zunächst das Unterprogramm GETIN auf. Das geschieht im Unterprogramm ACTIV.

Funktion:
Der Auftrag, der befördert werden möchte, wird auf jeden Fall in die Warteschlange der Aufträge eingekettet, die auf Transport warten. Hierbei gibt er die Nummer des Zielterminals an.

Alle Aufträge in einem Terminal stehen unabhängig von der Betriebsart des Transportmodells in derselben Warteschlange. Eine Unterscheidung nach Art des Fahrzeuges besteht nicht. Ein Fahrzeug, das auf der Seite des Transportmodells ein Terminal erreicht, sucht sich aus der Warteschlange den passenden Auftrag heraus.

Beim Betreten des Terminals ist es von besonderer Bedeutung, ob sich ein Auftrag an die dispositive Steuerung wendet und um die Zuteilung eines Fahrzeuges nachsucht oder nicht.

Falls sich der Auftrag nicht an die dispositive Steuerung wendet, bleibt er solange in der Warteschlange stehen, bis ein Fahrzeug im Terminal erscheint, das befugt ist, ihn zu befördern. Das ist zunächst auf jeden Fall ein Bus im Busbetrieb. Es kann jedoch auch ein Transporter im allgemeinen Betrieb sein, wenn der Transporter beim Betreten des Terminals in der Parameterliste des Unterprogrammes GLOAD den Parameter

IORDR = 0

setzt und damit dokumentiert, daß er nur Aufträge aufnehmen möchte, die sich nicht an die dispositive Steuerung gewandt haben.

Jeder Auftrag, der sich in einem Terminal einfindet und sich an die dispositive Steuerung wendet, kann individuell angeben, nach welcher Strategie ein freies Fahrzeug gesucht werden soll.

Unterprogrammaufruf:

```
CALL GETIN(NTERM,ITARGU,IDN,ITYPE,IORDR,NSTRAT,*9000,*9999)
```

Parameterliste:

NTERM — Nummer des Terminals
Die Nummer des Terminals, in dem der Auftrag eingeladen werden möchte.
Die Nummer des Terminals wird benötigt, um den Auftrag in die richtige, zum Terminal gehörige Warteschlange einketten zu können.

ITARGU — Nummer des Zielterminals
Es wird die Nummer des Terminals angegeben, zu dem der Auftrag befördert werden möchte.
Die Nummer des Zielterminals wird in das Element TXADD(LTX,2) eingetragen. Das Unterprogramm GOUT greift darauf zu um entscheiden zu können, ob ein Fahrzeug, das an einem Terminal ankommt und die Funktion GOUT aufruft, einen Auftrag an diesem Terminal entladen kann.
Es ist möglich, daß das Ziel eines Auftrages beim Betreten des Terminals noch nicht bekannt ist (siehe Kap. 4.4 "Das Modell Gepäcktransport"). In diesem Fall gilt ITARGU = -1.

IDN — Anweisungsnummer der dazugehörigen GETOUT-Anweisung
Im Unterprogramm ACTIV folgt nach dem Aufruf des Unterprogrammes GETIN der Aufruf des Unterprogrammes GETOUT. Die Anweisungsnummer dieses Unterprogrammaufrufes muß angegeben werden.
Falls ein Auftrag im Transportmodell durch Aufruf des Unterprogrammes GOUT an einem Terminal entladen wird, so wird die Auftragstransaction mit dem aktuellen Aktivierungszeitpunkt T in die Zeitkette gehängt. Der Wiederaufsetzpunkt im Unterprogramm ACTIV ist die Anweisungsnummer des Unterprogrammaufrufes GETOUT.

ITYPE — Kennung des gewünschten Fahrzeugtyps
= 1 Bus
= 2 Taxi
= 3 Transporter
Für Busse wird die dispositive Steuerung auf keinen Fall angesprochen. Für Taxis wird die dispositive

Steuerung auf jeden Fall angesprochen. Für Transporter wird die dispositive Steuerung in Abhängigkeit des Parameters IORDR angesprochen.

IORDR — Aufruf der dispositiven Steuerung
Für die allgemeine Betriebsart mit Transportern kann angegeben werden, ob die Fahrzeugzuteilung über die dispositive Steuerung erfolgen soll.
= 0 Keine dispositive Steuerung
= 1 Dispositive Steuerung

NSTRAT — Strategie für die dispositive Steuerung
Falls die Fahrzeugzuteilung über die dispositive Steuerung erfolgt, kann angegeben werden, nach welcher Strategie nach einem freien Fahrzeug gesucht wird.
= 0 Keine dispositive Steuerung
= 1 Zufall
= 2 Fahrzeug mit der niedrigsten Nummer
= 3 Räumlich nächstes Fahrzeug
= 4 Räumlich weitestes Fahrzeug
= 5 Fahrzeug am Terminal
= 6 Benutzereigene Strategie
Eine ausführliche Beschreibung der Strategie findet man in Kap. 2.4.1 "Das Unterprogramm ORDER".

*9000 — Ausgang zur Ablaufkontrolle
Im Unterprogramm GETIN wird die Auftragstransaction auf jeden Fall blockiert. Es wird daher immer zur Ablaufkontrolle zurückgesprungen.

*9999 — Fehlerausgang
Es gibt die folgenden beiden Fehlermöglichkeiten:
1. Das Logbuch ist belegt.
2. Die dispositive Steuerung hat im Unterprogramm ORDER einen Fehler gemeldet.

Bild 8 zeigt den Ablaufplan für das Unterprogramm GETIN.

Hinweis:

* Es besteht die Möglichkeit, daß ein Auftrag, der sich in einem Terminal zur Beförderung in die Warteschlange stellt, in einem Fahrzeug nicht nur einen sondern mehrere Plätze belegt. Denkbar wären große Werkstücke oder zusammengehörige Gruppen von Passagieren, die der Einfachheit halber durch eine Transaction dargestellt werden.
  Die Anzahl der erforderlichen Plätze ist für eine aktive Auftragstransaction vom Benutzer selbst in das Element TXADD(LTX,4) einzutragen (siehe hierzu Kap. 2.1.3 "Datenbereiche für die Transactions").

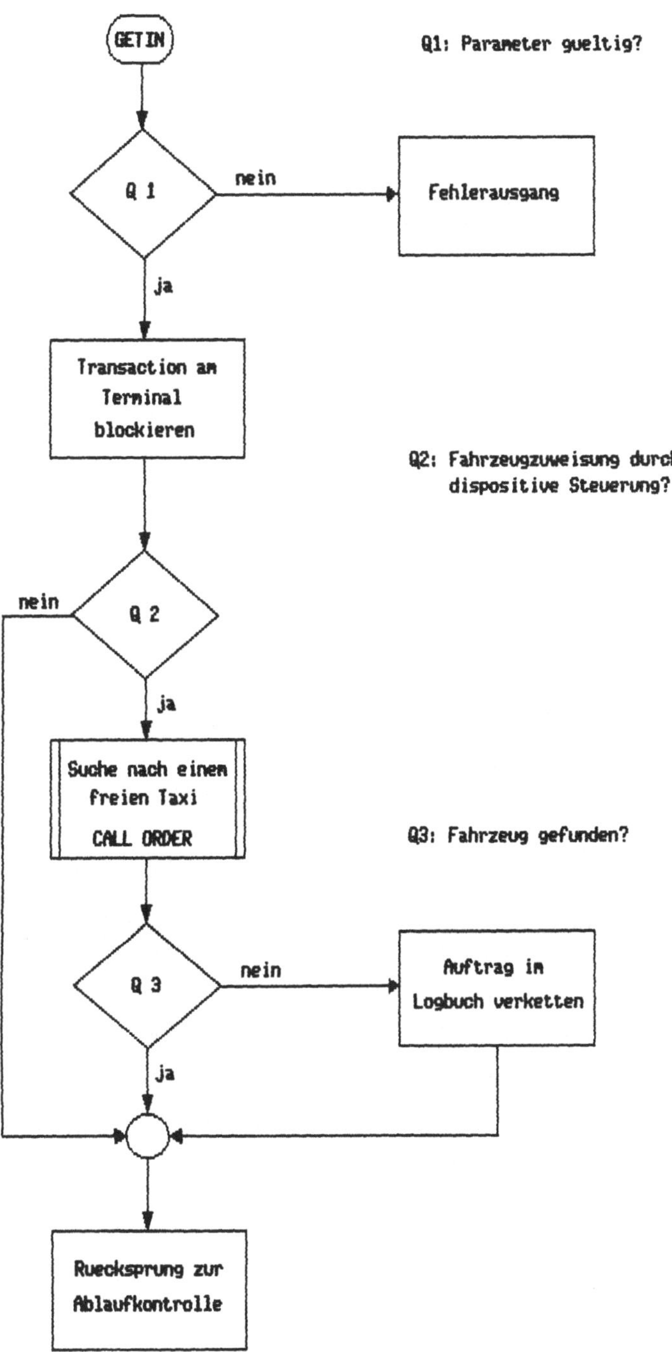

Bild 8: Der Ablaufplan für das Unterprogramm GETIN

Beispiel:
Ein Auftrag belegt in einem Taxi 3 Plätze. Die Anweisungen haben folgendes Aussehen:

```
TXADD (LTX,4) = 3
CALL GETIN (NTERM,ITARGU,IDN,2,1,3,*9000,*9999)
```

Die Anzahl der geforderten Plätze hätte man auch in die Parameterliste von GETIN übernehmen können. Das wurde jedoch nicht getan, da die Parameterliste von GETIN bereits relativ lang ist und die Übersichtlichkeit gefährdet würde. Außerdem ist der beschriebene Fall relativ selten.

Das Unterprogramm GETOUT hat die Aufgabe, die transportierten Auftrags-Transactions aus dem Terminal zu entlassen. Das bedeutet, daß eine Auftragstransaction, die vom Unterprogramm GOUT im Transportmodell in die Zeitkette eingehängt wurde, wieder aktiviert wird und zur Anweisungsnummer des Unterprogrammaufrufes GETOUT springt.

Das Unterprogramm GETOUT löscht den Datenbereich TXADD, der für eine Auftragstransaction benötigt wird, sobald sie sich mit einem Beförderungswunsch an das Transportmodell wendet.

Wichtig ist, daß der Unterprogrammaufruf GETOUT eine Anweisungsnummer trägt, die als Wiederaufsetzpunkt für entladene Transactions fungiert, die ihren Weg im Unterprogramm ACTIV fortsetzen wollen. Die Anweisungsnummer des Unterprogrammaufrufes von GETOUT wird in der Parameterliste von GETIN an die Ablaufkontrolle des Simulators übergeben.

Unterprogrammaufruf:

```
      CALL GETOUT
```

Parameterliste:

Die Parameterliste von GETOUT ist leer.

* Beispiel:

Eine Auftragstransaction betritt das Terminal T3 und möchte mit einem Transporter zum Terminal T5 fahren. Die dispositive Steuerung soll den nächstgelegenen, freien Transporter suchen.

Die Unterprogrammaufrufe im Unterprogramm ACTIV haben folgendes Aussehen:

```
      CALL GETIN(3,5,17,3,1,3,*9000,*9999)
17    CALL GETOUT
```

Eine Auftragstransaction, die mit einem Transportwunsch das Unterprogramm GETIN betritt, durchläuft die folgenden vier Zustände (siehe Kap. 2.1 "Fahrzeug-Transactions")

1.) Blockiert
    Die Transaction wird im Unterprogramm GETIN in die Warteschlange gestellt.

2.) Fahrend
Ein Transporter, der in ACTIVG das Unterprogramm GLOAD aufruft, löst die Auftragstransaction aus der Warteschlange heraus und überführt sie in den Zustand fahrend. Die Auftragstransaction ist jetzt an das Fahrzeug gebunden.

3.) Termingebunden
Am Entladeterminal ruft der Transporter das Unterprogramm GOUT auf. Hier wird die Auftragstransaction aus der Verkettung an das Fahrzeug gelöst und in die Zeitkette der Ablaufkontrolle eingehängt. Der Aktivierungszeitpunkt ist der Stand der Simulationsuhr T. Der Wiederaufsetzpunkt ist die Anweisungsnummer des Unterprogrammes GETOUT.

4.) Aktiv
Die Auftragstransaction wird zur Zeit T von der Ablaufkontrolle gefunden und zum Unterprogrammaufruf CALL GETOUT geschickt. Von hier aus setzt die Transaction ihren Weg durch das Auftragsmodell im Unterprogramm ACTIV fort.

Hinweise:

* Falls die Auftragstransaction die dispositive Steuerung nicht mit der Fahrzeugsuche beauftragt, erfolgt keine Prüfung, ob an diesem Terminal auch wirklich ein Fahrzeug vorbeikommt, das das Zielterminal anläuft. Falls kein Fahrzeug erscheint, bleibt die Auftragstransaction ständig im Zustand blockiert.

* Die Position der Transaction in der Warteschlange des Terminals hängt, wie auch bei den anderen Stationen, von der jeweiligen Policy für diese Station ab. Sie ist normalerweise PFIFO, kann aber durch die Besetzung der POL-Matrix geändert werden.
  Die Typnummer der Station "Terminal" ist 13.
  Beispiel:
  Die Passagiere am Terminal NTERM=12 sollen nach der Warteschlangenstrategie FIFO (Nummer der Policy = 2) blockiert werden. Dazu muß im Rahmen bei "Setzen Policy-, Strategie- und Plan-Matrix" folgender Abschnitt stehen:

```
C
C     Setzen Policy-, Strategie- und Plan-Matrix
C     ==========================================
      POL(1,1) = 13
      POL(1,2) = 12
      POL(1,3) =  2
```

2.2.2 Das Unterprogramm GGEN

Die Erzeugung von Fahrzeugen erfolgt im Unterprogramm ACTIVG durch das Unterprogramm GGEN.

Hinweis:

* So wie Auftragstransactions im Unterprogramm ACTIV durch das Unterprogramm GENERA erzeugt werden, so werden in analoger Weise Fahrzeugtransactions im Unterprogramm ACTIVG durch den Aufruf des Unterprogrammes GGEN generiert.

Funktion:
Es wird eine Fahrzeugtransaction erzeugt. Die Attribute des Fahrzeuges werden in der Parameterliste angegeben.

Unterprogrammaufruf:

```
CALL GGEN (ET,PR,KAP,VEL,NTERM,NSTRAT,*9999)
```

Parameterliste:

ET Ankunftsabstand

PR Priorität der erzeugten Transaction

KAP Kapazität
Es wird das Fassungsvermögen des Fahrzeuges festgelegt.

VEL Geschwindigkeit
Die Geschwindigkeit wird in Länge/Zeiteinheit angegeben. Die Längeneinheit wird durch die Koordinaten bei der Beschreibung des Wegenetzes festgelegt. Die Zeiteinheit entspricht der Zeiteinheit, mit der die Ablaufkontrolle der Simulation arbeitet.

NTERM Nummer des Terminals, bei der das Fahrzeug seine Fahrt aufnimmt

NSTRAT Nummer der Strategie für die dispositive Steuerung
Falls ein Fahrzeug frei wird, kann es sich an die dispositive Steuerung wenden, um sich einen neuen Transportauftrag zuweisen zu lassen. Die dispositive Steuerung verfügt über verschiedene Strategien, nach denen ein neuer Auftrag ermittelt wird. Diese Strategie ist typisch für ein Fahrzeug. Es gibt:
= 0 Der Transporter lädt nur solche Transactions auf, die keinen Transportwunsch an die dispositive Steuerung abgeschickt haben.
= 1 Ältester Auftrag
= 2 Auftrag mit höchster Priorität
= 3 Nächstgelegener Auftrag
= 4 Weitestentfernter Auftrag
= 5 Auftrag nur an dem Terminal, an dem das Fahrzeug momentan steht
= 6 Benutzereigene Strategie

*9999 Fehlerausgang
Der Fehlerausgang wird in den folgenden Fällen gewählt:
1. Die TX-Matrix ist belegt.
2. Die Parameter liegen außerhalb des gültigen Wertebereiches.

Bild 9 zeigt den Ablaufplan für das Unterprogramm GGEN.

Die Source, die die Fahrzeuge generieren soll, muß durch den Aufruf

```
CALL TSTART (NSC,TSC,IDG,ITYPE,EXIT1)
```

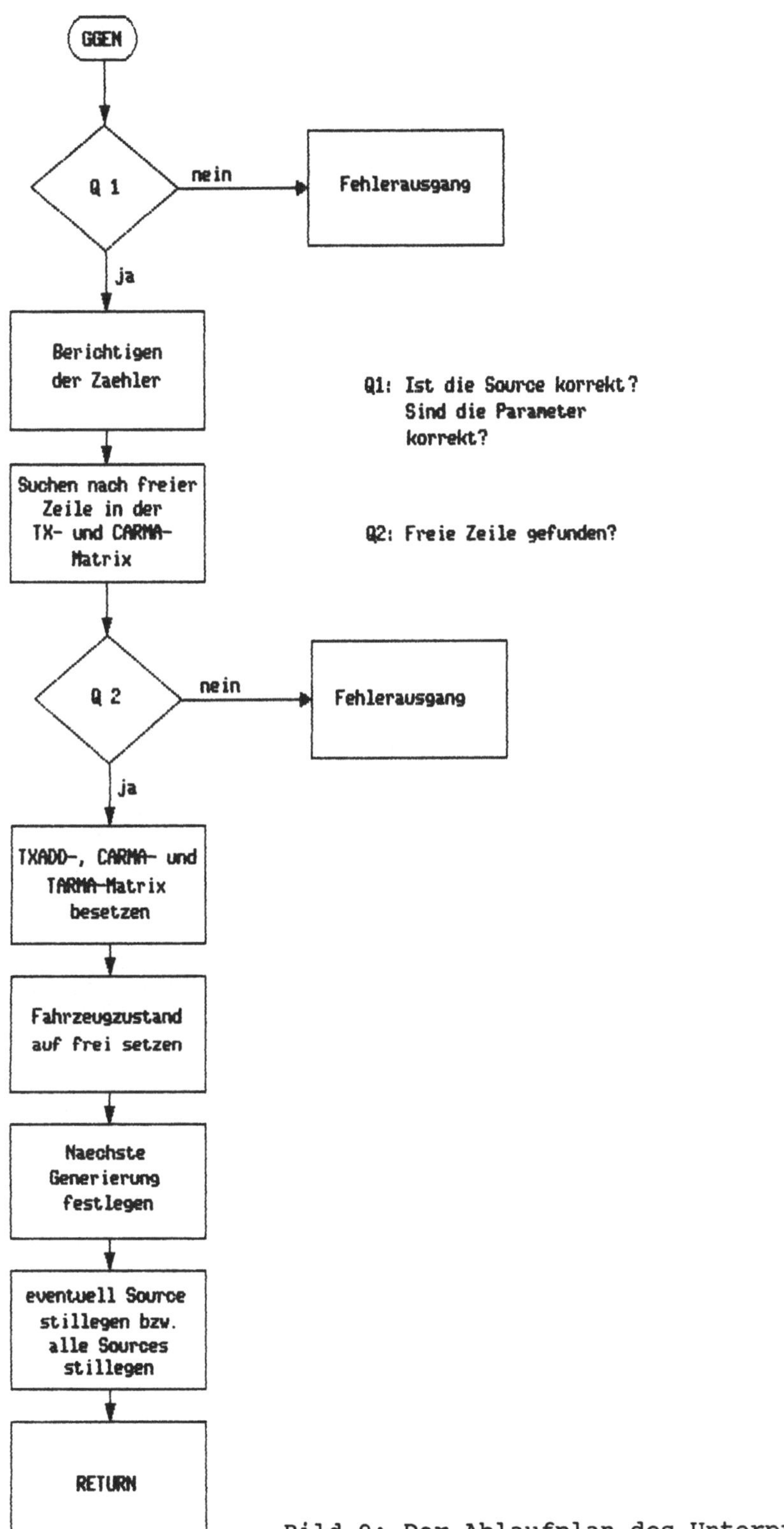

Bild 9: Der Ablaufplan des Unterprogrammes GGEN

im Rahmen gestartet werden. Durch den Parameter ITYPE in der rameterliste des Unterprogrammes TSTART wird die Betriebsart damit das Unterprogramm festgelegt, in dem sich der dazu gehö Unterprogrammaufruf zur Generierung befindet.

Für den allgemeinen Betrieb mit Transportern gilt:

ITYPE = 3

In diesem Fall heißt das Unterprogramm, das die Transporter zeugt, GGEN. Es muß im Unterprogramm ACTIVG aufgerufen wer Der Parameter IDG im Unterprogrammaufruf von TSTART bezieht auf die Anweisungsnummer des Unterprogrammes GGEN im Unter gramm ACTIVG.

* Beispiel:

Es sollen 20 Transporter von der Source NSC=3 erzeugt werden. Im Rahmen muß im Abschnitt 4 "Setzen der Sourceliste" die An der zu erzeugenden Transactions angegeben werden. Das gesch durch die folgende Anweisung:

SOURCL(3,3) = 20

Die Source soll zum Zeitpunkt 1.5 gestartet werden. Die An sungsnummer des Unterprogrammaufrufes von GGEN im Unterprog ACTIVG sei 1.

Im Abschnitt 5 des Rahmens "Source Start" steht daher die fol de Anweisung:

CALL TSTART (3,1.5,1,3,*9999)

Im Unterprogramm ACTIVG steht der Aufruf des Unterprogra GGEN, durch den letztlich die Transporter erzeugt werden:

```
C
C     Erzeugen der Transporter
C     ========================
1     CALL GGEN(ET,PR,KAP,VEL,NTERM,NSTRAT,*9999)
```

Hinweise:

* Eine Source vermag sowohl Auftragstransactions als auch F zeugtransactions zu erzeugen, je nachdem ob sie durch den ruf von START oder TSTART gestartet wurde.

* Das Unterprogramm GGEN entspricht in fast allen Gegebenhe dem Unterprogramm GENERA. Die Unterschiede sind die folgend
  1. Im Unterprogramm GGEN werden zusätzlich die Elemente in Datenbereichen besetzt, die Informationen über das Fahr enthalten.
  2. Eine freie Zeile wird in der Transactionmatrix von hi her gesucht. Transactions, die Fahrzeuge darstellen, be den sich am unteren Ende. Auf diese Weise behindern sie Suche nach einer freien Zeile für Auftragstransact

weniger. Diese Suche für Auftragstransactions wird im Unterprogramm GENERA durchgeführt und beginnt am Anfang der TX-Matrix.

* Nach der Erzeugung einer Fahrzeugtransaction wird das Unterprogramm GGEN über den normalen RETURN-Ausgang verlassen. Es wird mit der Anweisung fortgefahren, die auf den Aufruf des Unterprogrammes GGEN folgt.

* Eine Transaction muß nach ihrer Generierung an einem bestimmten Terminal im Wegenetz abgesetzt werden. Von hier aus kann sie sich weiterbewegen. Die Nummer dieses Terminals muß im Parameter NTERM in der Parameterliste des Unterprogrammes GGEN übergeben werden.
  Es ist Aufgabe des Benutzers dafür zu sorgen, daß die Transaction nach ihrer Generierung als nächstes auch zu dem Terminal gelangt, das als Ausgangspunkt angegeben wurde.

* Eine erzeugte Fahrzeugtransaction verfügt im allgemeinen Betrieb über keinen Auftrag. Soll ein Auftrag über die dispositive Steuerung zugewiesen werden, so muß ein Terminal angelaufen werden, in dem entweder die Funktion Parken oder Entladen aufgerufen wird.

* Ein Fahrzeug stellt eine Anzahl von Plätzen zur Verfügung. Die Kapazität eines jeden Fahrzeuges kann individuell bei der Generierung mit Hilfe des Parameters KAP festgelegt werden.
  Es ist möglich, daß ein Auftrag mehrere Plätze in einem Fahrzeug belegen möchte (siehe hierzu den Hinweis zum Unterprogramm GETIN in Kap. 2.2.1 "Die Unterprogramme GETIN und GETOUT").

* Es besteht die Möglichkeit, Fahrzeugtransactions auch während des Modellablaufes zu erzeugen und zu vernichten (siehe hierzu die Übung 4 in Kap. 4.3.2 "Das Modell Fahrzeugwartung").

2.2.3 Das Unterprogramm GLOAD

Die Unterprogramme GLOAD, GOUT und GPARK führen die Funktion des Beladens, Entladens und Parkens für Transporter im allgemeinen Betrieb aus. Sie dürfen nur im Unterprogramm ACTIVG aufgerufen werden.

Das Unterprogramm GLOAD wird von einem Transporter in einem Terminal aufgerufen.

Funktion:
Das Beladen unterscheidet sich in der Ausführung, je nachdem ob die Auftragstransactions über die dispositive Steuerung einen Transporter angefordert haben, oder ob sich die Auftragstransactions ohne Aufruf der dispositiven Steuerung in die Warteschlange gestellt haben und dort verbleiben, bis ein Fahrzeug vorbeikommt und sie mitnimmt.

Die betroffenen Auftragstransactions werden aus der Warteschlange im Terminal ausgehängt und an das Fahrzeug gekettet. Falls die Kapazität des Fahrzeuges größer als 1 ist, sind zugleich mehrere Fahrgäste möglich.

Wird kein passender Auftrag in der Warteschlange gefunden, so wird das Unterprogramm GLOAD ohne Wirkung wieder verlassen. Es wird mit der nachfolgenden Anweisung weitergefahren.

Unterprogrammaufruf:

```
      CALL GLOAD (IDN,IORDR,TIME,*9000,*9999)
```

Parameterliste:

IDN — Zieladresse
Es wird die Anweisungsnummer angegeben, mit der nach dem Aufruf von GLOAD fortgefahren werden soll.
Falls die Beladezeit TIME verschieden von Null ist, wird die Fahrzeugtransaction in die Zeitkette gehängt. Der Wiederaufsetzpunkt ist die nachfolgende Anweisung, deren Anweisungsnummer in IDN übergeben wird.

IORDR — Fahrzeugkennzeichen in Bezug auf die dispositive Steuerung
- = 0 Es werden alle Fahrzeuge aufgeladen, die sich nicht an die dispositive Steuerung gewandt haben.
- = 1 Es werden nur diejenigen Aufträge aufgeladen, die von der dispositiven Steuerung dem Fahrzeug, das sich im Terminal befindet und GLOAD aufruft, zugewiesen wurden.

TIME — Beladezeit
Es wird die Beladezeit pro Auftrag vorgegeben. Falls mehrere Aufträge aufgeladen werden, erhöht sich die Beladezeit entsprechend.

*9000 — Ausgang zur Ablaufkontrolle
Das Unterprogramm GLOAD wird immer über diesen Ausgang verlassen. Das trifft auch für den Fall zu, daß für die Entladezeit TIME=0. gilt. Auch hier wird die Transaction in die Zeitkette gehängt. Von dort wird sie erneut aktiviert um mit der Anweisung fortzufahren, die die Zieladresse IDN trägt.

*9999 — Fehlerausgang
Der Fehlerausgang wird in den folgenden Fällen gewählt:
1. Die Parameter liegen nicht im gültigen Wertebereich.
2. Das Fahrzeug, das GLOAD aufruft, ist kein Transporter.
3. Das Fahrzeug befindet sich nicht in einem Terminal.
4. Ein freies Fahrzeug, das von der dispositiven Steuerung zum Terminal geschickt wurde, ist nicht in der Lage, alle zugeteilten Auftragstransactions aufzunehmen.

5. Ein Fahrzeug, das von der dispositiven Steuerung zum Terminal geschickt wurde, transportiert bereits Auftragstransactions.

Die nachfolgenden Bilder 10a, 10b und 10c zeigen den Ablaufplan für das Unterprogramm GLOAD.

Hinweise:

* Die Suche nach Auftragstransactions, die aufgeladen werden können, beginnt ausgehend vom Kopfanker im Vektor BHEAD. Es wird die Warteschlange der Reihe nach durchgegangen.
  Falls IORDR=1, wird nur der Auftrag herausgesucht, der von der dispositiven Steuerung für das Fahrzeug vorgesehen wurde.
  Falls IORDR=0, werden alle Aufträge, die von der dispositiven Steuerung kein Fahrzeug zugewiesen erhielten, ausgekettet und bis zur Kapazität des Fahrzeuges aufgeladen.

* Falls der Parameter IORDR=0 steht, werden alle Transactions aufgeladen, die von der dispositiven Steuerung kein Fahrzeug zugewiesen erhielten. Das geschieht unabhängig vom Ziel. Es ist Aufgabe des Benutzers, dafür zu sorgen, daß der Transporter alle die Terminals auch anfährt, die als Ziele der aufgeladenen Aufträge angegeben wurden.

* Falls die dispositive Steuerung angesprochen wird, ist nur der Transport von einem Terminal zu einem anderen möglich. Mitnahmevorgänge sind nicht zulässig. Das heißt, daß ein Fahrzeug leer zu einem Terminal fährt, dort den zugewiesenen Auftrag entgegennimmt und ihn zum Zielterminal bringt. Dort wird der Auftrag entladen. Anschließend ist das Fahrzeug wieder frei.

* Sobald ein Fahrzeug ein Terminal erreicht, wird es beladen. Es sind demzufolge beliebig viele, parallele Entladevorgänge zulässig. Soll die Beladung für jedes Fahrzeug einzeln erfolgen, so ist eine Facility einzusetzen, die für Fahrzeugtransactions die Abfertigung der Reihe nach sicherstellt (siehe Kap. 4.3.4 "Das Modell Nachbearbeitung").

* Die Beladezeit TIME in der Parameterliste von GLOAD bezieht sich auf eine Auftragstransaction. Falls an einem Terminal mehrere Aufträge aufgeladen werden, so erhöht sich die Gesamtbeladezeit, die ein Fahrzeug im Terminal verbringt, entsprechend.

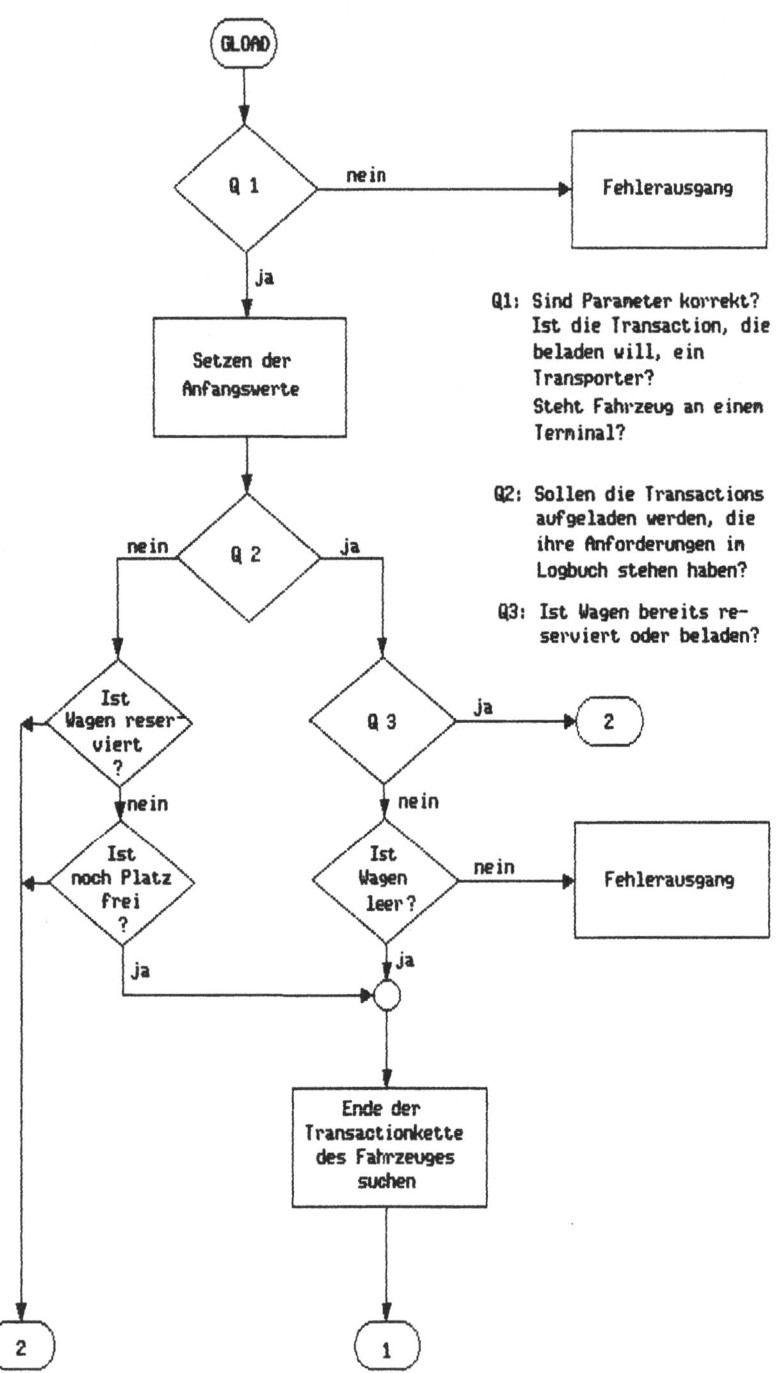

Bild 10 a: Der Ablaufplan des Unterprogrammes GLOAD (Teil 1)

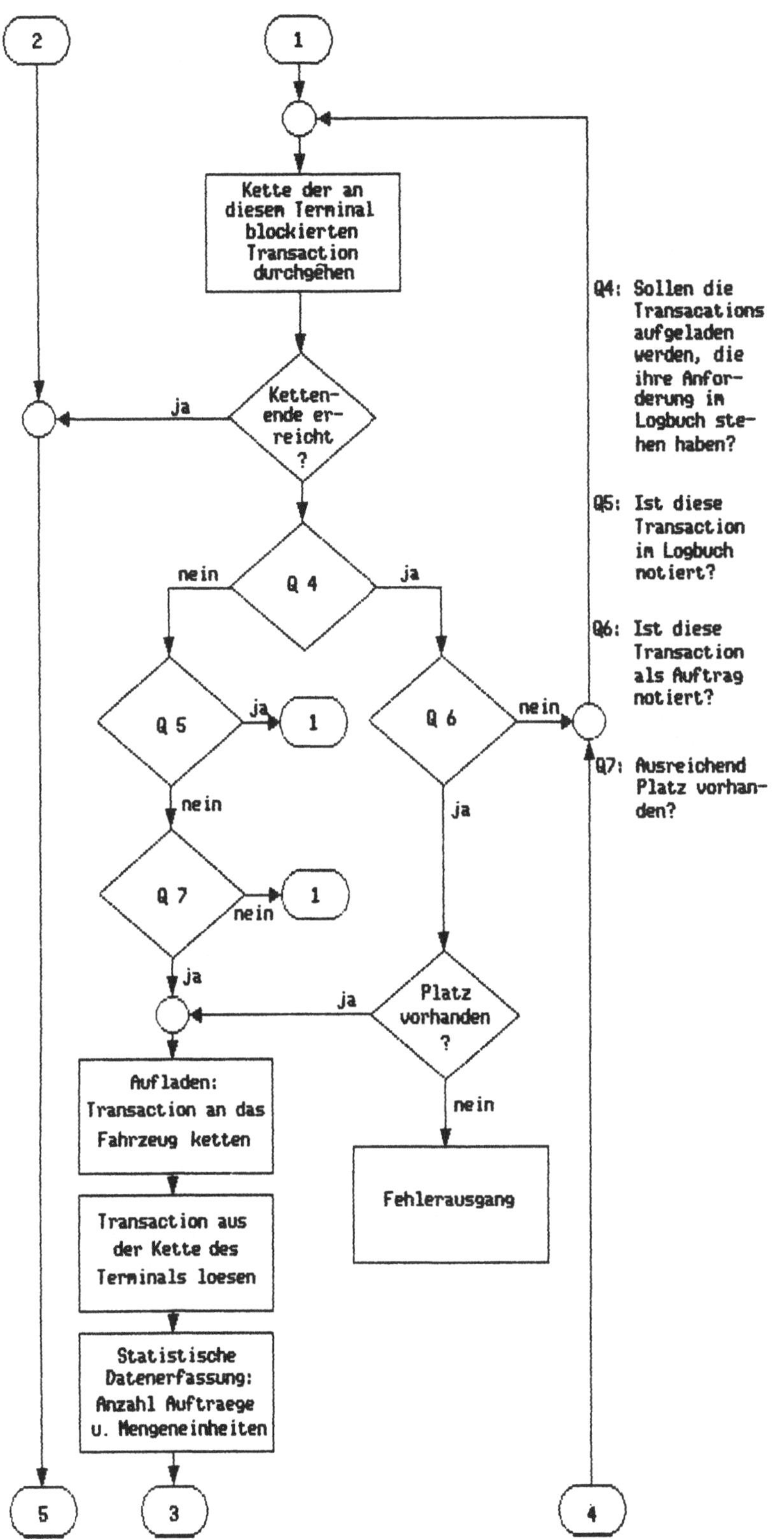

Bild 10 b: Der Ablaufplan des Unterprogrammes GLOAD (Teil 2)

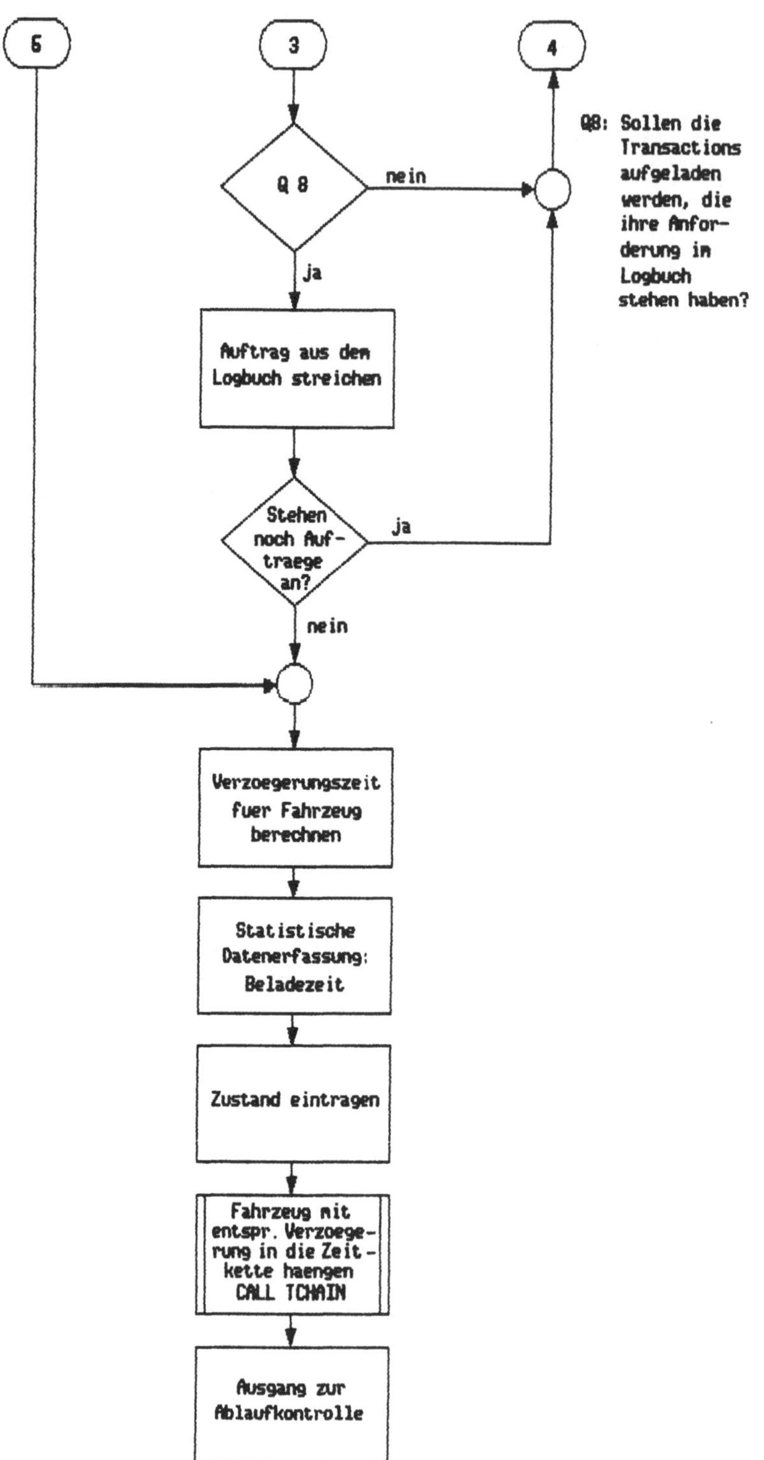

Bild 10 c: Der Ablaufplan für das Unterprogramm GLOAD (Teil

2.2.4 Das Unterprogramm GOUT

In der gleichen Weise, in der das Unterprogramm GLOAD die Funktion des Entladens ausführt, ist das Unterprogramm GOUT für das Entladen an einem Terminal zuständig.

Funktion:
Wird in einem Terminal das Unterprogramm GOUT aufgerufen, so werden alle vom Fahrzeug transportierten Aufträge, die das entsprechende Terminal als Ziel haben, entladen. Wird mit dispositiver Steuerung gefahren, so muß das Fahrzeug nach dem Entladen leer sein. Es wendet sich dann durch den Aufruf des Unterprogrammes FIND an die dispositive Steuerung, die einen neuen Auftrag zuweist. Das Entladen der Aufträge erfolgt, indem die Auftragstransactions mit dem aktuellen Stand der Simulationsuhr als Aktivierungszeitpunkt in die Zeitkette gehängt werden.

Der Wiederaufsetzpunkt für die entladenen Auftragstransactions ist die Anweisung

```
CALL GETOUT
```

im Unterprogramm ACTIV.

Kann in einem Terminal kein Auftrag entladen werden, wird das Unterprogramm GOUT ohne Wirkung wieder verlassen, insofern in der Parameterliste IORDR=0 gesetzt wurde.
Falls IORDR=1 ist, wird auf jeden Fall in GOUT das Unterprogramm FIND aufgerufen, das zur dispositiven Steuerung gehört und einem leeren Fahrzeug einen neuen Auftrag zuweist.

Unterprogrammaufruf:

```
CALL GOUT (IDN,IORDR,TIME,*9000,*9999)
```

Parameterliste:

IDN — Zieladresse
Es wird die Anweisungsnummer angegeben, mit der nach dem Aufruf von GOUT fortgefahren werden soll.
Der Wiederaufsetzpunkt ist die nachfolgende Anweisung, deren Anweisungsnummer in IDN übergeben wird.

IORDR — Fahrzeugkennzeichen in Bezug auf die dispositive Steuerung
= 0 Das leere Fahrzeug wendet sich nach dem Entladen nicht an die dispositive Steuerung, um sich einen Auftrag zuweisen zu lassen.
= 1 Das leere Fahrzeug wendet sich an die dispositive Steuerung, um sich einen Auftrag zuweisen zu lassen.

TIME — Entladezeit
Es wird die Entladezeit pro Auftrag angegeben. Falls mehrere Aufträge abgeladen werden, erhöht sich die Entladezeit entsprechend.

*9000 Ausgang zur Ablaufkontrolle
Das Unterprogramm GOUT wird immer über diesen Ausgang verlassen. Das trifft auch für den Fall zu, daß für die Entladezeit TIME=0. gilt. Auch hier wird die Transaction in die Zeitkette gehängt. Von dort wird sie erneut aktiviert um mit der Anweisung fortzufahren, die die Zieladresse IDN trägt.

*9999 Fehlerausgang
Der Fehlerausgang wird in den folgenden Fällen gewählt:
1. Die Parameter liegen nicht im gültigen Wertebereich.
2. Das Fahrzeug, das GOUT aufruft, ist kein Transporter.
3. Das Fahrzeug befindet sich nicht in einem Terminal.

Die nachfolgenden Bilder 11 a und 11 b zeigen den Ablaufplan für das Unterprogramm GOUT.

Hinweise:

* Es besteht die Möglichkeit, einen Transporter in allen Fällen ohne dispositive Steuerung fahren zu lassen. Ein derartiger Transporter wird von GGEN erzeugt, indem der Parameter
  NSTRAT = 0
  gesetzt wird. In einem solchen Fall darf der Parameter IORDR im Unterprogramm nicht auf 1 gesetzt werden.

* Falls ein Fahrzeug von der dispositiven Steuerung keinen Auftrag erhalten hat, weil kein Auftrag vorrätig war, so setzt das leere Fahrzeug seine Fahrt fort. Die nächste Möglichkeit, diesem Fahrzeug erneut einen Auftrag zuzuweisen, besteht entweder, wenn das Fahrzeug in einem anderen Terminal das Unterprogramm GOUT oder GPARK aufruft.

* Es besteht die Möglichkeit, Aufträge, deren Entladeziel beim Betreten des Terminals noch nicht feststeht, zu transportieren. Ein Fahrzeug, das einen derartigen Auftrag befördert, wird ihn beim ersten Aufruf von GOUT entladen. Es ist die Aufgabe des Benutzers, dafür zu sorgen, daß das in der korrekten Weise geschieht (siehe Kap. 4.4.1 "Das Modell Gepäcktransport").

* Im Unterprogramm GOUT wird das Unterprogramm FIND aufgerufen, das zur dispositiven Steuerung gehört und einem leeren Fahrzeug einen neuen Auftrag zuweist. Das Unterprogramm FIND sollte nicht vom Benutzer aufgerufen werden. Falls der Benutzer in einem Terminal einem leeren Fahrzeug einen Auftrag zuweisen lassen möchte, kann er das tun, indem er das Unterprogramm GOUT aufruft. Da das Fahrzeug leer ist, kann kein Entladen erfolgen. Die einzige Funktion, die wirksam wird, ist der Aufruf der dispositiven Steuerung, falls IORDR=1 gesetzt wurde.

* Die Entladezeit bezieht sich auf eine Auftragstransaction. Sollen mehrere Aufträge entladen werden, so verlassen diese im Abstand von TIME das Terminal. Das Fahrzeug selbst verläßt das

Terminal, nachdem der letzte Auftrag entladen wurde. Die Aufenthaltszeit des Fahrzeugs im Terminal entspricht der Gesamtzeit für alle Aufträge.

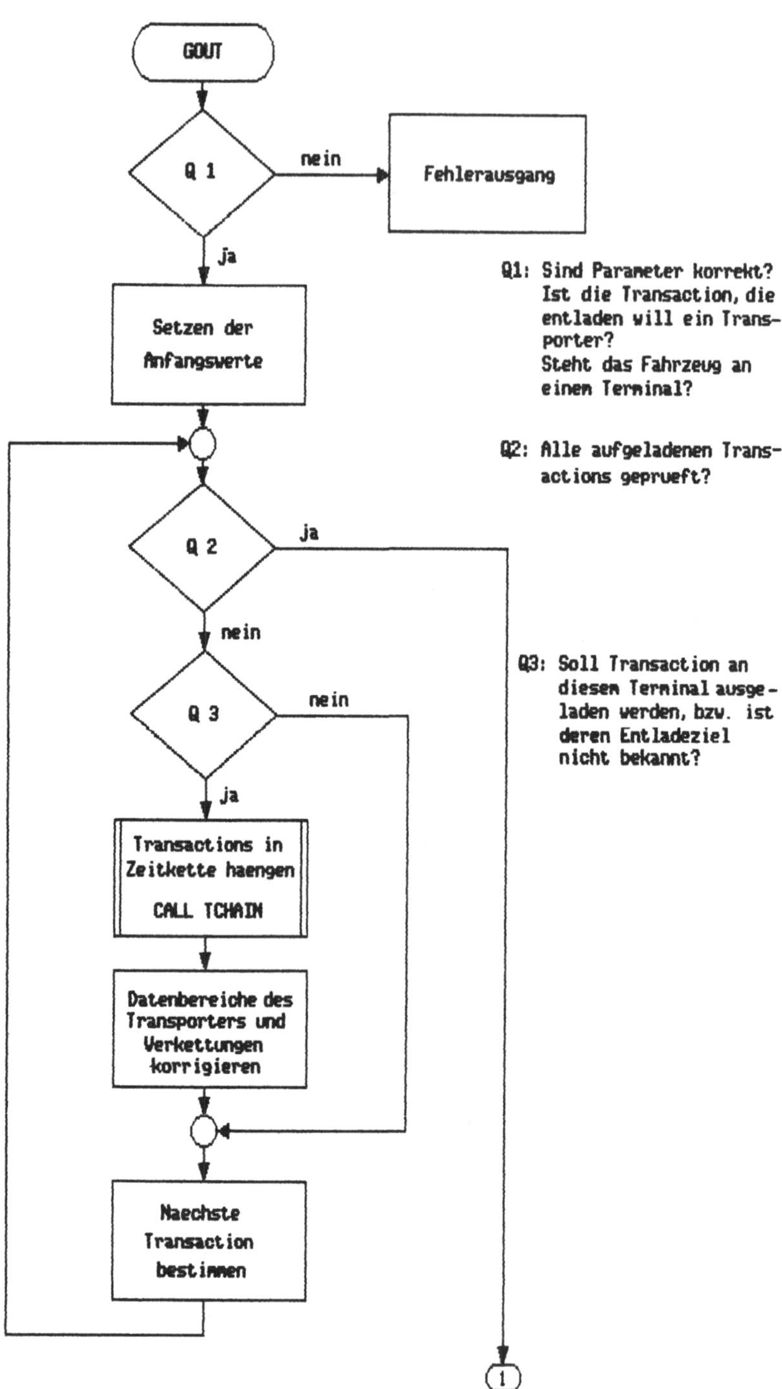

Bild 11 a: Der Ablaufplan für das Unterprogramm GOUT (Teil 1)

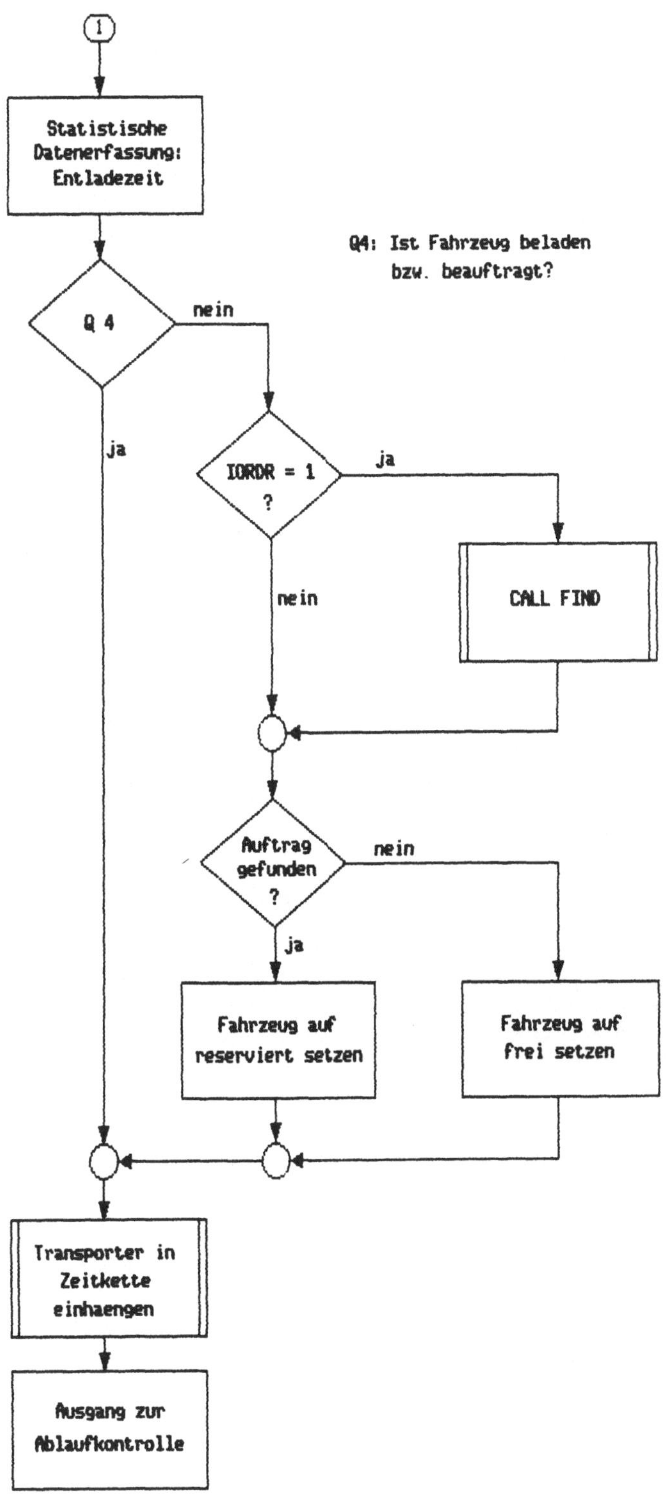

Bild 11 b: Der Ablaufplan für das Unterprogramm GOUT (Teil 2)

2.2.5 Das Unterprogramm GPARK

Falls ein Fahrzeug zeitweilig aus dem Verkehr gezogen werden soll, so besteht die Möglichkeit, es in einem Terminal parken zu lassen. In diesem Fall muß in einem Terminal das Unterprogramm GPARK aufgerufen werden.

Funktion:
Ein Fahrzeug, das in einem Terminal das Unterprogramm GPARK aufruft, wird in die Warteschlange der parkenden Fahrzeuge eingereiht.
Die Warteschlangen der parkenden Fahrzeuge in den Terminals ist der dispositiven Steuerung bekannt. Falls ein Auftrag in einem Terminal ankommt und von der dispositiven Steuerung ein Fahrzeug anfordert, wählt die dispositive Steuerung unter den parkenden Fahrzeugen nach der Strategie das geeignete aus.

Unterprogramm:

```
      CALL GPARK (IDN,IORDR,*9000,*9999)
```

Parameterliste:

IDN — Fortsetzungsadresse
Es wird die Anweisungsnummer angegeben, mit der fortgefahren werden soll, wenn sich das Fahrzeug nach dem Parken wieder in Bewegung setzt. In der Regel wird der Wiederaufsetzpunkt der Aufruf des Unterprogrammes GRIDE sein.

IORDR — Fahrzeugkennzeichen in Bezug auf die dispositive Steuerung
= 0 Das leere Fahrzeug wird sofort in die Warteschlange der parkenden Fahrzeuge eingereiht.
= 1 Das leere Fahrzeug wendet sich vor dem Parken an die dispositive Steuerung und fragt nach, ob ein Auftrag zur Beförderung ansteht.

*9000 — Ausgang zur Ablaufkontrolle
Da ein parkendes Fahrzeug deaktiviert wird, muß im Anschluß daran die Ablaufkontrolle aufgerufen werden.

*9999 — Fehlerausgang
Der Fehlerausgang wird in den folgenden Fällen gewählt:
1. Die Parameter liegen nicht im gültigen Wertebereich.
2. Das Fahrzeug, das GPARK aufruft, ist kein Transporter.
3. Das Fahrzeug befindet sich nicht in einem Terminal.

Die nachfolgenden Bilder 12 a und 12 b zeigen den Ablaufplan für das Unterprogramm GPARK.

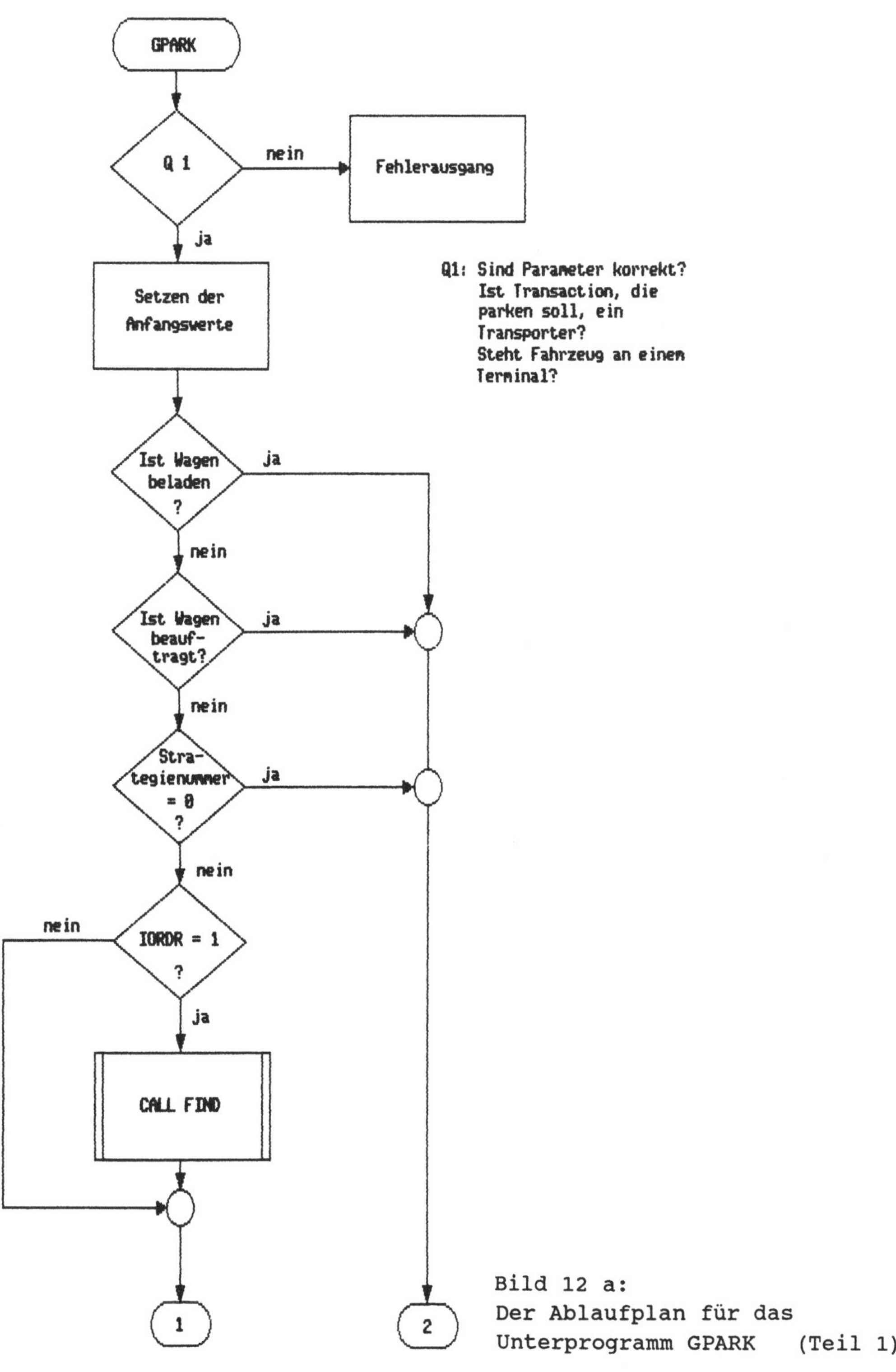

Bild 12 a:
Der Ablaufplan für das Unterprogramm GPARK (Teil 1)

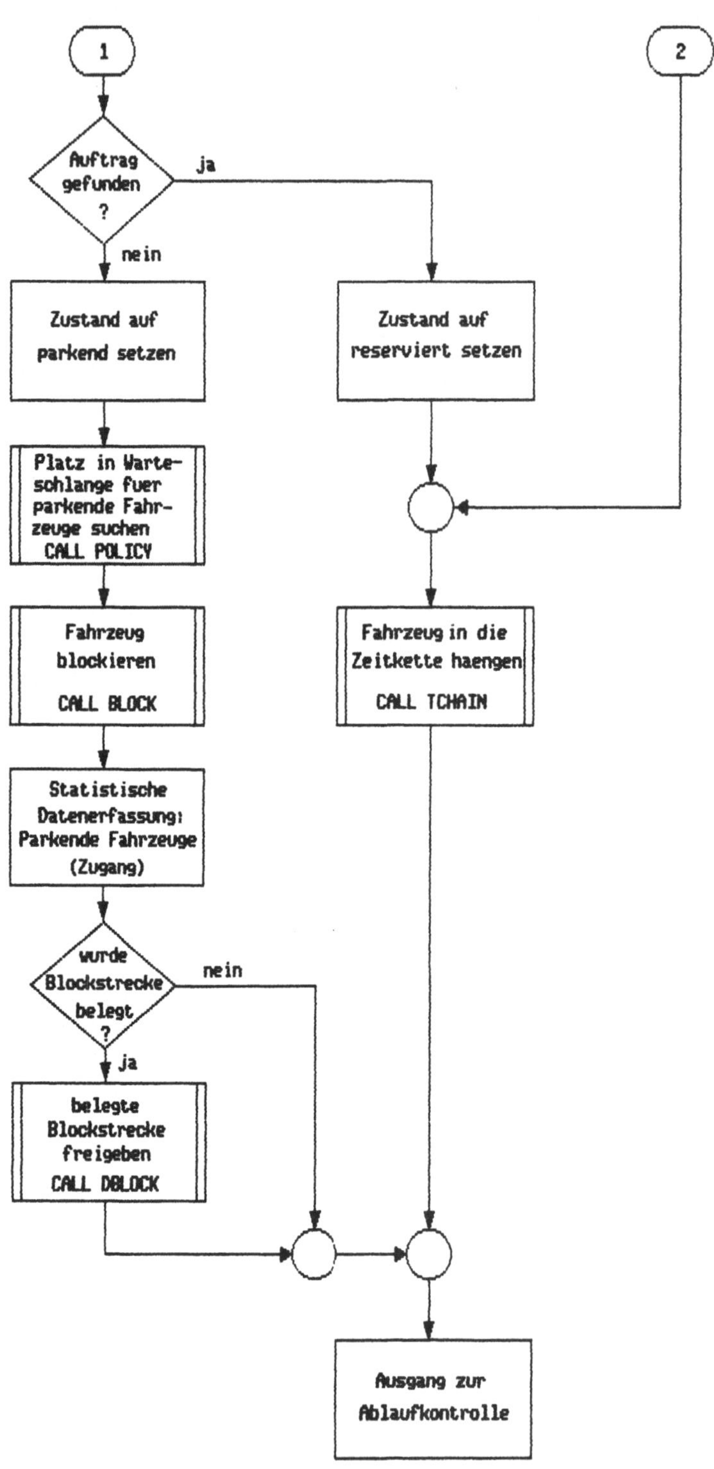

Bild 12 b: Der Ablaufplan für das Unterprogramm GPARK (Teil 2)

Hinweis:

* Die Reihenfolge, in der die Fahrzeugtransactions in die Warteschlange der parkenden Transporter eingeordnet werden, kann durch die Policy-Matrix POL in der gewohnten Weise angegeben werden.
  Die Typnummer der Parkwarteschlange ist 14.

2.2.6 Das Unterprogramm GRIDE

Mit Hilfe des Unterprogrammes GRIDE besteht die Möglichkeit, ein Fahrzeug im Wegenetz fahren zu lassen.

Funktion:
Das Unterprogramm GRIDE befördert einen Transporter von Knoten zu Knoten. Es ist nicht erforderlich, daß die Knoten benachbart sind. Sollen weiterauseinanderliegende Knoten verbunden werden, auf deren Verbindungswegen Verzweigungen liegen, so wird der korrekte Weg selbständig gefunden. Sind von einem Knoten zu einem anderen Knoten mehrere Wege möglich, so wird in GRIDE die Fahrzeugsteuerung aufgerufen, die nach der angegebenen Strategie den geeigneten Weg auswählt. (Siehe Kap. 3.3 "Die Fahrzeugsteuerung")

Ein Segment, das zwei benachbarte Knoten verbindet, wird sectionsweise durchfahren. Nach jedem Durchlauf einer Section, die zu dem entsprechenden Segment gehört, wird für den Benutzer nicht sichtbar das Unterprogramm GRIDE aufgerufen.
Sobald die letzte Section durchfahren wurde und damit das Segment abgeschlossen ist, wird von der Ablaufkontrolle zu der Anweisung gesprungen, die als nächste bearbeitet werden soll. Diese Anweisungsnummer wird in der Parameterliste von GRIDE im Parameter IDN übergeben.

Das Unterprogramm GRIDE wird daher nach Durchfahren eines Wegeabschnittes nicht über den normalen RETURN-Ausgang verlassen.

Enthält ein Segment Blockstrecken, so wird der Ablauf automatisch korrekt abgewickelt. Dieser Vorgang ist für den Benutzer nicht sichtbar. Sollen die Fahrvorgänge, die durch den Aufruf von GRIDE ablaufen, überwacht werden, ist die Protokollsteuerung einzuschalten.

Unterprogrammaufruf:

```
CALL GRIDE (CSTART,ISTART,ID,CTARG,ITARG,IDN,*9000,*9999)
```

Parameterliste:

CSTART — Typ des Startknotens
= 'T' Terminal
= 'B' Verzweigung
Der Typ des Parameters CSTART ist Character.

ISTART — Nummer des Startknotens
Terminals und Verzweigungen haben getrennte Numerierungen.

ID — Anweisungsnummer des Unterprogrammaufrufes
Nach dem Durchfahren einer Section wird GRIDE erneut angesprungen. Es wird dann die nächste Section herausgesucht und betreten. Aus diesem Grund muß GRIDE von der Ablaufkontrolle her erreichbar sein.

CTARG — Typ des Zielknotens
= 'T' Terminal
= 'B' Verzweigung

ITARG — Nummer des Zielknotens

IDN — Fortsetzungsadresse
Es wird die Anweisungsnummer derjenigen Anweisung angegeben, die nach dem Durchfahren des Wegeabschnittes durchlaufen werden soll.

*9000 — Ausgang zur Ablaufkontrolle

*9999 — Fehlerausgang
Der Fehlerausgang wird in den folgenden Fällen gewählt:
1. Die Parameter liegen nicht im gültigen Wertebereich.
2. Das Fahrzeug, das GRIDE aufruft, ist kein Transporter.
3. Der in der Parameterliste angegebene Startpunkt stimmt mit der tatsächlichen Position des Transporters nicht überein.

Die nachfolgenden Bilder 13 a, 13 b und 13 c zeigen den Ablaufplan für das Unterprogramm GRIDE.

Hinweise:

* Das genaue Verständnis des Unterprogrammes GRIDE setzt Kenntnisse über den Aufbau und die Verwaltung des Wegenetzes voraus (siehe Kap. 3 "Der Aufbau des Wegenetzes").

* Die zum Teil recht komplexen Vorgänge, die sich beim Durchfahren eines Abschnittes zwischen zwei Knoten abspielen, bleiben dem Anwender verborgen. Will er sich hierüber informieren, um z.B. den korrekten Ablauf in der Testphase zu überprüfen, kann er die Protokollsteuerung mit IPRINT oder JPRINT einschalten. Es erscheint dann auf der Datei DATAOUT ein Protokoll der Abläufe auf der eingestellten Auflösungsebene (siehe hierzu Kap. 2.5.3 "Die Protokollierung").

* Die Protokollierung wird durch IPRINT zunächst ein- und ausgeschaltet.
  Falls IPRINT=1 (Protokollsteuerung ein), gilt:
  JPRINT(23) = -1: alle Kontrollmeldungen von Transport-Unterprogrammen werden unterdrückt.
  = -2: alle Kontrollmeldungen aus den GRIDE-Unterprogrammen werden unterdrückt.
  = -3: nur die Meldungen, daß Sectionen verlassen wurden, werden unterdrückt.

* Die Fahrzeugsteuerung wird über das Unterprogramm LOTSE angesprochen. Es liefert ein neues Segment zurück, falls weiterauseinanderliegende Knoten verbunden werden sollen (siehe hierzu Kap. 3.3.5 "Das Unterprogramm LOTSE").

* Die Abarbeitung der einzelnen Sectionen, die zu einem Segment gehören, erfolgt selbständig im Unterprogramm GRIDE aufgrund der Angaben in der Matrix SEGMA.

* Der Adreßausgang zur Ablaufkontrolle wird in den folgenden Fällen gewählt:
  1. Innerhalb eines Segmentes ist die Fahrzeugtransaction auf eine belegte Blockstrecke gestoßen und mußte blockiert werden.
  2. Eine Section wurde betreten und der zeitverbrauchende Fahrvorgang angestoßen. Die Fahrzeugtransaction wird deaktiviert und befindet sich im Zustand termingebunden. Nach Ablauf der Fahrzeit meldet sich die Fahrzeugtransaction beim Unterprogramm GRIDE zurück, um die nächste Section zu betreten.

* Die Fahrzeit für eine Section ergibt sich aus der folgenden Beziehung:
  Fahrzeit = Länge der Section/Geschwindigkeit
  Gegebenenfalls kann die Fahrzeit noch mit einem Geschwindigkeitsfaktor multipliziert werden, der für die entsprechende Section spezifisch ist:
  Fahrzeit(modifiziert) = Fahrzeit * Geschwindigkeitsfaktor

* Die Verweilzeit eines Fahrzeuges in einem Streckenabschnitt, der zwischen zwei Knoten liegt und durch Aufruf von GRIDE durchfahren wird, setzt sich aus der Fahrzeit durch die einzelnen Sectionen und der Wartezeit vor Blockstrecken zusammen.

* Mögliche Blockstrecken machen es erforderlich, daß der Streckenabschnitt zwischen zwei Knoten sectionsweise durchfahren werden muß. Es ist nicht möglich, die Fahrzeit von Knoten zu Knoten durch einen einzigen zeitverbrauchenden Vorgang zu simulieren.

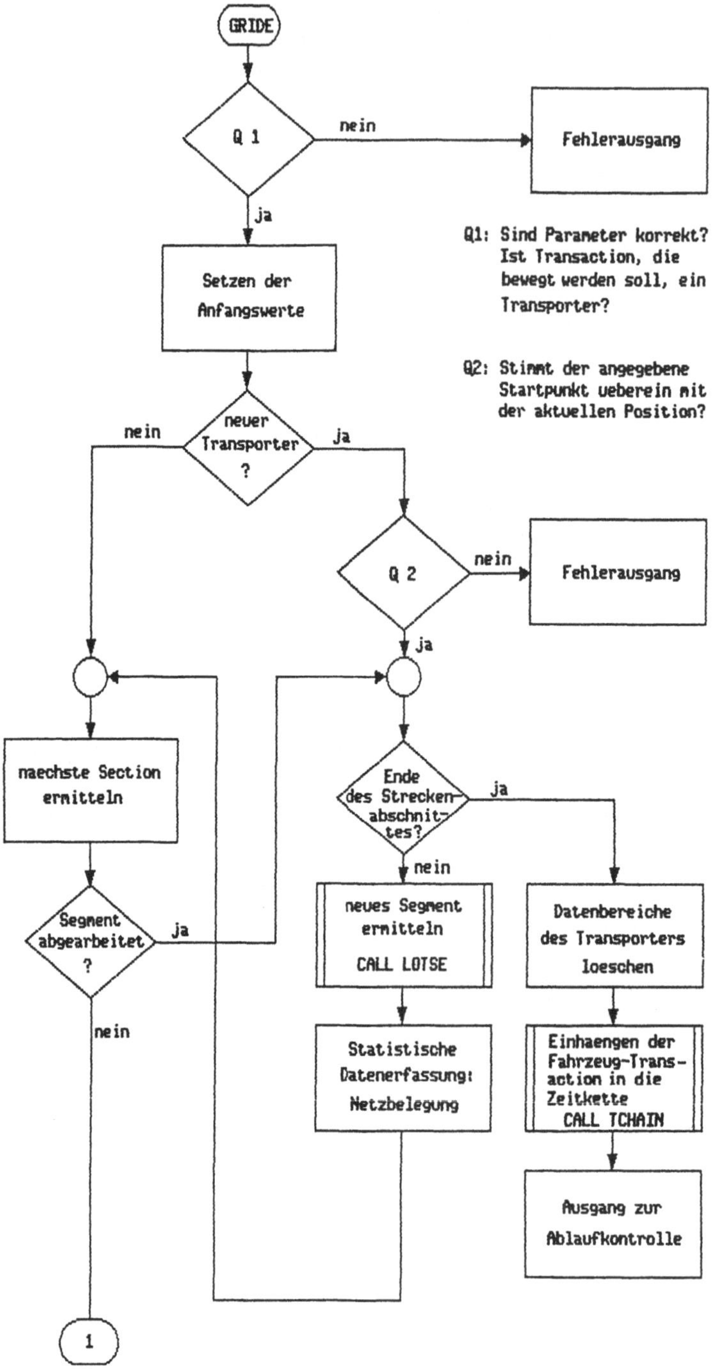

GRIDE

Q 1

nein

Fehlerausgang

ja

Q1: Sind Parameter korrekt? Ist Transaction, die bewegt werden soll, ein Transporter?

Setzen der Anfangswerte

Q2: Stimmt der angegebene Startpunkt ueberein mit der aktuellen Position?

nein

neuer Transporter ?

ja

Q 2

nein

Fehlerausgang

ja

naechste Section ermitteln

Ende des Streckenabschnittes?

ja

nein

Segment abgearbeitet ?

ja

neues Segment ermitteln CALL LOTSE

Datenbereiche des Transporters loeschen

nein

Statistische Datenerfassung: Netzbelegung

Einhaengen der Fahrzeug-Transaction in die Zeitkette CALL TCHAIN

Ausgang zur Ablaufkontrolle

1

Bild 13 a: Der Ablaufplan für das Unterprogramm GRIDE (Teil 1)

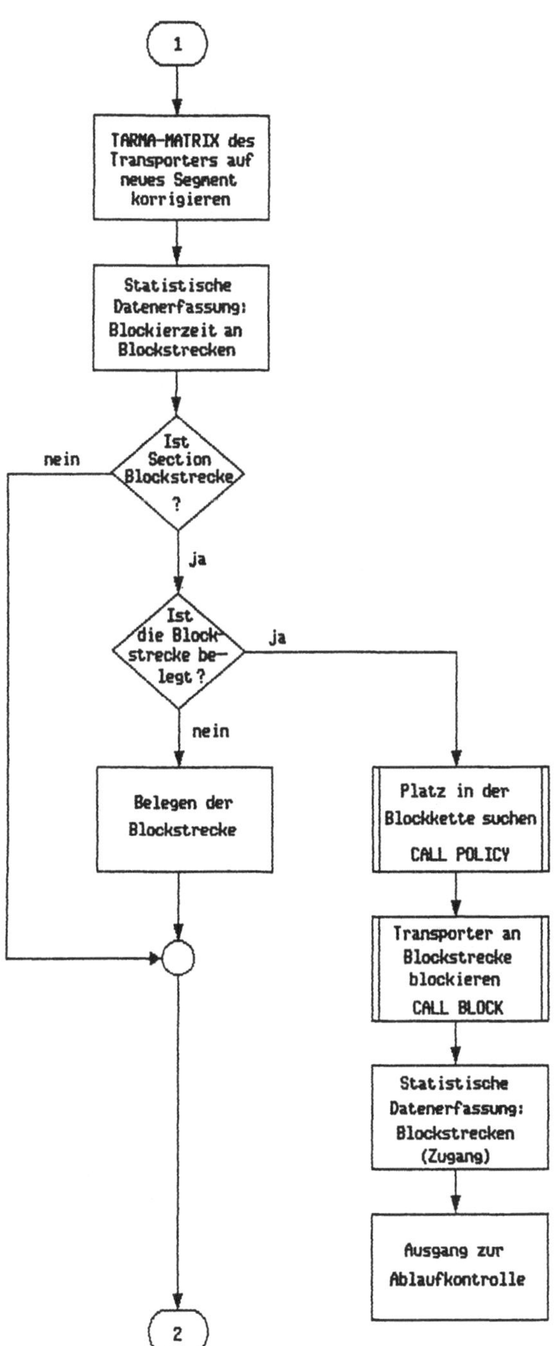

Bild 13 b: Der Ablaufplan für das Unterprogramm GRIDE (Teil 2)

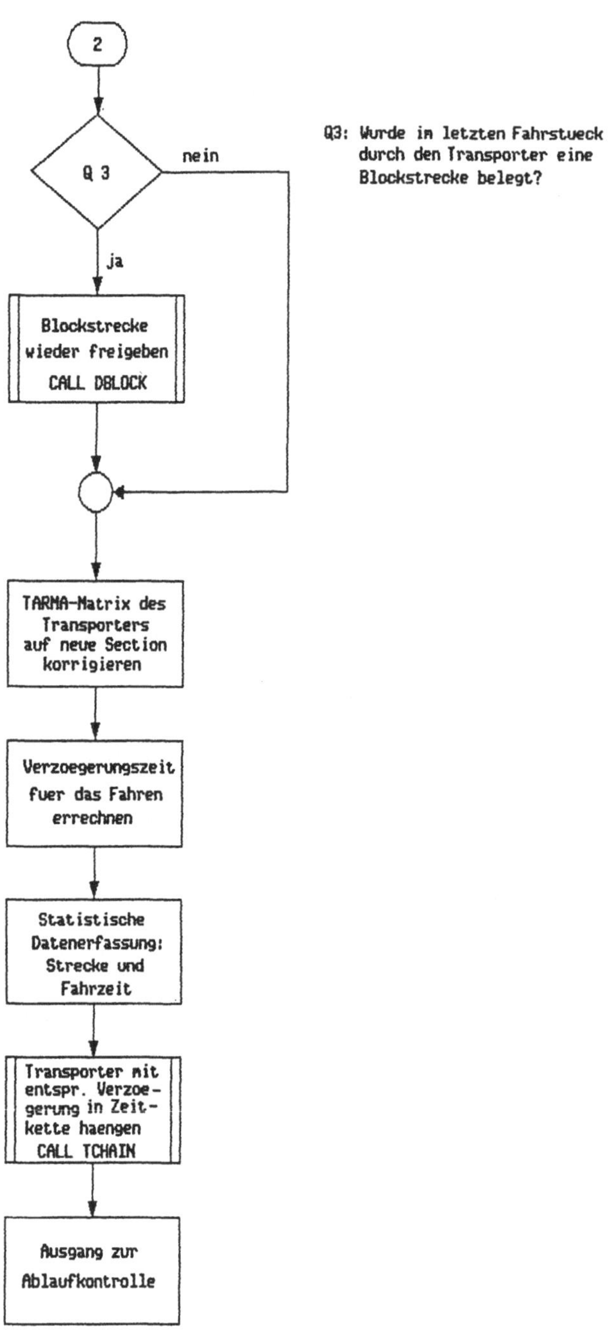

Bild 13 c: Der Ablaufplan für das Unterprogramm GRIDE (Teil 3)

2.2.7 Förderbänder und Rasterstationen

Förderbänder werden in GPSS-FORTRAN Version 3 im Vergleich zu Fahrzeugen nicht als eigenes Transportmittel betrachtet, das im Transportmodell erscheint. Die Bewegung eines Auftrages von einer Station zu einer anderen Station wird zunächst nur als zeitverbrauchender Vorgang gesehen. Der Sachverhalt, daß sich Güter auf dem Förderband nur in bestimmten Abständen aufhalten können und daß daher ein Förderband feste Kapazität hat, kann durch eine Rasterstation nachgebildet werden. Eine Rasterstation ist eine Station, vor der sich ankommende Aufträge zunächst in einer Warteschlange sammeln. Diese Aufträge werden dann in einem festen, einstellbaren zeitlichen Abstand aktiviert und können die Station verlassen.

Die Transportvorgänge auf einem Förderband lassen sich nachahmen, indem man nur die Bewegung der Güter auf dem Band in ihrem zeitlichen Verhalten betrachtet. Das Förderband selbst wird nicht mit simuliert.

Hinweise:

* Dieses Vorgehen ist sehr einfach und verursacht wenig Aufwand. Es versagt jedoch, wenn das Förderband angehalten wird oder defekt ist. Diese Sachverhalte sind mit einer Rasterstation nicht darstellbar.

* Falls es erforderlich wird, ein Förderband im Modell detailliert aufzubauen, so kann das durch das Hintereinanderhängen von Fahrzeugen geschehen, die alle gleichen zeitlichen Abstand haben. In diesem Fall wird ein Förderband durch eine Folge von Transportbehältern ersetzt.
  Die konstante Folge der Fahrzeuge kann durch den Ankunftsabstand bei der Fahrzeuggenerierung oder durch eine Rasterstation erreicht werden, die in die Fahrzeugbahn eingebaut wird.

Falls das Unterprogramm RASTER zur Darstellung von Förderbändern eingesetzt werden soll, so erfolgt der Aufruf im Unterprogramm ACTIV. Das Unterprogramm RASTER selbst gehört demzufolge nicht zu den eigentlichen Transportunterprogrammen.

Unterprogrammaufruf:

```
CALL RASTER (NRAS,DRT,RSTART,IDN,*9000,*9999)
```

Parameterliste:

NRAS Nummer der Rasterstation

DRT Länge des Zeitrasters

RSTART Art des Zeitrasters
 = -1: variables Raster
 >= 0: statisches Raster

IDN Fortsetzungsadresse

*9000 Ausgang zur Ablaufkontrolle

*9999 Fehlerausgang
Der Fehlerausgang wird angesprungen, falls NRAS ungültig oder DRT gleich 0 ist.

Im Parameter RSTART wird die Art des Rasters festgelegt. Unter variablem Raster versteht man, daß die Transactions, die die Rasterstation betreten, nur den Mindestabstand DRT einhalten müssen. Eine Transaction, die auf die Rasterstation trifft, kann sofort weiterlaufen, wenn der zeitliche Abstand zu ihrem Vorgänger größer ist als DRT.

Ein statisches Raster verlangt, daß die Abstände zwischen zwei Transactions, die die Rasterstation verlassen, immer ein ganzzahliges Vielfaches der Rasterlänge DRT betragen. Eine Transaction, die auf eine Rasterstation trifft, wird auch dann blockiert, wenn der zeitliche Abstand zum Vorgänger zwar größer als DRT ist, jedoch kein ganzzahliges Vielfaches davon beträgt.

Hinweis:

* Der Unterschied zwischen variablem und statischem Raster macht sich nur in den Zeitlücken bemerkbar, in denen der normale Zeitabstand nicht eingehalten werden kann, weil zum erforderlichen Zeitpunkt keine Transaction in der Warteschlange verfügbar war.

An einem Beispiel soll der Einsatz der Rasterstation zur Nachbildung eines Förderbandes gezeigt werden.

* Beispiel:

Ein Werkstück wird in einer Station zunächst 5 ZE bearbeitet. Anschließend wird es durch ein Förderband zu einer zweiten Bearbeitungsstation transportiert. Hier erfolgt eine weitere Bearbeitung von 5 ZE.

Das Förderband fahre mit einer Geschwindigkeit von 0.5 m/sec.
Der Abstand der beiden Bearbeitungsstationen betrage 10m.
Die Länge des Werkstückes sei 2.5 m.
Es liegt ein variables Raster vor. Der Mindestabstand der Werkstücke beträgt aufgrund der Größe 5 sec.

Die Unterprogrammaufrufe haben die folgende Form:

```
C
C     Bearbeitungsstation 1
C     =====================
5     CALL SEIZE (1,5,*9000)
      CALL WORK  (1,5.,0,6,*9000,*9999)
6     CALL CLEAR (1,*9999,*9999)
C
C     Förderband
C     ==========
      CALL RASTER (1,5.,-1,7,*9000,*9999)
7     CALL ADVANC (20.,8,*9000)
```

```
C
C     Bearbeitungsstation 2
C     =====================
8     CALL SEIZE (2,8,*9000)
      CALL WORK  (2,5.,0,9,*9000,*9999)
9     CALL CLEAR (2,*9999,*9999)
```

Die Rasterstation kann immer dann eingesetzt werden, wenn es darum geht, zwischen Transactions einen festen zeitlichen Abstand sicherzustellen. Die Rasterstation hat daher ein weites Anwendungsfeld, das über Förderbänder hinausgeht.

Hinweise:

* Für die Rasterstation bestehen keine eigenen Datenbereiche. Es gibt auch im Vektor BHEAD keinen Kopfanker für die Warteschlange. Die vor einer Rasterstation aufgestauten Transactions werden vielmehr mit ihren korrekten, zeitlichen Abständen in die Zeitkette gehängt. Das heißt, sie befinden sich im Zustand termingebunden.

* Es ist möglich, die Rasterstation auch in einem Terminal einzubauen. Auf diese Weise kann ein konstanter Abstand zwischen den Fahrzeugen erzielt werden (siehe Kap. 4.3 "Stationstypen im Transportmodell").

* Die Ausgabe der Kontrollausdrucke der Rasterstation wird mit JPRINT(24) gesteuert.

2.3 Der Bus- und Taxibetrieb

Unter einschränkenden Bedingungen läßt sich der Aufbau des Transportmodells wesentlich erleichtern. Der Benutzer kann sich dann im wesentlichen auf die Beschreibung des Wegenetzes mit Hilfe der Eingabedatensätze beschränken.

Die Vereinfachungen sind möglich, wenn in den Terminals nur die Funktionen Be- und Entladen sowie Parken aufgerufen werden. Es wird demnach mit einheitlichen Terminals gearbeitet. Modifikationen durch den Benutzer sind in diesem Fall nicht notwendig.

In ähnlicher Weise stehen für die Steuerung nur Standardfunktionen zur Verfügung. Auch in diesem Fall ist es für den Benutzer nicht erforderlich, in den Simulator selbst einzugreifen.

Je nach dem Aufbau der Steuerung unterscheidet man zwei Betriebsarten:

Busbetrieb: Die Fahrzeuge bewegen sich auf einer festen Route von Terminal zu Terminal.

Taxibetrieb: Die Routenfindung erfolgt aufgrund einer globalen Strategie, die an allen Verzweigungen die gleiche ist.

Hinweise:

* Die Vielseitigkeit des Simulators beim Aufbau des Transportmodells besteht in der Möglichkeit, im allgemeinen Betrieb (Transporter) alle Stationstypen, die der Simulator bereitstellt, auch in Terminals einzubauen. Hier ist der Eingriff des Benutzers erforderlich, der angeben muß, welche Stationstypen in einem Terminal benötigt werden. Solange man sich auf die Funktion Be- und Entladen sowie Parken beschränkt, ist das Eingreifen des Benutzers nicht erforderlich.

* In ähnlicher Weise kann die Fahrzeugsteuerung im allgemeinen Betrieb sehr individuell gestaltet werden, wenn an Verzweigungen unterschiedliche Bedingungen zulässig sind, die auch Attribute der Fahrzeuge oder der aufgeladenen Aufträge beinhalten. In einem solchen Fall ist es wieder Aufgabe des Benutzers, anzugeben, nach welcher Bedingung jede einzelne Verzweigung den Fahrzeugfluß regeln soll. Falls eine feste Route ohne Alternative verlangt wird (Busbetrieb) oder falls an allen Verzweigungen nach ein und derselben Strategie verfahren wird (Taxibetrieb), ist die Angabe von Zusatzinformation durch den Benutzer nicht erforderlich.

* Die Sonderfälle Busbetrieb und Taxibetrieb sind so häufig, daß es gerechtfertigt erscheint, hierfür gesonderte Beschreibungsverfahren anzubieten.

2.3.1 Der Busbetrieb

Die Voraussetzungen für den Busbetrieb sind in der Zusammenfassung die folgenden:

- Feste Route
- Nur Terminals mit Be- und Entladefunktion
- Keine Auftragszuweisung durch die dispositive Steuerung.

Eine feste Route bedeutet, daß die Aufeinanderfolge der Segmente für jede mögliche Route fest vorgegeben werden muß. Dies geschieht mit Hilfe des Eingabedatensatzes ROUT (siehe Kap. 1.8.1 "Die Beschreibung des Wegenetzes").

Es ist möglich, im Busbetrieb mehrere Routen für unterschiedliche Buslinien einzuführen. Für jede Buslinie mit eigener Route ist ein eigener Aufruf des Unterprogrammes BGEN erforderlich.

Eine Route kann auch über Verzweigungspunkte führen.

Bild 14 zeigt den Ausschnitt aus einem Wegenetz. Der Bus mit der Route 1 soll folgende Knotenfolge aufweisen:

Bus Route 1: T1 --> B1 --> T3 --> B2 --> T4

Für den Bus mit Route 2 gilt:

Bus Route 2: T1 --> B1 --> T2 --> B2 --> T4

Hinweise:

* Die Routenbeschreibung enthält für jede Verzweigung den einzuschlagenden Weg.

* Im Busbetrieb sind Abweichungen von einer einmal definierten Route nicht möglich. Sollen Abweichungen im Modell vorkommen können, so sind die Bedingungen für den Busbetrieb nicht mehr erfüllt. Der Modellaufbau muß dann mit Hilfe des allgemeinen Betriebes vorgenommen werden.
  Beispiele für denkbare Abweichungen von der definierten Route können sein:
  Am Nachmittag verkehrt der Bus nicht über T2, sondern über T3.
  Falls der Bus voll ist, verkehrt er nicht über T2, sondern über T3.
  In allen Fällen würde es sich an der Verzweigung B1 um individuelle Bedingungen handeln, die vom Benutzer gezielt anzugeben wären und die dann den allgemeinen Betrieb verlangen.

* Die Änderung einer Route kann im Busbetrieb nur durch die Änderung des Datensatzes ROUT vorgenommen werden. Aufgrund dieser Änderung ist ein neuer Simulationslauf erforderlich. Die Änderung der Route kann auch im interaktiven Betrieb durchgeführt werden. Nach der Änderung des entsprechenden ROUT-Datensatzes ist ein neuer Simulationslauf mit Hilfe des Kommandos N (New) zu beginnen.

* Busse müssen einen Rundkurs durchfahren. Es gibt keine Möglichkeit, einmal erzeugte Busse wieder zu vernichten.

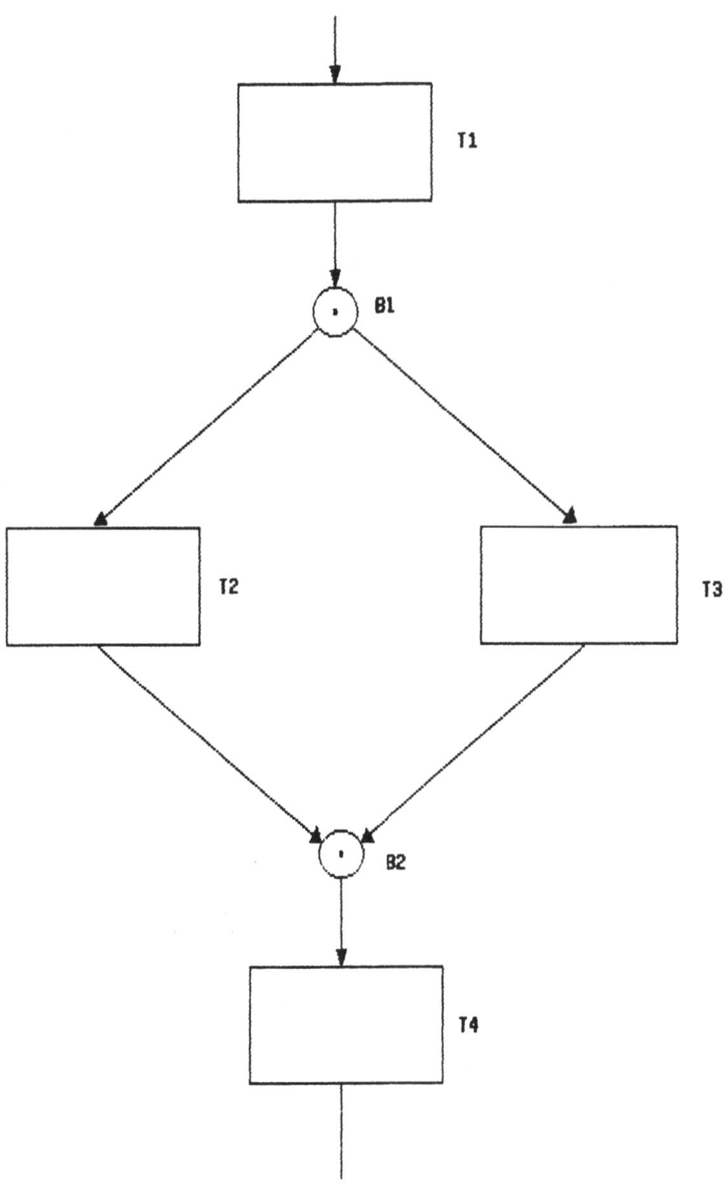

Bild 14: Aufbau des Transportmodells im Busbetrieb mit zwei Routen

Neben der festen Route gilt für den Busbetrieb die zweite Einschränkung, daß in einem Terminal nur Be- und Entladefunktionen zulässig sind. Als zusätzliche Funktionen werden noch das Erzeugen der Busse und das Fahren der Busse durch das Wegenetz benötigt. Zur Unterscheidung der Unterprogramme im allgemeinen Betrieb, die alle mit G (General) beginnen, fangen die Unterprogramme für den Busbetieb mit B an.
Es sind im Busbetrieb nur die folgenden vier Unterprogramme einsetzbar:

1. SUBROUTINE BGEN (ET,PR,KAP,VEL,NROUT,*9999)

   Funktion: Erzeugen von Bussen für eine feste Busline

   Parameterliste:
   ET Ankunftsabstand
   PR Priorität
   KAP Kapazität
   VEL Geschwindigkeit
   NROUT Routennummer
   *9999 Fehlerausgang

2. SUBROUTINE BLOAD (TIME,*9000,*9999)

   Funktion: Beladen eines Busses

   Parameterliste:
   TIME Beladezeit pro Auftrag
   *9000 Ausgang zur Ablaufkontrolle
   *9999 Fehlerausgang

3. SUBROUTINE BOUT (TIME,*9000,*9999)

   Funktion: Entladen eines Busses

   Parameterliste:
   TIME Entladezeit pro Auftrag
   *9000 Ausgang zur Ablaufkontrolle
   *9999 Fehlerausgang

4. SUBROUTINE BRIDE (*9000,*9999)

   Funktion: Fahren eines Busses durch ein Segment

   Parameterliste:
   *9000 Ausgang zur Ablaufkontrolle
   *9999 Fehlerausgang

Im allgemeinen Betrieb hat der Anwender die Unterprogrammaufrufe für die unterschiedlichen Funktionen, die eingesetzt werden sollen, selbst in das Unterprogramm ACTIVG einzutragen. Die Bewegung der Transporter durch das Wegenetz erfolgt demnach im allgemeinen Betrieb im Unterprogramm ACTIVG.

In gleicher Weise durchlaufen die Busse das Wegenetz im Unterprogramm ACTIVB. Die Auswahl der Segmente, die für einen Bus einer bestimmten Route zu durchlaufen sind, erfolgt im Busbetrieb über die Routenbeschreibung des Eingabedatensatzes ROUT. Da auch die Funktion BGEN, BLOAD, BOUT und BRIDE nur in fester Reihenfolge vorkommen können, ist ein Eingriff des Benutzers in das Unterprogramm ACTIVB nur an wenigen Stellen erforderlich.

Die dritte Einschränkung im Busbetrieb betrifft die Zuteilung von Aufträgen zu den Bussen. Für den Busbetrieb gilt ganz allgemein, daß der Aufruf der dispositiven Steuerung nicht möglich ist. Aufträge, die im Busbetrieb befördert werden möchten, werden im Terminal beim Betreten auf jeden Fall in die Warteschlange gehängt. Sie verbleiben dort solange, bis ein geeigneter Bus am Terminal vorbeikommt und den Auftrag auflädt.

Aufträge, die von einem Bus befördert werden möchten, geben diesen Wunsch in der Parameterliste des Unterprogrammes GETIN bekannt. Der Unterprogrammaufruf hat die folgende Form (siehe Kap. 2.2.1 "Die Unterprogramme GETIN und GETOUT").

```
CALL GETIN (NTERM,ITARGU,IDN,ITYPE,IORDR,NSTRAT,*9000,*9999)
```

Wichtig sind im Zusammenhang des Busbetriebes die folgenden Parameter:

ITYPE Kennung des gewünschten Fahrzeugtyps

Es muß gelten:
ITYPE = 1 (Bus)

IORDR Aufruf der dispositiven Steuerung

Es muß gelten:
IORDR = 0 (Keine dispositive Steuerung)

NSTRAT Strategie für die dispositive Steuerung

Es muß gelten:
NSTRAT = 0 (Keine Strategie)

Sobald ein Bus an ein Terminal gelangt und durch den Aufruf des Unterprogrammes BLOAD das Beladen beginnt, wird die Warteschlange der Aufträge durchgegangen. Es werden hierbei der Reihe nach alle Aufträge herausgesucht, die ein Fahrziel angegeben haben, das auf der Route des Busses liegt, der das Terminal betritt.

Hinweise:

* Der Auftrag kann beim Betreten des Terminals im Parameter ITARGU nur die Nummer des Terminals angeben, das als Ziel vorgesehen ist. Er kann keine Buslinie angeben.
  Falls Busse verschiedener Linien am Terminal vorbeikommen, die alle das gewünschte Ziel anfahren, wird der erste Bus den Auftrag übernehmen.

* Ein Bus wird an einem Terminal solange Aufträge übernehmen, bis seine Kapazität erreicht ist. Aufträge, die nicht mehr aufgeladen werden konnten, müssen auf den nächsten Bus warten.

* Die Aufträge, die sich im Unterprogramm ACTIV zu einem Terminal mit einem Beförderungswunsch begeben, rufen unabhängig vom Typ des gewünschten Fahrzeuges das Unterprogramm GETIN auf. Die Wahl des Fahrzeugtyps erfolgt über die Besetzung des Parameters ITYPE.
  Im Gegensatz zu den für jede Betriebsart unterschiedlichen Unterprogrammen des Transportmodells gibt es für die Aufträge im Auftragsmodell nur ein Unterprogramm.

2.3.2 Der Aufbau des Unterprogrammes ACTIVB

Ein Bus wird im Unterprogramm ACTIVB zunächst durch den Aufruf BGEN erzeugt. Anschließend durchfährt er die Terminals, die auf seiner Route liegen. In jedem Terminal ist dieselbe Folge von Unterprogrammen zu durchlaufen.

Es liegt daher nahe, die sich immer wiederholende Folge von Unterprogrammaufrufen in einem Terminal nicht immer wieder identisch in das Unterprogramm ACTIVB aufzunehmen, sondern nur einmal zu schreiben.

Das Unterprogramm ACTIVB hat damit die folgende Form:

```
C
C     Bestimmung der Zieladresse
C     ==========================
      IF (LSL.GT.0) NADDR = NINT(SOURCL(LSL,2))
      IF (LTX.GT.0) NADDR = NINT(ACTIVL(LTX,2))
C
C     Adressverteiler
C     ===============
      GOTO (1,2), NADDR
C
C     Modell
C     ======
C
C     Bus-Erzeugung
C     =============
1     CONTINUE
      CALL BGEN (ET,PR,KAP,VEL,NROUT,*9999)
C
C     Status-Bestimmung
C     =================
2     NCAR   = NINT(TXADD(LTX,1))
      ISTATE = NINT(CARMA(NCAR,8))
      GOTO (21,22,23), ISTATE
C
C     Beladen
C     =======
21    CALL BLOAD (0.,*9000,*9999)
```

```
C
C     Fahren
C     ======
22    CALL BRIDE (*9000,*9999)
C
C     Entladen
C     ========
23    CALL BOUT (0.,*9000,*9999)
C
C     Ausgang zur Ablaufkontrolle
C     ===========================
9000  RETURN
C
C     Fehlerausgang
C     =============
9999  RETURN 1
      END
```

Programmbeschreibung:
Im Abschnitt "Bestimmen der Zieladresse" wird festgelegt, ob es sich um die Aktivierung einer Source oder einer Transaction handelt.

In der vorliegenden Form ist nur die Erzeugung von Bussen einer Linie möglich. Falls Busse erzeugt werden sollen, wird die Variable NADDR den folgenden Wert haben:

NADDR = 1

Es wird auf jeden Fall zum Abschnitt Buserzeugung gesprungen.

Falls eine Transactionsaktivierung vorliegt, gilt:

NADDR = 2

Daraufhin wird zum Abschnitt Status-Bestimmung verzweigt.

Hier wird entschieden, in welchen Status sich die Bustransaction zur Zeit befindet. Es gilt:

ISTATE = 1	Beladen
ISTATE = 2	Zum nächsten Terminal fahren
ISTATE = 3	Entladen

Aufgrund des Wertes von ISTATE werden die erforderlichen Abschnitte im Unterprogramm ACTIVB angesprungen.

Der Status, der angibt, welche Funktion als nächste auszuführen ist, wird in dem Element CARMA(NCAR,8) gehalten. Jeder Unterprogrammaufruf von BLOAD, BRIDE und BOUT setzt den Zustand auf die Nachfolgefunktion.

* Beispiel:

Im Unterprogramm BLOAD findet sich am Ende im Abschnitt "Einhängen in die Zeitkette" die Anweisung

```
      CARMA (NCAR,8) = 2
```

Hierdurch wird kenntlich gemacht, daß nach der Funktion Entladen (ISTATUS=1) als nächstes die Funktion Fahren (ISTATUS=2) aufgerufen werden muß.

Falls nur eine Buslinie erzeugt werden soll, beschränkt sich der Eingriff des Benutzers auf das Setzen der Parameter in der Parameterliste von BGEN.

Weiterhin ist es möglich, die Be- und Entladezeit in den Unterprogrammen BLOAD und BOUT anzugeben. Zunächst gilt die folgende Vorbesetzung:

```
      TIME = 0.
```

Der Start einer Quelle für Busse erfolgt durch Aufruf des Unterprogrammes TSTART im Rahmen. Es gilt:

```
      CALL TSTART (NSC,TSC,IDG,ITYPE,*9999)
```

Durch diesen Unterprogrammaufruf wird in die Sourceliste SOURCL eingetragen, daß die Source mit der Nummer NSC zur Zeit TSC eine Bustransaction erzeugen soll. Das geschieht, indem im Unterprogramm ACTIVB das Unterprogramm BGEN aufgerufen wird, das die Anweisungsnummer IDG tragen muß.

Eine gewisse Komplikation ergibt sich, wenn mehrere Buslinien mit unterschiedlichen Routen verkehren sollen.

Durch einen Unterprogrammaufruf von BGEN werden die Busse für eine bestimmte Route mit der Routennummer NROUT erzeugt. Mehrere Routen erfordern daher mehrere Aufrufe des Unterprogrammes BGEN. An dieser Stelle muß der Benutzer stärker in das Unterprogramm ACTIVB eingreifen und die zusätzlichen Aufrufe von BGEN einfügen.

Besondere Sorgfalt ist bei der Wahl der Anweisungsnummer für die neuen Aufrufe von BGEN erforderlich, da die Anweisungsnummer 2 bereits fest für den Verteiler aufgrund des Status reserviert ist. Zusätzliche Unterprogrammaufrufe müssen Anweisungsnummern ab 3 tragen.

* Beispiele:

1. Es sollen in einem Transportmodell drei Buslinien mit unterschiedlichen Routen verkehren. Das Unterprogramm ACTIVB hat die folgende Form:

```
C
C     Bus-Erzeugung
C     =============
1     CALL BGEN (ET,PR,KAP,VEL,1,*9999)
      GOTO 2
3     CALL BGEN (ET,PR,KAP,VEL,2,*9999)
      GOTO 2
4     CALL BGEN (ET,PR,KAP,VEL,3,*9999)
```

Für alle Aufrufe von BGEN erfolgt der Start der dazugehörigen Quelle im Rahmen wie folgt:

```
      CALL TSTART (1,0.,1,1,*9999)
      CALL TSTART (2,0.,3,1,*9999)
      CALL TSTART (3,0.,4,1,*9999)
```

2. Soll die Erzeugung der Busse stochastisch erfolgen, so ist zur Erzeugung der Zwischenankunftszeit ET der Aufruf des Unterprogrammes erforderlich, das eine Zufallszahl nach der entsprechenden Verteilung liefert. Die Anweisungsnummer des Unterprogrammes von BGEN rutscht wie gewohnt zum Aufruf des Unterprogrammes zur Erzeugung der Zufallszahl.

```
1     CALL GAUSS (RMEAN,SIGMA,RMIN,RMAX,IRNUM,RAND1)
      CALL BGEN (RAND1,PR,KAP,VEL,1,*9999)
      GOTO 2
```

Als Beispiel für ein Modell mit mehreren Busrouten sei auf das Modell Palettentransport III verwiesen, das in Kap. 4.2.3 "Kreuzungen und Weichen" beschreiben wird.

2.3.3 Der Taxibetrieb

Der Taxibetrieb folgt in vieler Hinsicht dem Busbetrieb. Die Voraussetzungen sind die folgenden:

- Fahrzeugsteuerung durch eine globale Strategie
- Nur Terminals mit Be- und Entladefunktion
- Auftragszuweisung nur durch die dispositive Steuerung

Fahrzeugsteuerung durch eine globale Strategie bedeutet, daß der Weg vom Start zum Ziel nicht fest vorgegeben ist, sondern frei gesucht werden kann. Die Suche entscheidet an Verzweigungen nach einer einheitlichen, für alle Verzweigungen gleichen Strategie. So wird z.B. prinzipiell die kürzeste oder die schnellste Verbindung gewählt. Die Angabe der Strategie erfolgt über die Gewichtung der Sectionen durch die Funktion GESGEW, die zu den Benutzerunterprogrammen gehört (siehe hierzu Kap. 3.3.3 "Die Funktion GESGEW"

Verzweigungen, die individuelle Bedingungen enthalten, sind im Taxibetrieb nicht zulässig.

Neben der Fahrzeugsteuerung durch eine globale Strategie gilt für den Taxibetrieb die zweite Einschränkung, daß an einem Terminal nur die Funktion Be- und Entladen sowie Parken zulässig sind.
Als weitere Funktionen werden noch das Erzeugen der Taxis und das Fahren der Taxis durch das Wegenetz benötigt. Zur Unterscheidung der Unterprogramme im allgemeinen Betrieb, die alle mit G (General) beginnen, fangen die Unterprogramme im Taxibetrieb mit T an.

Im Taxibetrieb sind nur die folgenden fünf Unterprogramme einsetzbar:

1. SUBROUTINE TGEN (ET,PR,KAP,VEL,NTERM,ITARGP,NSTRAT,*9999)

   Funktion: Erzeugen von Taxis

   Parameterliste:

ET	Ankunftsabstand
PR	Priorität
KAP	Kapazität
VEL	Geschwindigkeit
NTERM	Nummer des ersten Terminals
ITARGP	Nummer des Parkterminals
NSTRAT	Strategie für die Auftragssuche
*9999	Fehlerausgang

2. SUBROUTINE TLOAD (TIME,*9000,*9999)

   Funktion: Beladen eines Taxis

   Parameterliste:

TIME	Beladezeit pro Auftrag
*9000	Ausgang zur Ablaufkontrolle
*9999	Fehlerausgang

3. SUBROUTINE TOUT (TIME,*9000,*9999)

   Funktion: Entladen eines Taxis

   Parameterliste:

TIME	Entladezeit pro Auftrag
*9000	Ausgang zur Ablaufkontrolle
*9999	Fehlerausgang

4. SUBROUTINE TRIDE (ISTART, ITARG,*9000,*9999)

   Funktion: Fahren eines Taxis von Start- zu Zielterminal

   Parameterliste:

ISTART	Startterminal
ITARG	Zielterminal
*9000	Ausgang zur Ablaufkontrolle
*9999	Fehlerausgang

5. SUBROUTINE TPARK (*9000,*9999)

Funktion: Parken eines Taxis

Parameterliste:
*9000 Ausgang zur Ablaufkontrolle
*9999 Fehlerausgang

Die Beschreibung der Taxibewegungen im Transportmodell erfolgt im Unterprogramm ACTIVT.

Da ähnlich wie im Busbetrieb die Reihenfolge der Funktionen festliegt, ist ein parametrisierter Modellaufbau möglich. Ein Eingriff des Benutzers in das Unterprogramm ACTIVT beschränkt sich daher auf wenige Stellen.

Die dritte Einschränkung im Taxibetrieb betrifft die dispositive Steuerung.
Aufträge, die im Taxibetrieb befördert werden möchten, müssen ihren Beförderungswunsch auf jeden Fall an die dispositive Steuerung melden. Das geschieht im Unterprogramm ACTIV in der Parameterliste des Unterprogrammes GETIN.

Der Unterprogrammaufruf hat die folgende Form:

```
CALL GETIN (NTERM,ITARGU,IDN,ITYPE,IORDR,NSTRAT,*9000,*9999)
```

Wichtig sind in diesem Zusammenhang die folgenden Parameter:

ITYPE Kennzeichnung der gewünschten Betriebsart

Es muß gelten:
ITYPE = 2 (Taxi)

IORDR Aufruf der dispositiven Steuerung

Es muß gelten:
IORDR = 1

NSTRAT Strategie für die dispositive Steuerung

Es muß gelten:
NSTRAT = Nummer der gewünschten Strategie

Die dispositive Steuerung arbeitet im Taxibetrieb und im allgemeinen Betrieb gleich.

Sobald ein Auftrag das Terminal betritt, wird im Unterprogramm GETIN das Unterprogramm ORDER aufgerufen, daß unter den freien Taxis nach der angegebenen Strategie eines heraussucht und zum Terminal schickt.

Wird ein Taxi frei, so wird im Unterprogramm TOUT das Unterprogrammm FIND aufgerufen, das für das freie Taxi einen neuen Auftrag sucht. Ist kein Auftrag verfügbar, fährt das Taxi zu seiner angesteuerten Parkposition, die ihm bei der Generierung im Unterprogramm TGEN mitgegeben wurde.

Hinweise:

* Einem Taxi kann ein neuer Auftrag nur zugeteilt werden, wenn es parkt oder wenn es gerade entladen hat. Während der Fahrt zum Parkterminal ist ein Taxi für die dispositive Steuerung nicht erreichbar.

* Die Strategie, nach der ein freies Taxi einen Auftrag sucht, ist spezifisch für das Taxi. Die Strategie wird in der Parameterliste des Unterprogrammaufrufes TGEN im Parameter NSTRAT mitgegeben. Es gilt:
  - = 1: OLD: Ältester Auftrag (OLDEST)
  - = 2: PRI: Auftrag mit höchster Priorität (PREFERRED ODER RULE)
  - = 3: SDS: Nächster Auftrag (SHORTEST DISTANCE)
  - = 4: LDS: Weitester Auftrag (LONGEST DISTANCE)
  - = 5: TOP: Auftrag an gegenwärtigem Terminal (PRESENT TERMINAL)
  - = 6: BEN: Benutzereigene Strategien

* Die Strategie, nach der ein Auftrag nach einem freien Taxi sucht, ist spezifisch für den Auftrag. Die Strategie wird in der Parameterliste des Unterprogrammes GETIN im Parameter NSTRAT mitgegeben. Es gilt:
  - = 1: RAN: Wahlfrei (RANDOM)
  - = 2: POR: Wagen mit niedrigster Nummer (PREFERRED ORDER RULE)
  - = 3: SDS: Wagen mit kürzester Entfernung (SHORTEST DISTANCE)
  - = 4: LDS: Wagen mit längster Entfernung (LONGEST DISTANCE)
  - = 5: TOP: Wagen an gegenwärtigem Terminal (PRESENT TERMINAL)
  - = 6: BEN: Benutzereigene Strategien

2.3.4 Der Aufbau des Unterprogrammes ACTIVT

Ein Taxi wird im Unterprogramm ACTIVT zunächst durch den Aufruf von TGEN erzeugt.

Anschließend begibt es sich zu einem Terminal, um einen zugeteilten Auftrag abzuholen oder um zu parken.

Falls sich ein Taxi im Parkterminal befindet, kann es von der dispositiven Steuerung einen Auftrag erhalten. Es fährt dann ebenfalls zum Beladen.

Das beladene Taxi wird das Zielterminal ansteuern, dort entladen und dann entweder einen neuen Auftrag entgegennehmen oder parken. Es sind demzufolge 6 verschiedene Funktionen möglich, die ein Taxi im Unterprogramm ACTIVT durchführen kann.

Der Status eines Taxis wird im Unterprogramm ACTIVT in der Variablen ISTATE festgehalten. Es gilt:

```
ISTATE  =  1     Fahren zum Beladen
ISTATE  =  2     Beladen des Taxis
ISTATE  =  3     Fahren zum Entladen
ISTATE  =  4     Entladen
ISTATE  =  5     Fahren zum Parken
ISTATE  =  6     Parken
```

Den 6 möglichen Funktionen entsprechend gibt es im Unterprogramm ACTIVT 6 Programmabschnitte, die vom Verteiler "Status-Bestimmung" angesprungen werden können.

Das Unterprogramm ACTIVT hat die folgende Form:

```
C
C     Bestimmung der Zieladresse
C     ==========================
      IF (LSL.GT.0) NADDR = NINT (SOURCL(LSL,2))
      IF (LTX.GT.0) NADDR = NINT (ACTIVL(LTX,2))
C
C     Adressverteiler
C     ===============
      GOTO (1,2), NADDR
C
C     Modell
C     ======
C
C     Erzeugung
C     =========
1     CONTINUE
      CALL TGEN (ET,PR,KAP,VEL,NTERM,ITARGP,NSTRAT,*9999)
C
C     Status-Bestimmung
C     =================
      NCAR   = NINT (TXADD(LTX,1))
      ISTATE = NINT (CARMA(NCAR,8))
      GOTO (21,22,23,24,25,25), ISTATE
C
C     Fahrt zum Beladen
C     =================
21    ISTART = NINT (CARMA(NCAR,6))
      ITARGL = NINT (TARMA(NCAR,1))
      CALL TRIDE (ISTART,ITARGL,*9000,*9999)
C
C     Beladen
C     =======
22    CALL TLOAD (0.,*9000,*9999)
C
C     Fahrt zum Entladen
C     ==================
23    ITARGL = NINT (CARMA(NCAR,6))
      ITARGU = NINT (TARMA(NCAR,2))
      CALL TRIDE (ITARGL, ITARGU,*9000,*9999)
```

```
C
C     Entladen
C     ========
24    CALL TOUT (0.,*9000,*9999)
C
C     Fahrt zum Parken
C     ================
25    ITARGU = NINT (CARMA(NCAR,6))
      IPARKL = NINT (TARMA(NCAR,3))
      IF (IPARKL.NE.0) THEN
         CALL TRIDE (ITARGU,IPARKL,*9000,*9999)
      ENDIF
C
C     Parken
C     ======
26    CALL TPARK (*9000,*9999)
C
C     Ausgang zur Ablaufkontrolle
C     ===========================
9000  RETURN
```

Die grundsätzliche Vorgehensweise im Unterprogramm ACTIVT entspricht der Vorgehensweise für Busse im Unterprogramm ACTIVB. Eine nochmalige Beschreibung erübrigt sich.

2.4 Die dispositive Steuerung

In Transportmodellen spielt die Steuerung eine besondere Rolle. Man unterscheidet die dispositive Steuerung von der Fahrzeugsteuerung.

Die Fahrzeugsteuerung gibt an, auf welche Weise sich ein Fahrzeug durch das Wegenetz bewegt, um von einem Startterminal zu einem Zielterminal zu kommen. Die Fahrzeugsteuerung wird in Kap. 3.3 "Die Fahrzeugsteuerung" beschrieben.

Die dispositive Steuerung bestimmt die Zuordnung von Transportauftrag und Fahrzeug. Man unterscheidet zwei Fälle:

1. Ein Auftrag, der ein Terminal betritt, wendet sich an die dispositive Steuerung, um sich ein Fahrzeug zuteilen zu lassen. Diese Funktion übernimmt das Unterprogramm ORDER.

2. Die dispositive Steuerung versucht, dem durch Entladen frei gewordenen Fahrzeug einen wartenden Auftrag zuzuweisen. Diese Funktion übernimmt das Unterprogramm FIND.

2.4.1 Das Unterprogramm ORDER

Das Unterprogramm ORDER wird im Unterprogramm GETIN aufgerufen, falls der Auftrag, der ein Terminal betritt, den Dienst der dispositiven Steuerung in Anspruch nehmen will.

Ob ein Auftrag die dispositive Steuerung benötigt, geht aus der Parameterliste des Unterprogrammes GETIN hervor. Es gilt:

```
ITYPE = 1   Bus           Keine dispositive Steuerung
ITYPE = 2   Taxi          Dispositive Steuerung
ITYPE = 3   Transporter
            IORDR = 0   Keine dispositive Steuerung
            IORDR = 1   Dispositive Steuerung
```

* Beispiel:

Eine Auftragstransaction ruft im Unterprogramm ACTIV das Unterprogramm GETIN auf. Sie befindet sich am Terminal T3 und möchte durch ein Taxi zum Terminal T8 befördert werden. Hierbei soll ein freies Taxi nach der Strategie "Taxi mit kürzester Entfernung" ausgewählt werden. Der Unterprogrammaufruf von GETIN hat die folgende Form:

```
      CALL GETIN (3,8,IDN,2,1,3,*9000,*9999)
```

Das Unterprogramm ORDER wird nur von GETIN aus aufgerufen. Der Benutzer wird mit dem Unterprogramm ORDER in der Regel nicht direkt in Berührung kommen.

Funktion:
Das Unterprogramm ORDER wirkt zunächst nur als Verteiler. Es ruft entsprechend der gewünschten Strategie ein Strategieunterprogramm auf, das ein Fahrzeug ermittelt. Wurde ein Fahrzeug ermittelt, so

wird der Auftrag aus der Verkettung im Logbuch herausgelöst und an das Fahrzeug gebunden. Das Fahrzeug wird anschließend von seinem derzeitigen Aufenthaltsort zu dem Terminal geschickt, in dem das Beladen erfolgen soll.

Unterprogrammaufruf:

```
CALL ORDER (ITARGL,ITARGU,LOGLIN,NSTRAT,FOUND,*9999)
```

Paramterliste:

ITARGL Nummer des Terminals, an dem beladen werden soll.

ITARGU Nummer des Terminals, an dem entladen werden soll.

LOGLIN Zeile der anfordernden Transaction in der Matrix LOGMA.

NSTRAT Nummer der Strategie, nach der ein Fahrzeug ausgewählt werden soll.
= 1: RAN: Zufällig (RANDOM)
= 2: POR: Wagen mit niedrigster Nummer
= 3: SDS: Wagen mit kürzester Entfernung (SHORTEST DISTANCE)
= 4: LDS: Wagen mit längster Entfernung (LONGEST DISTANCE)
= 5: TOP: Wagen am gegenwärtigen Terminal (PRESENT TERMINAL)
= 6: BEN: Benutzereigene Strategien

FOUND Suchindikator
= FALSE Kein Fahrzeug gefunden
= TRUE Fahrzeug gefunden

*9999 Fehlerausgang
Der Fehlerausgang wird gewählt, wenn sich ein ausgewähltes Fahrzeug nicht dort befindet, wo es sein sollte.

Hinweis:

* Im Unterprogramm GETIN wird jeder Auftrag zunächst in die Warteschlange gehängt. Gleichzeitig wird er auf jeden Fall in das Logbuch (LOGMA-Matrix) eingetragen. Findet sich bei der Suche ein Fahrzeug, so wird der Auftrag an das Fahrzeug gebunden. In dem Element CARMA(CARNR,10) findet sich der Zeiger auf die LOGMA-Matrix.
  Ist kein freies Fahrzeug verfügbar, so wird der Auftrag in die Verkettung der Aufträge in der LOGMA-Matrix eingefügt.

Bild 15 a und 15 b zeigen den Ablaufplan für das Unterprogramm ORDER.

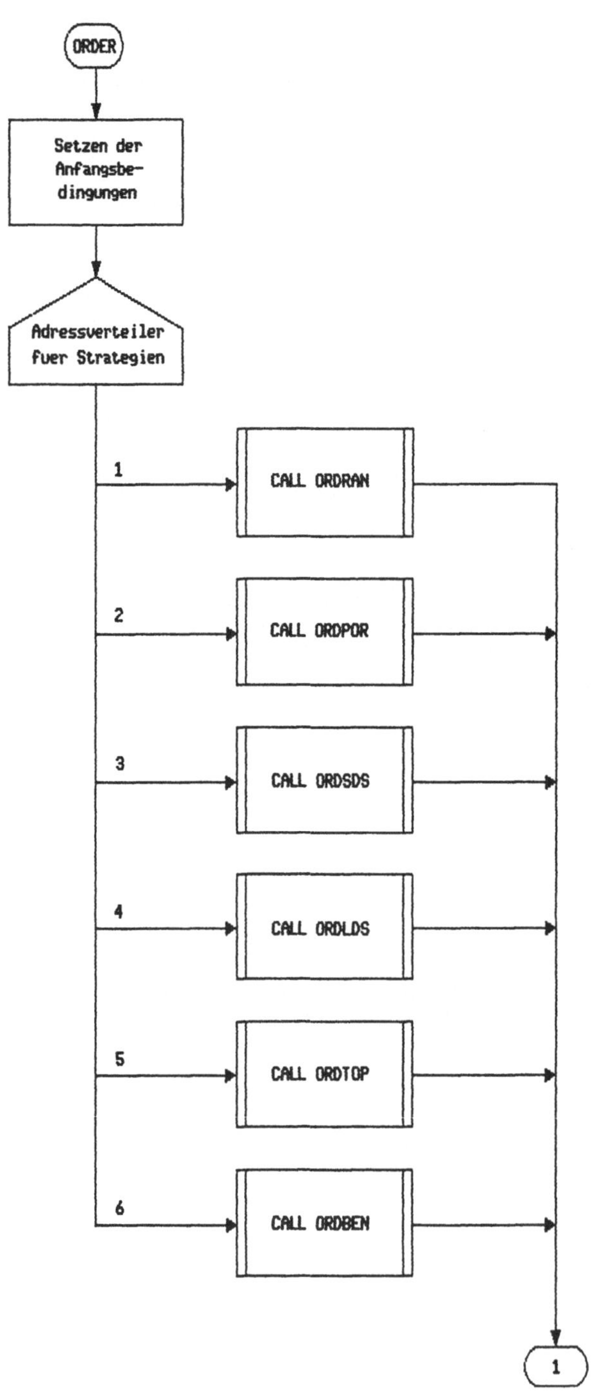

Bild 15 a: Der Ablaufplan für das Unterprogramm ORDER (Teil 1)

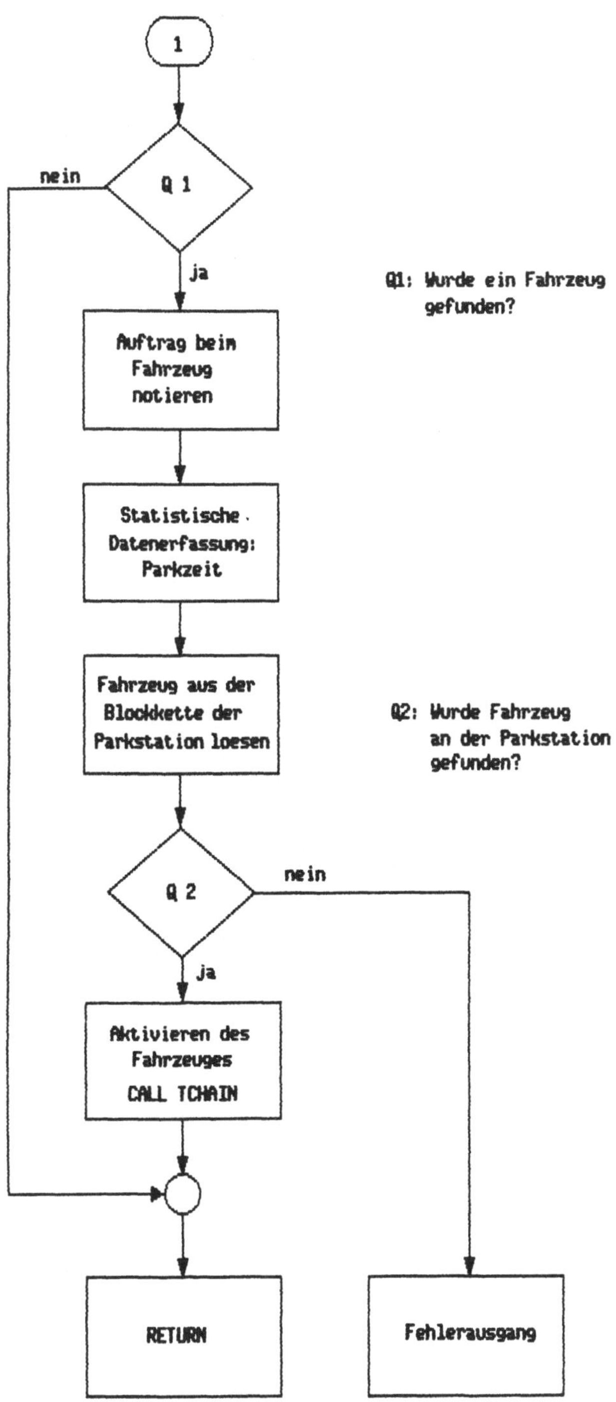

Bild 15 b: Der Ablaufplan für das Unterprogramm ORDER (Teil 2)

Wie man dem Ablaufplan für das Unterprogramm ORDER entnimmt, erfolgt die Suche nach einem Fahrzeug gemäß einer angegebenen Strategie in einem gesonderten Unterprogramm.

Als Beispiel wird das Unterprogramm ORDSDS beschrieben. Es sucht ein Fahrzeug nach der Strategie mit der Nummer NSTRAT=3. Es handelt sich um die Strategie SDS (shortest Distance), die das Fahrzeug auswählt, das zum Terminal, an dem beladen werden soll, die kürzeste Entfernung hat.

Unterprogrammaufruf:

```
CALL ORDSDS (ITARGL,NCAR)
```

Parameterliste:

ITARGL	Nummer des Terminals an dem beladen werden soll.
NCAR	Fahrzeugnummer = 0 Es wurde kein freies Fahrzeug gefunden > 0 Fahrzeugnummer

Bild 16 zeigt den Ablaufplan für das Unterprogramm ORDSDS.

In Bezug auf die dispositive Steuerung sind zahlreiche Alternativen und Varianten denkbar. Aus diesem Grund werden sicher nicht alle Gegebenheiten des realen Systems mit Hilfe der fünf vorgegebenen Standardstrategien abzudecken sein.
Individuelle Benutzerwünsche bedürfen einer besonderen Berücksichtigung.
Es wird für diesen Zweck das Unterprogramm ORDBEN zur Verfügung gestellt, das es dem Benutzer ermöglicht, selbst eine Strategie zu implementieren und in den Simulator einzufügen.

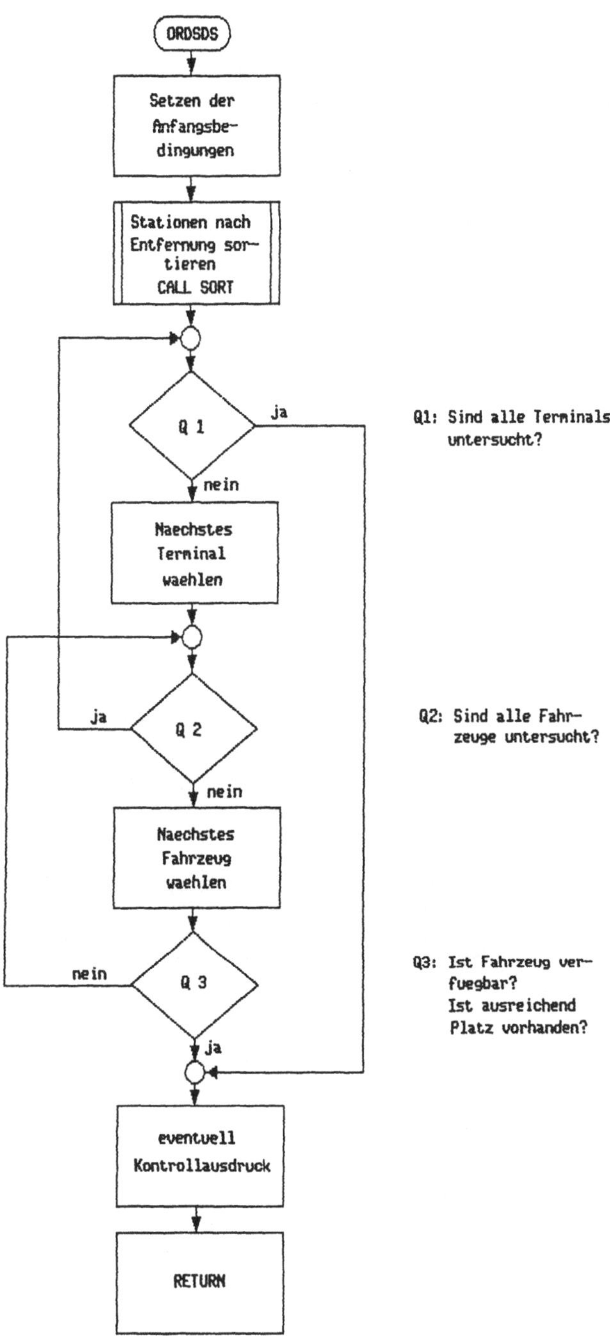

Bild 16: Der Ablaufplan für das Unterprogramm ORDSDS.

2.4.2 Das Unterprogramm FIND

Das Unterprogramm FIND hat die Aufgabe, für ein frei gewordenes Taxi einen Auftrag zu finden.

Die folgenden Unterprogramme enthalten einen Aufruf von FIND.

1. TGEN
   Sobald ein Taxi erzeugt wird, prüft die dispositive Steuerung, ob ein Auftrag wartet.

2. GOUT und TOUT
   Durch diese beiden Unterprogrammaufrufe wird ein Fahrzeug frei. Es wird geprüft, ob ein neuer Auftrag zugeteilt werden kann.

3. GPARK und TPARK
   Bevor ein Fahrzeug den Parkvorgang beginnt, wird nachgesehen, ob sich während der Fahrt zum Parkterminal ein Auftrag bei der dispositiven Steuerung gemeldet hat.

Hinweise:

* Im Unterprogramm GOUT und GPARK kann der Aufruf von FIND durch den Parameter
  IORDR = 0
  unterdrückt werden.

* Im Unterprogramm GGEN ist kein Aufruf von FIND enthalten. Ein frisch erzeugter Transporter muß sich erst einen Auftrag beschaffen, indem er ein Terminal mit den Funktionen Entladen oder Parken anläuft.

Falls kein Auftrag gefunden wurde, verfährt das Transportmodell im Taxibetrieb und im allgemeinen Betrieb unterschiedlich.
Das Taxi begibt sich in diesem Fall zu seiner Parkposition, die bei der Generierung im Unterprogramm TGEN angegeben werden muß.
Im allgemeinen Betrieb folgt der Transporter dem Weg, den der Benutzer im Unterprogramm ACTIVG angegeben hat.
Die Strategien, nach denen ein freies Fahrzeug nach einem weiteren Auftrag sucht, wird für jedes Fahrzeug individuell im Unterprogramm GGEN bzw. TGEN angegeben. Es gilt:

```
NSTRAT = 1: OLD:   Ältester Auftrag
                   (OLDEST)
       = 2: PRI:   Auftrag mit höchster Priorität
                   (PRIORITY)
       = 3: SDS:   Nächster Auftrag
                   (SHORTEST DISTANCE)
       = 4: LDS:   Weitester Auftrag
                   (LONGEST DISTANCE)
       = 5: TOP:   Auftrag am gegenwärtigen Terminal
                   (PRESENT TERMINAL)
       = 6: BEN:   Benutzereigene Strategien
```

Unterprogrammaufruf:

```
CALL FIND (NCAR,FOUND,*9999)
```

Parameterliste:

NCAR — Nummer des Fahrzeuges, das einen wartenden Auftrag sucht.

FOUND — Suchindikator
= FALSE Kein Auftrag gefunden
= TRUE Auftrag gefunden

Bild 17 zeigt den Ablaufplan für das Unterprogramm FIND.

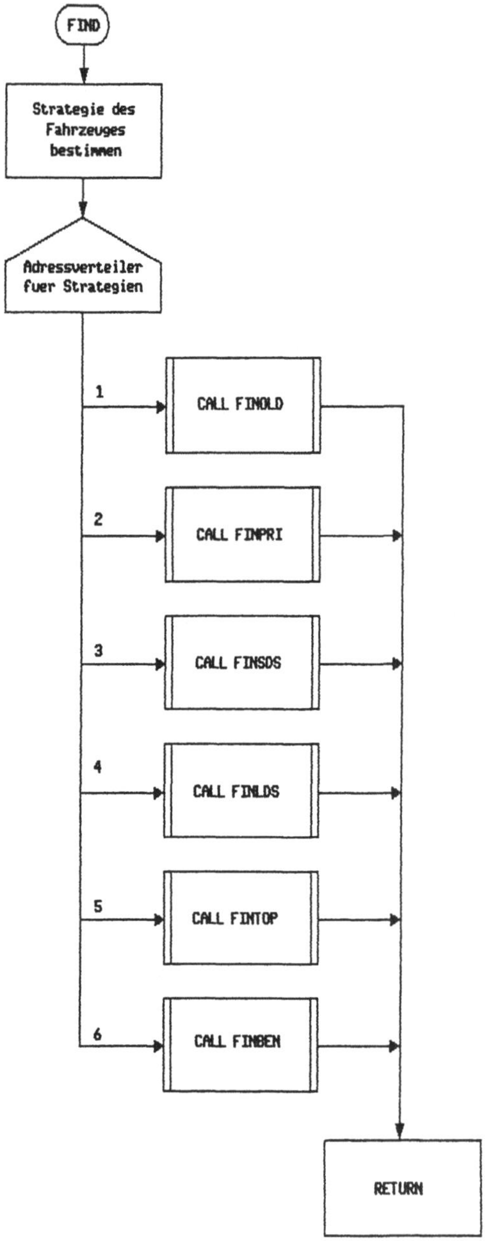

FIND

Strategie des Fahrzeuges bestimmen

Adressverteiler fuer Strategien

1 CALL FINOLD

2 CALL FINPRI

3 CALL FINSDS

4 CALL FINLDS

5 CALL FINTOP

6 CALL FINBEN

RETURN

Bild 17: Der Ablaufplan für das Unterprogramm FIND.

Wie man dem Ablaufplan für das Unterprogramm FIND im Bild 17 entnimmt, hat FIND nur Verteilfunktionen. Es wird dasjenige Unterprogramm angesprungen, das für die entsprechende Strategie zuständig ist.

Als Beispiel wird das Unterprogramm FINOLD beschrieben.

Funktion:
Es wird aus dem Logbuch derjenige Auftrag herausgesucht, der am ältesten ist. Es wird in diesem Fall nach FIFO verfahren.
Wird ein Auftrag gefunden, so wird er aus der Verkettung im Logbuch (LOGMA-Matrix) herausgelöst und an das Fahrzeug gebunden.

Unterprogramm:

```
CALL FINOLD (CARNR,FOUND)
```

Parameterliste:

CARNR	Nummer des Fahrzeuges, das einen wartenden Auftrag sucht.	
FOUND	Suchidex	
	= FALSE	Kein Auftrag gefunden
	= TRUE	Auftrag gefunden

Bild 18 zeigt den Ablaufplan für das Unterprogramm FINOLD.

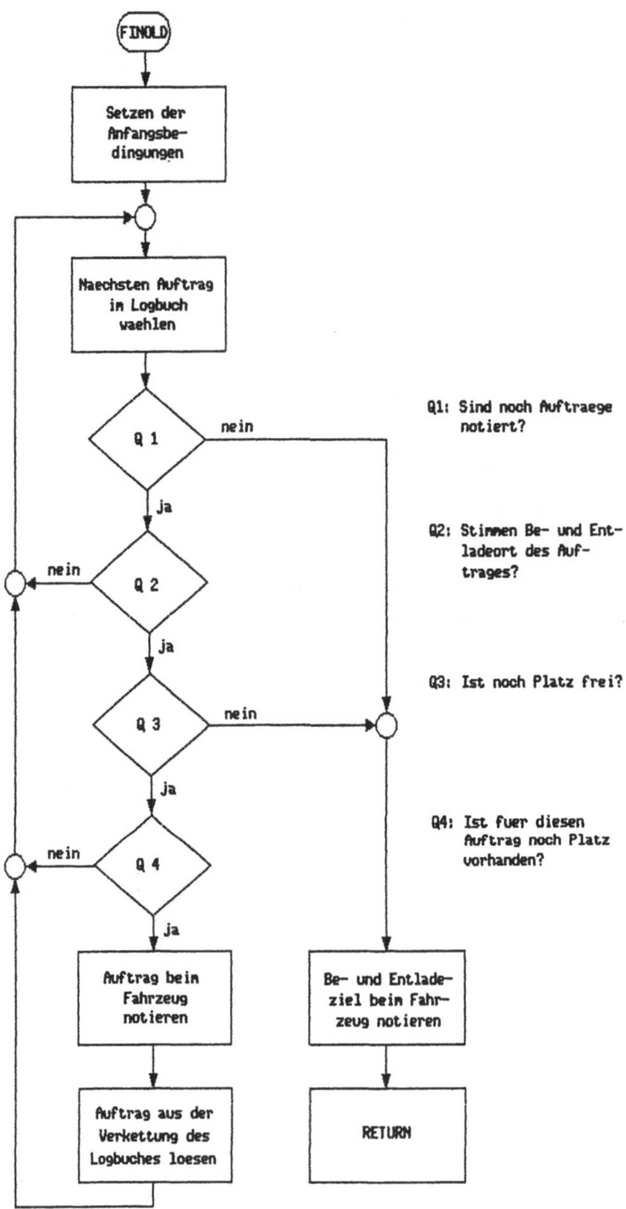

Bild 18: Der Ablaufplan für das Unterprogramm FINOLD.

Hinweise:

* Im Unterprogramm ORDER wird von einer Auftragstransaction ein Fahrzeug gesucht. Das ausgewählte Fahrzeug muß zur Zeit T aktiviert werden, indem es in die Zeitkette eingehängt wird. Es kann daraufhin mit dem Fahrvorgang beginnen.

* Im Unterprogramm FIND bemüht sich eine Fahrzeugtransaction um einen neuen Auftrag. Die Fahrzeugtransaction bleibt im Anschluß daran im Zustand aktiv. Falls sie einen Auftrag erhalten hat, fährt sie das Terminal an, in dem sie beladen werden soll. Hat die Fahrzeugtransaction keinen Auftrag erhalten, fährt sie entweder zum Parken (Taxibetrieb) oder sie folgt ihrem vorgeschriebenen Weg (allgemeiner Betrieb).

* Nach dem Aufruf von ORDER und FIND ist der Auftrag aus der Verkettung der Matrix LOGMA herausgelöst. Die entsprechende Zeile in der LOGMA ist allerdings noch besetzt. Der Zeiger in der Matrix CARMA(CARNR,10) verweist auf diesen Eintrag in der LOGMA. Der Eintrag eines Auftrages in der LOGMA wird endgültig gelöscht, wenn der Auftrag im Unterprogramm GLOAD bzw. TLOAD aufgeladen wird.

* Die dispositive Steuerung wird im Busbetrieb nicht angesprochen. Die Bus-Unterprogramme enthalten keinen Aufruf von ORDER oder FIND.
  Der Taxibetrieb arbeitet auf jeden Fall mit dispositiver Steuerung. Die Taxi-Unterprogramme enthalten die Aufrufe von ORDER und FIND.
  Im allgemeinen Betrieb kann die dispositive Steuerung auf Wunsch ein- bzw. ausgeschaltet werden. Die Transporter-Unterprogramme enthalten den Parameter IORDR, aufgrund dessen in den Transporter-Unterprogrammen der Aufruf von ORDER oder FIND wahlweise erfolgt.

2.5 Informationen, Ergebnisse, Protokolle

Im Transportmodell des Simulators GPSS-FORTRAN Version 3 besteht zunächst die Möglichkeit, daß sich Fahrzeugtransactions, die sich im Unterprogramm ACTIVG bewegen, Informationen über ihren eigenen Zustand und über den Zustand der von ihnen beförderten Aufträge beschaffen. Hierzu dienen die Unterprogramme INFO1 und INFO2.

Um jederzeit Zugriff auf alle für das Transportmodell wichtigen Datenbereiche zu haben und um sich die Auswertung der Ergebnisse ausgeben zu lassen, werden die beiden Unterprogramme REPRT8 und REPRT9 zur Verfügung gestellt.

Gelegentlich ist es erforderlich, die Zustandsübergänge im Einzelnen zu protokollieren. Hierzu dient die Protokollsteuerung mit Hilfe der Variablen IPRINT und JPRINT. Sie stehen auch im Transportmodell zur Verfügung.

2.5.1. Die Informationsunterprogramme INFO1 und INFO2

Das Unterprogramm INFO1 dient dazu, einer aktiven Fahrzeugtransaction, die das Unterprogramm INFO1 aufruft, Informationen über besonders wichtige Attribute des Fahrzeuges zurückzuliefern.

Unterprogrammaufruf:

```
CALL INFO1 (NCAR,ITARG,ISTATE,IORDR,*9999)
```

Parameterliste:

NCAR Fahrzeugnummer
Es wird angegeben, welche Fahrzeugnummer die aufrufende Transaction hat.
Über die Fahrzeugnummer stehen dann dem Benutzer alle Informationen in den Matrizen CARMA, TARMA und STATIS zur Verfügung.

ITARG Nummer des Zielterminals
Das Zielterminal ist das Terminal, zu dem sich ein Fahrzeug gerade bewegt. Die Funktion, die das Fahrzeug am Zielterminal ausführen will, wird nicht berücksichtigt. Möglich sind Fahrten zum Be- und Entladen bzw. zum Parken.
Für Fahrzeuge, die nicht der dispositiven Steuerung unterliegen, und die kein eingetragenes Fahrziel haben, weil sie einer festen Route folgen, gilt:
ITARG = 0
Die Angaben für ITARG werden der TARMA-Matrix entnommen.

ISTATE Fahrzeugzustand
Es gilt:
= 0 Frei
= 1 Belegt
= 2 Reserviert

= 3 Auf dem Weg zur Parkstation
Die Angaben über den Zustand werden der CARMA-Matrix entnommen.

IORDR Indikator für die dispositive Steuerung
= 0 Das Fahrzeug unterliegt nicht der dispositiven Steuerung.
= 1 Das Fahrzeug unterliegt der dispositiven Steuerung.

*9999 Fehlerausgang
Der Fehlerausgang wird aus folgenden Gründen gewählt:
1. Der Unterprogrammaufruf wird nicht von einer gerade aktiven Transaction aufgerufen.
2. Die aufrufende Transaction ist kein Fahrzeug.

Alle Parameter des Unterprogrammes INFO1 sind Rückgabeparameter. Die entsprechenden Informationen sind dem Benutzer auch direkt zugänglich, wenn er der Verzeigerung folgt.
Für eine aktive Transaction findet sich die Fahrzeugnummer und damit der Zeiger auf die Matrizen CARMA, TARMA und STATIS in dem Element TXADD(LTX,1). Soll beispielsweise der Fahrzeugzustand ermittelt werden, wäre das wie folgt möglich.

```
      CARNR  =  TXADD(LTX,1)
      ISTATE =  NINT(CARMA(CARNR,7))
```

Um dem Benutzer dieses umständliche und vielleicht auch fehleranfällige Vorgehen zu ersparen, kann das Unterprogramm INFO1 aufgerufen werden, das die gewünschte Information auf die gleiche Weise ermittelt, in der das auch der Benutzer selbst tun könnte.

Das Einsatzgebiet von INFO1 liegt bevorzugt im Unterprogramm ACTIVG bei der Festlegung des zu fahrenden Weges.

Falls in einem Terminal ein Auftrag mit einem bestimmten Fahrziel beladen wird und das Fahrzeug anschließend das Terminal verläßt, ist im allgemeinen Betrieb der Benutzer für den zu befahrenden Weg verantwortlich. Er muß in dem nachfolgenden Aufruf des Unterprogrammes GRIDE angeben, wohin das Fahrzeug fahren soll. Das Fahrzeug selbst kennt sein Fahrziel; es wurde dem Fahrzeug von der dispositiven Steuerung in die Matrix TARMA eingetragen. Nach dem Verlassen des Terminals und vor Beginn des Fahrvorgangs besteht dennoch die Notwendigkeit, das Fahrziel dem Unterprogramm GRIDE bekannt zu machen.

* Beispiel:

Ein Fahrzeug betritt das Terminal T5, lädt einen Auftrag auf und transportiert ihn zum Ziel. Die hierfür erforderlichen Unterprogramme haben folgendes Aussehen:

```
C
C     Beladen im Terminal
C     ===================
5     CALL GLOAD (6,1,TIME,*9000,*9999)
C
```

```
C     Fahrt zum Entladen
C     ==================
6     CALL INFO1 (NCAR,ITARG,ISTATE,IORDR,*9999)
7     CALL GRIDE ('T',5,7,'T',ITARG,8,*9000,*9999)
C
C     Entladen im Terminal
C     ====================
8     CALL GOUT (9,1,TIME,*9000,*9999)
```

Der entscheidende Gesichtspunkt ist, daß für den Aufruf von GRIDE die Nummer des Zielterminals nicht unmittelbar bekannt ist, sondern erst durch den Aufruf von INFO1 im Rückgabeparameter ITARG beschafft werden muß.

Während das Unterprogramm INFO1 die Attribute für eine aktive Fahrzeugtransaction beschafft, stellt das Unterprogramm INFO2 Information über die Aufträge zur Verfügung, die von einem Fahrzeug transportiert werden.

Unterprogrammaufruf:

```
CALL INFO2 (IPASS,ITX2,VALUE,LFLAG,*9999)
```

Parameterliste:

IPASS — Position im Fahrzeug
Alle Aufträge, die von einem Fahrzeug befördert werden, befinden sich im Zustand fahrend. Das bedeutet, daß sie in einer Kette stehen, die am Fahrzeug hängt. Es wird angegeben, welche Position der Auftrag in dieser Kette hat, über den Information benötigt wird.

ITX2 — Spaltennummer
Die Information, die zur Verfügung gestellt wird, muß sich in der TX- oder in der TXADD-Matrix befinden. Angegeben werden muß die Spaltennummer in diesen Matrizen. Es gilt:
< 0 TXADD-Matrix (nur Spalte 2,3 und 4)
> 0 TX-Matrix

VALUE — Wert
Es wird der Wert zurückgegeben, den das angeforderte Element in der Matrix zur Zeit aufweist.

LFLAG — Positionsanzeiger
Es ist möglich, daß im Parameter IPASS eine Position angegeben wird, die nicht zulässig ist, da das Fahrzeug weniger Aufträge aufgeladen hat. Es gilt:
= 0 Angeforderte Position nicht besetzt
= 1 Angeforderte Position besetzt

*9999 — Fehlerausgang
Der Fehlerausgang wird in den folgenden Fällen gewählt:
1. IPASS kleiner 1
2. Ungültige Spaltennummer
3. Die aufrufende Transaction ist kein Fahrzeug.

Hinweis:

* Falls Information über einen Auftrag in einer Position gewünscht wird, die nicht besetzt ist, erfolgt kein Abbruch über den Fehlerausgang.
  Nachdem LFLAG=0 gesetzt wurde, wird das Unterprogramm INFO2 über den normalen RETURN-Ausgang verlassen. Es wird mit der Anweisung fortgefahren, die auf den Unterprogrammaufruf von INFO2 folgt.

Das Element CARMA (CARNR,2) enthält den Kopfanker für die Verkettung der Aufträge, die sich im Zustand fahrend befinden.
Soll beispielsweise die Priorität des ersten beladenen Auftrages bestimmt werden, so wäre das wie folgt möglich:

```
      LPASS = NINT (CARMA(NCAR,2))
      PRIO  = TX (LPASS,4)
```

Soll ein Attribut eines Auftrages ermittelt werden, der an höherer Stelle steht, muß der Kette der Fahrzeuge im Zustand fahrend bis zur entsprechenden Position gefolgt werden.

Das Einsatzgebiet von INFO2 liegt bevorzugt im Unterprogramm ACTIVG bei Verzweigungen. Es ist möglich, daß der logische Ausdruck, der zu einer Verzweigung gehört, Attribute der aufgeladenen Transactions enthält.

* Beispiel:

An einer Verzweigung darf ein bestimmter Weg nur gefahren werden, wenn das Fahrzeug weniger als 3 Aufträge transportiert.

Die hierfür erforderlichen Unterprogramme haben die folgende Form:

```
C
C     Verzweigung
C     ===========
      CALL INFO2 (4,1,VALUE,LFLAG,*9999)
      IF (LFLAG.EQ.0) GOTO ADDR
      CALL GRIDE (Weg 1)
ADDR  CALL GRIDE (Weg 2)
```

Im vorliegenden Beispiel wird nur der Wert des Rückgabeparameters LFLAG benötigt. ITX2 und VALUE sind ohne Bedeutung. In ähnlicher Weise kann man auch aufgrund des Wertes eines Attributes eines beladenen Auftrages verzweigen.

2.5.2 Die Reportunterprogramme

Die Reportunterprogramme dienen dazu, in sehr ausführlicher Form über den Modellzustand zu informieren.

Die Reportunterprogramme können an verschiedenen Stellen im Modell aufgerufen werden. Möglich ist:

1. Aufruf in einem Ereignis
2. Aufruf durch eine aktive Transaction
3. Aufruf im interaktiven Betrieb
4. Aufruf im Rahmen am Ende des Simulationslaufes

Die Mehrzahl der Reportunterprogramme bezieht sich nicht auf das Transportmodell. Dennoch sind an manchen Stellen Hinweise darauf enthalten. Sie sollen an dieser Stelle kurz dargestellt werden.

* Report 1

Unterprogrammaufruf:
```
      CALL REPRT1 (NT)
```

Funktion:
Ausdrucken der Stationen vom Typ NT

Parameter:
NT   Nummer des Stationstyps

Neu hinzugekommen ist die Möglichkeit, sich das Warteschlangenverhalten der Aufträge und der parkenden Fahrzeuge angeben zu lassen. Es gilt:

NT = 13   Liste der Warteschlangen für Aufträge in allen Terminals

NT = 14   Liste der parkenden Fahrzeuge in allen Terminals

NT = 15   Liste der an Blockstrecken blockierten Fahrzeuge

* Report 2

Unterprogrammaufruf:
```
      CALL REPRT2
```

Funktion:
Ausdruck der TX-Matrix und der FAM-Matrix.

Parameterliste:
Die Parameterliste ist leer.

Neben der TX-Matrix wird der TXI-Vektor ausgedruckt. (Siehe Kap. 2.1.1 "Die Identifikation der Transactions und das Unterprogramm TRAVEL")

* Report 3

Unterprogrammaufruf:

```
      CALL REPRT3
```

Funktion:
Ausdrucken der Datenbereiche für die Ablaufkontrolle

Parameterliste:
Die Parameterliste ist leer.

Es wird für Sources und Transactions angegeben, ob es sich um einen Auftrag oder ein Fahrzeug handelt. Es gilt:

blank	Auftragstransaction
B	Bus
T	Taxi
G	Transporter (allgemeiner Betrieb)

Die Unterprogramme REPRT4, REPRT5, REPRT6 und REPRT7 betreffen das Transportmodell nicht.

Die beiden Unterprogramme REPRT8 und REPRT9 beziehen sich direkt auf das Transportmodell.

* Report 8

Unterprogrammaufruf:

```
      CALL REPRT8
```

Funktion:
Die Transport-Datenbereiche CARMA, TARMA, LOGMA, TXADD werden ausgedruckt. Zusätzlich wird für jedes Fahrzeug die Liste der Aufträge und der aufgeladenen Transactions erzeugt und ausgegeben. Bei der Matrix LOGMA wird ähnlich wie bei der Liste der Transactions aus REPRT3 jeweils das erste Element einer Kette von Aufträgen durch die Nummer des Fahrzeuges gekennzeichnet, zu dem sie gehören. Dadurch kann unterschieden werden, welche Einträge in der LOGMA-Matrix zu welchen Fahrzeugen gehören bzw. welche noch nicht vergeben wurden. Die Kette der noch nicht vergebenen Aufträge beginnt bei "<".

Parameterliste:
Die Parameterliste ist leer.

* Report 9

Unterprogrammaufruf:

```
      CALL REPRT9
```

Funktion:
Es werden statistische Daten über die folgenden Sachverhalte berechnet und ausgegeben:

1. Warteschlange der Aufträge in den Terminals
   Es werden ermittelt:
   Mittlere Warteschlangenlänge
   Mittlere Wartezeit

2. Warteschlange der parkenden Fahrzeuge in den Terminals
   Es werden ermittelt:
   Mittlere Warteschlangenlänge
   Mittlere Wartezeit

3. Fahrzeugstatistik
   Es werden ermittelt:
   Leerzeit
   Belegtzeit
   Parkzeit
   Blockierzeit
   Anzahl der bearbeiteten Aufträge
   Transportierte Menge
   Mittlere Auslastung
   Zurückgelegte Strecke leer
   Zurückgelegte Strecke beladen
   Gesamtzeit für Be- und Entladen

4. Segmentauslastung
   Es werden ermittelt:
   Gewicht des Segments
   Anzahl der Busse, die das Segment durchlaufen haben
   Mittlere Anzahl der Busse
   Anzahl der Taxis
   Mittlere Anzahl der Taxis
   Anzahl der Transporter
   Mittlere Anzahl der Transporter
   Gesamtanzahl aller Fahrzeuge
   Mittlere Anzahl der Fahrzeuge

5. Warteschlange der Aufträge vor einer Blockstrecke.
   Es werden ermittelt:
   Mittlere Warteschlangenlänge
   Mittlere Wartezeit

Parameterliste:
Die Parameterliste ist leer.

Hinweise:

* Bei der Fahrzeugstatistik gilt:
  Mittlere Auslastung = Belegtzeit / Simulationszeit

* Bei der Segmentauslastung gilt:
  Mittlere Anzahl = Gesamtverweilzeit aller Fahrzeuge / Simulationszeit

* Teilt man die mittlere Anzahl der Fahrzeuge durch die Länge des Segments (bei der Strategie "kürzester Weg" entspricht die Länge dem Gewicht), erhält man die sehr aussagekräftige Größe "Verkehrsdichte".

* Wird bis zu einem Terminal ein Segment durchfahren, dessen letzte Section vor dem Terminal eine Blockstrecke ist, so wird die Blockstrecke erst nach dem Verlassen des Terminals freigegeben. Das bedeutet, daß zeitverbrauchende Vorgänge, insbesondere Beladezeiten, zur Blockierzeit der an das Terminal grenzenden Blockstrecke hinzugefügt werden.

* Die gesamte statistische Information über das Transportmodell wird in den folgenden Datenbereichen geführt (sieh Kap. 2.1.7 "Datenbereiche für die Fahrzeugstatistik" und Kap. 3.4 "Der Statistikbereich für das Wegenetz")

STATIS	Fahrzeugstatistik
STATST	Statistik für wartende Aufträge
PARKST	Statistik für parkende Fahrzeuge
BLOCST	Statistik für wartende Aufträge vor einer Blockstrecke
NETSTA	Statistik über die Segmentbelegung

2.5.3 Die Protokollsteuerung

Die Reportunterprogramme geben den aktuellen Modellzustand zur Zeit des Aufrufes dieser Unterprogramme an.
Um die Bewegung der Aufträge und Fahrzeuge im Modell verfolgen zu können, gibt die Protokollsteuerung die Möglichkeit, sich für jede Transaction die von ihr ausgeführte Funktion protokollieren zu lassen. Es entsteht damit ein vollständiger Trace.

Um sich gezielt Informationen beschaffen zu können, kann man die selektive Protokollierung mit Hilfe von JPRINT einsetzen. Sie kann die Protokollierung an vorgegebenen Stationen bevorzugen oder unterdrücken.

Für das Fahrzeugmodell gilt insbesondere:

Die Protokollierung wird durch IPRINT zunächst ein- und ausgeschaltet.
Falls IPRINT = 1 (Protokollsteuerung ein), gilt:

JPRINT(23)	= -1:	alle Kontrollmeldungen von Transport-Unterprogrammen werden unterdrückt.
	= -2:	alle Kontrollmeldungen aus den GRIDE-Unterprogrammen werden unterdrückt.
	= -3:	nur die Meldungen, daß Sectionen verlassen wurden, werden unterdrückt.

Falls IPRINT = 0 (Protokollsteuerung aus), gilt:

JPRINT(23)	= 1:	alle Kontrollmeldungen der Transport-Unterprogramme werden ausgedruckt.
	= 2:	bis auf Kontrollmeldungen über das Verlassen von Sectionen werden alle Meldungen der Transportroutinen ausgedruckt.
	= 3:	bis auf Kontrollmeldungen der GRIDE-Unterprogramme werden alle Meldungen der Transportroutinen ausgedruckt.

Diese Abstufung gilt ebenso für die Unterprogramme BRIDE und TRIDE.

3 Der Aufbau des Wegenetzes

Der Aufbau des Wegenetzes erfolgt, indem zunächst für Stützpunkte, Verzweigungen und Terminals die Lage durch die Angabe der (x,y)-Koordinaten in einem zweidimensionalen Koordinatenkreuz angegeben werden.

Diese Punkte und Knoten werden durch Sectionen verbunden, die wiederum zu Segmenten zusammengesetzt werden. Hierdurch entsteht ein Wegenetz, das von den Fahrzeugen benutzt werden kann.

Einzelne Sectionen dieses Wegenetzes können zu Blockstrecken erklärt werden. Das bedeutet, daß sich nur eine angebbare Anzahl von Fahrzeugen in einer derartigen Section aufhalten darf.

Innerhalb des Wegenetzes sind Kurse und Routen möglich, die die freie Auswahl einschränken und ein Fahrzeug auf einen bestimmten Weg festlegen.

Die Beschreibung des Wegenetzes erfolgt über Eingabedatensätze. Bei einer Modifikation ist daher eine neue Übersetzung des Modells nicht erforderlich.

Die Eingabe und die Änderung der Datensätze für das Wegenetz ist auch im interaktiven Betrieb möglich.

3.1 Sektionen, Segmente, Routen und Kurse

Zur Beschreibung des Wegenetzes stehen Sectionen, Segmente, Routen und Kurse zur Verfügung.
Sectionen sind die kleinste Einheit. Aus ihnen setzen sich alle weiteren Bauteile zusammen.
Segmente verbinden Terminals und Verzweigungen miteinander. Sie lassen sich ihrerseits aus Sectionen aufbauen.
Routen legen den Weg für Busse im Busbetrieb fest. Eine Route muß immer geschlossen sein.
Ein Kurs besteht aus einer Verbindung zwischen zwei Terminals, der von der Fahrzeugsteuerung auf jeden Fall einzuhalten ist, auch wenn alternative Wege möglich wären.

3.1.1 Die Datenbereiche für Stützpunkte, Verzweigungspunkte und Terminals

Sämtliche Punkte des Wegenetzes, seien es nun Terminals, Verzweigungspunkte oder Stützpunkte einer Strecke, müssen in ihrer räumlichen Lage durch die X- und Y-Koordinaten angegeben werden.

Da weder Koordinaten noch die Geschwindigkeit der Fahrzeuge Einheiten tragen, ist das Verhältnis von Geschwindigkeit zur Entfernung der einzelnen Punkte wichtig für die Interpretation des Ergebnisses.

Terminals sind die Start- und Endpunkte eines Transporters. Nur an ihnen kann ein Transport beginnen und enden.

Verzweigungspunkte sind neben den Terminals Punkte, von denen mindestens zwei Strecken in eine Richtung ausgehen können, d.h. sich ein Weg verzweigen kann.
Stützpunkte sind Punkte, die zur besseren Angleichung der Strecke im Modell an die tatsächliche Streckenführung verwendet werden können, um zum Beispiel Hindernisse zu umgehen oder um Kurven zu modellieren.

Definition des Datenbereiches für die Terminals:

```
REAL      COORDS
DIMENSION COORDS("TER",2)
```

```
COORDS(NTERM,1)      X-Koordinate des Terminals NTERM
COORDS(NTERM,2)      Y-Koordinate des Terminals NTERM
```

Definition des Datenbereiches für die Verzweigungspunkte:

```
REAL      COORDV
DIMENSION COORDV("BRAN",2)
```

```
COORDV(NBRAN,1)      X-Koordinate des Verzweigungspunktes NBRAN
COORDV(NBRAN,2)      Y-Koordinate des Verzweigungspunktes NBRAN
```

Definition des Datenbereiches für die Stützpunkte:

```
REAL      COORDP
DIMENSION COORDP("POINT",2)
```

```
COORDP(NPOINT,1)     X-Koordinate des Stützpunktes NPOINT
COORDP(NPOINT,2)     Y-Koordinate des Stützpunktes NPOINT
```

Zur Optimierung der Streckeninitialisierung werden in zwei Variablen die Anzahl der tatsächlich belegten Terminal- und Verzweigungspunkte notiert:

INTEGER ANSTA — Terminal
Tatsächliche Anzahl der im Modell belegten Terminalpunkte.

INTEGER ANVERZ — Verzweigungspunkte
Tatsächliche Anzahl der im Modell belegten Verzweigungspunkte.

Hinweise:

* Für den Algorithmus zur Streckenfindung und für die Initialisierung des Streckennetzes müssen die Terminal- und Verzweigungspunkte durchgängig numeriert sein, d.h. die Punkte müssen jeweils bei eins beginnen und bis zur Gesamtzahl durchnumeriert sein. Diese Numerierung wird bei der Dateneingabe überprüft.
  Dies ergibt sich aus der gleichen Betrachtung von Terminal- und Verzweigungspunkt für den Streckenfinderalgorithmus und einer Optimierung bei der Streckeninitialisierung.

* Im weiteren sei der Begriff Knoten ein Punkt, der entweder ein Terminal- oder ein Verzweigungspunkt ist.

3.1.2 Sectionen und Segmente

Die kleinste Einheit zum Aufbau des Wegenetzes ist die Section. Sie enthält die wesentliche Information. Sie stellt die Verbindung zwischen zwei beliebigen Punkten in einer Richtung dar. Sie modelliert eine Einbahnstraße. Soll Verkehr zwischen zwei Punkten in beiden Richtungen möglich sein, so sind die beiden Punkte durch zwei Sectionen mit gegensätzlicher Fahrtrichtung zu verbinden. Die Section kann als Blockstrecke markiert sein. Der Datenbereich für die Sectionen ist die Matrix SECTMA. Sie ist wie folgt definiert:

```
REAL      SECTMA
DIMENSION SECTMA("SECT",6)
```

SECTMA(SECTNR,1) — Anfangspunkt
Hier steht die Nummer des Anfangspunktes der Section SECTNR. Er ist codiert, je nachdem ob er ein Terminal ist (NR+0.1), ein Verzweigungspunkt (NR+0.2) oder ein Stützpunkt (NR+0.3), wobei NR die Nummer des Punktes ist.

SECTMA(SECTNR,2) — Endpunkt
Hier steht die Nummer des Endpunktes der Section. Er ist wie oben codiert.

SECTMA(SECTNR,3) — Länge
In diesem Feld steht die Länge der Section.

SECTMA(SECTNR,4) — Blockstreckennummer
Falls die Strecke frei zu befahren ist, ist die Blockstreckennummer gleich Null, ansonsten kennzeichnet sie die Nummer der Blockstrecke, die dieser Section angehört.

SECTMA(SECTNR,5) — Geschwindigkeitsfaktor
Dieser Faktor gibt an, mit welcher Geschwindigkeitsveränderung diese Section durch den Transporter befahren werden soll. Mit diesem Faktor wird die Geschwindigkeit multipliziert, bevor die Fahrzeit für diese Section berechnet wird.

SECTMA(SECTNR,6) — Markierung
Falls der Benutzer eine andere Gewichtung von Sectionen für den Streckenfinderalgorithmus wünscht, kann diese Markierung dazu verwendet werden.

Hinweis:

* Der Geschwindigkeitsfaktor, der bei der Section angegeben werden kann, kann z.B. zur Simulation von Anfahrts- und Abbremsstrecken an Terminals oder an Engpässen dienen. Dieser Faktor ist prozentual zu sehen, d.h. ist er 1, fährt der Transporter seine normale Geschwindigkeit, ist er kleiner als 1, entsprechend verlangsamt und umgekehrt.

Mehrere Sectionen können nun, indem sie aneinandergereiht werden, zu einem Segment zusammengefaßt werden. Das Segment ist eine Verbindung zwischen zwei Knoten. Charakteristisch für ein Segment ist, daß keine Abzweigung außer am Beginn und am Ende des Segmentes erfolgen darf.

Der Datenbereich für die Sectionen ist die Matrix SEGMA. Sie ist wie folgt definiert:

```
INTEGER   SEGMA
DIMENSION SEGMA("SEGM","SEGM1")
```

SEGMA(SEGMNR,J)	Sectionsnummer Verweis auf die Sectionsnummer der j-ten Section in der Abfolge des Segmentes SEGMNR.

Man sieht, daß ein Segment außer der Angabe der Sectionen, aus denen es besteht, über keine zusätzliche Information verfügt.

Ein Segment muß immer aus Sectionen bestehen. Es ist nicht möglich, zwei Knoten direkt mit einem Segment zu verbinden.

Soll die Verbindung zwischen zwei Knoten nicht weiter unterteilt werden, so ist zunächst eine Section zwischen den beiden Knoten zu definieren. Das Segment zwischen den beiden Knoten besteht dann nur aus einer Section.

Segmente sind als kleinste Einheit für das Unterprogramm GRIDE von Bedeutung. Das Unterprogramm GRIDE befördert ein Fahrzeug immer von Knoten zu Knoten. Das heißt, daß die kleinste Strecke, die durch einen Aufruf von GRIDE durchfahren werden kann, ein Segment ist.

Hinweise:

* Wenn sich aufgrund eines Aufrufes von GRIDE ein Fahrzeug von Knoten zu Knoten bewegt, werden intern die einzelnen Sectionen abgefahren, aus denen das Segment besteht. Das geschieht, indem in GRIDE ein Zeiger auf die Matrix SEGMA gehalten wird. Dieser Zeiger gibt an, welche Section gerade durchfahren wird.

* Nach dem Durchfahren einer Section wird jedes Mal das Unterprogramm GRIDE erneut aufgerufen. Hier wird die neue Sectionsnummer festgelegt, gegebenenfalls die Blockierstrecke überprüft und der zeitverbrauchende Fahrvorgang angestoßen. Da das Unterprogramm GRIDE für alle Sectionen, die ein zu durchfahrendes Segment enthalten, erneut aufgerufen wird, muß der Unterpro-

grammaufruf von GRIDE im Unterprogramm ACTIVG eine Anweisungsnummer tragen.

* Falls durch einen Aufruf von GRIDE weiter auseinanderliegende Knoten zu durchfahren sind, so werden hierbei mehrere Segmente hintereinander abgearbeitet. Jedes einzelne Segment baut sich wie vorher aus Sectionen auf.

Zur Optimierung des Streckenfinderalgorithmus werden noch drei zusätzliche Variablen benötigt:

INTEGER ANROUT	Anzahl der tatsächlich in diesem Modell belegten Routen.
INTEGER ANSEGM	Anzahl der tatsächlich in diesem Modell belegten Segmente.
INTEGER ANSECT	Anzahl der tatsächlich in diesem Modell belegten Sectionen.

3.1.3 Routen und Kurse

Routen stellen feste Verbindungen in einem Wegenetz dar. Für den Busbetrieb müssen Routen geschlossen sein. Entweder müssen sie einen Ring bilden oder es muß Hin- und Rückverkehr möglich sein. Routen setzen sich ihrerseits wieder aus Segmenten zusammen. Der Datenbereich für die Routen ist die Matrix ROUTMA. Sie ist wie folgt definiert:

```
INTEGER   ROUTMA
DIMENSION ROUTMA("ROUT","ROUT1")
```

ROUTMA(ROUTNR,J)	Segmentnummer Verweis auf die Segmentnummer des j-ten Segmentes in der Abfolge der Route ROUTNR.

Hinweise:

* Bei der Erzeugung einer Bustransaction durch das Unterprogramm BGEN im Unterprogramm ACITVB wird für jede Transaction individuell die Routennummer mitgegeben.

* Bustransactions werden bei ihrer Erzeugung auf die Route gesetzt und fahren sie ohne Unterbrechung ab. Das Parken oder Vernichten von Bussen ist nicht vorgesehen. Aus diesem Grund muß eine Route geschlossen sein. Das heißt, es muß für einen Bus möglich sein, wieder zum Ausgangspunkt zurückzukehren.

Im Gegensatz zu Bussen sucht sich ein Taxi seinen Weg aufgrund einer globalen Strategie selbst. Es sind jedoch auch Fälle denkbar, in denen für ein Taxi die freie Wahl des Weges eingeschränkt ist. In diesem Fall soll zwischen zwei Terminals nur ein fester Weg befahrbar sein. Ein derartiger vorgesehener Weg, den ein Taxi auf jeden Fall trotz möglicher Alternativen einschlagen muß, heißt Kurs.

Dieser Kurs wird im ROUT-Datensatz niedergeschrieben, die Nummer dieser Route als Kurs im COUR-Datensatz angegeben.

Die Kurse werden in der Matrix COURMA festgehalten. Sie ist wie folgt definiert:

```
INTEGER   COURMA
DIMENSION COURMA("STA",3)
```

Bedeutung der Parameter:

COURMA(KURS,1)	Startterminal Startterminal des Kurses
COURMA(KURS,2)	Zielterminal Zielterminal des Kurses
COURMA(KURS,3)	Route In diesem Feld wird die Routennummer des Kurses notiert, dem das Terminal vom Startterminal zum Zielterminal folgen soll.

3.1.4 Die Eingabedatensätze für das Transportmodell

Es ist möglich, alle Datenbereiche, die zur Beschreibung des Wegenetzes erforderlich sind, mit Hilfe von Eingabedatensätzen formatfrei einzulesen.

Jeder Eingabedatensatz ist mit einem Namen gekennzeichnet. Es sind zusätzlich zum ursprünglichen Simulator noch folgende Datensätze möglich:

KOOR	Zuordnung von Punkten und Koordinaten
SECT	Deklaration einer Section
SEGM	Deklaration eines Segmentes
ROUT	Deklaration einer Route
COUR	Deklaration eines Kurses
BLOC	Festlegung der Kapazität einer Blockstrecke

Die Datensätze können in beliebiger Reihenfolge stehen. Sie werden vom Unterprogramm XINPUT eingelesen. Dabei werden sämtliche Datenkarten auf ihre syntaktische Richtigkeit überprüft.

Die Konsistenz des Wegenetzes wird anschließend im Unterprogramm ININET geprüft.

Hinweise:

* Die Anzahl der durch Strichpunkt getrennten Eingaben pro Datensatz darf 20 Elemente nicht übersteigen. Dies ergibt sich aus der Dimensionierung der Datenbereiche für das formatfreie Einlesen.

* Zur Notation bei der Beschreibung gilt:
  $(...)^n$, wobei n aus der Menge der natürlichen Zahlen stammt, bedeutet, daß der in den Klammern stehende Teil bis zu n-mal

wiederholt werden kann, mindestens jedoch einmal. Fehlt n, so kann der in Klammern stehende Teil beliebig oft wiederholt werden.

* Alle Datensätze müssen durch "/" abgeschlossen werden.

* Falls ein Datensatz mehr als 20 Elemente enthält, kann er unmittelbar darauf mit einem Fortsetzungsdatensatz vervollständigt werden. Ein Datensatz, auf den ein Fortsetzungsdatensatz folgt, wird nicht mit "/", sondern mit "&" abgeschlossen.

Nachfolgend werden die einzelnen Datensätze beschrieben:

* KOOR

Mit Hilfe des KOOR-Datensatzes können den einzelnen Punkten des Wegenetzes Koordinaten zugewiesen werden. Der Aufbau des Datensatzes ist wie folgt:

KOOR(;Typ;Nummer;X-Koordinate;Y-Koordinate)^4/

Für den Typ gilt:
T: Terminal
B: Verzweigung
P: Stützpunkt

Es folgt die Nummer des entsprechenden Punktes:
Beispiele für gültige Datensätze:

KOOR;T;1;12.5;13.9;B;2;7;8;P;67;0.356;0.987/
KOOR;T;2;189.3;123.5/

SECT Der SECT-Datensatz dient zur Beschreibung der Daten einer Section. Er ist folgendermaßen aufgebaut:

SECT;Sectnr;Typ1;Nr1;Typ2;Nr2;Art;Blocknr;Faktor;Mark/

Sektnr Sectionsnummer

Typ1 Typ des Anfangspunktes

Nr1 Nummer des Anfangspunktes

Typ2 Typ des Endpunktes

Nr2 Nummer des Endpunktes

Art Streckenart
L = Gerade (Vorbesetzung)
C = Viertelkreis

Blocknr Nummer der Blockstrecke
= 0 Keine Blockstrecke (Vorbesetzung)

Faktor Geschwindigkeitsfaktor
= 1 Keine Änderung (Vorbesetzung)

Mark Markierung
Die Markierung enthält die benutzereigene Gewichtung (siehe Kap. 3.3.3 "Die Funktion GESGEW").

Beispiele für gültige Datensätze:

```
SECT;1;T;1;P;17;C;0;0.8;1.2/
```

Die Section mit der Sectionsnummer 1 führt vom Terminal T1 zum Stützpunkt P17. Die Verbindung zwischen beiden Punkten ist ein Viertelkreis. Es liegt keine Blockstrecke vor. Als Geschwindigkeit auf dieser Section sind nur 80 % der normalen Fahrzeuggeschwindigkeit zulässig. Als Gewicht teilt der Benutzer der Section den Wert 1.2 zu.

Hinweis:

* Die Elemente Mark, Faktor, Blocknr und Art können von hinten her weggelassen werden.

* SEGM

Der SEGM-Datensatz vereinbart die Abfolge der Sectionen eines Segmentes.

SEGM;Segmentnummer(;Sectionsnummer)^{18}/

beziehungsweise bei der Benützung einer Fortsetzungskarte:

SEGM;Segmentnummer(;Sectionsnummer)^{17};&
Sectionsnummer(;Sectionsnummer)/

Beispiele für gültige Datensätze:

```
SEGM;1;17;2;3;4;12/
SEGM;2;11;12;13;14;15;16;17;:18;19;20;21;22;2;3;4;5;6;&
7;8;9/
```

* ROUT

Der ROUT-Datensatz deklariert die Abfolge von Segmenten einer Route.

ROUT;Routennummer(;Segmentnummer)^{18}/

Falls mehr als 18 Segmentnummern für eine Route benötigt werden, ist folgende Aufteilung zu benützen:

ROUT;Routennummer(;Segmentnummer)^{17};&
Segmentnummer(;Segmentnummer)^{19}/

Wichtig ist das Symbol "&" am Schluß des ersten Datensatzes. Es kennzeichnet, daß eine Fortsetzungskarte vorhanden ist.

Beispiele für gültige Datensätze:

ROUT;1;1;2;3;4;5;6;7;8;9/
ROUT;2;1;2;3;4;5;6;7;8;9;10;11;12;13;14;15;16;17;&
18;19;20;21/
Diese beiden Datensätze vereinbaren die Route Nummer 1 mit den Segmenten von 1 bis 9, und die Route Nummer 2 mit den Segmenten von 1 bis 21.

* COUR

Der COUR-Datensatz vereinbart eine feste Wegstrecke zwischen zwei Bahnhöfen, die ein Taxi zu befahren hat. Dieser Kurs wird ebenfalls in der Routen-Matrix notiert, d.h. für einen Kurs muß ein ROUT-Datensatz und ein COUR-Datensatz angelegt werden.

COUR;T;Nr1;T;Nr2;Routennr/

Kurse sind nur zwischen Terminals möglich. Der Typ des Punktes ist mit T vorgegeben.
Es folgt die Nummer des Start- und Zielterminals. Abschließend wird die Routennummer angegeben.

Gültige Datensätze sind:

COUR;T;5;T;8;2/

Vom Terminal T5 zum Terminal T8 muß die Route mit der Nummer 2 gewählt werden.
Die Route mit der Nummer 2 muß mit Hilfe des ROUT-Datensatzes definiert werden.

* BLOC

Der BLOC-Datensatz regelt, wieviele Fahrzeuge sich höchstens in einer Blockstrecke befinden dürfen. Er wird folgendermaßen angegeben:

BLOC;Blockstreckennummer;Anzahl/

Die Blockstrecken werden einzeln durchnumeriert. Die Anzahl gibt die Höchstzahl der Fahrzeuge an.

Beispiele für gültige Datensätze:
BLOC;1;8/
BLOC;5;1/

Die Prüfung des Wegenetzes auf Konsistenz kann frühestens dann erfolgen, wenn alle Daten vorliegen. Deshalb wird sie erst im Unterprogramm ININET durchgeführt. An dieser Stelle wurden die Datensätze durch das Unterprogramm XINPUT bereits eingelesen und auf syntaktische Korrektheit überprüft.

Da viele mögliche Fehler voneinander abhängen oder Folgefehler verursachen, geschieht die Überprüfung in mehreren Stufen. Tritt in einer Stufe ein Fehler auf, so führt das zum Abbruch. Für alle in dieser Stufe erkannten Fehler erfolgt eine Meldung auf die Ausgabedatei DATAOUT.

Zunächst wird geprüft, ob die Nummern der Terminals, Verzweigungen, Sectionen, Segmente und Routen kontinuierlich aufeinander folgen.
Dann wird untersucht, ob die Angaben korrekt sind, die sich auf andere Datensätze beziehen (z.B. ob alle in einem SEGM-Datensatz angegebenen Sectionen definiert sind).
In der dritten Stufe wird getestet, ob jede Section in genau einem Segment vorkommt, ob die Sectionen eines Segmentes in der angegebenen Reihenfolge aneinanderhängen, ob Anfangs- und Endpunkt eines Segmentes Knoten sind, ob dazwischen kein weiterer Knoten liegt und ob das Segment keine Schleifen bildet.
Zuletzt wird noch geprüft, ob die Segmente einer Route kontinuierlich aufeinanderfolgen, ob die Routen mit Terminals beginnen und enden, ob Routen, die zu keinem Kurs gehören, geschlossen sind und umgekehrt, und ob im Netz keine Sackgassen vorkommen.

Nachfolgend werden die Sectionslängen und Segmentgewichte ermittelt und die Routentabellen für den Streckenfinder LOTSE besetzt.

Hinweise:

* Wird beispielsweise für Sectionen ein Datensatz mit der gleichen Sectionsnummer eingelesen, so werden die vorhergehenden Daten überschrieben. Ebenso wird bei den übrigen Datensätzen verfahren.

* Die Datensätze können in beliebiger Reihenfolge hintereinander stehen.

* Die Sectionslänge wird für Kurven (siehe SECT- Datensatz) mit ihrem negativen Wert abgespeichert, damit Kurven später noch identifiziert werden können. Das ist für die Erstellung benutzereigener Strategien (GESGEW) für den Streckenfinder zu beachten.

* Die Datensätze, die das Wegenetz beschreiben, können im interaktiven Betrieb durch das Kommando A/ modifiziert werden.
  Im Gegensatz zu den restlichen Datensätzen muß nach der interaktiven Eingabe eines Datensatzes, der zur Wegenetzbeschreibung gehört, ein neuer Simulationslauf mit dem Kommando N (New) gestartet werden. Das ist erforderlich, damit im Rahmen das Unterprogramm ININET aufgerufen wird. ININET initialisiert das Wegenetz aufgrund der eingegebenen Änderung neu (siehe hierzu Kap. 3.3.2 "Die Initialisierung des Wegenetzes mit Hilfe des Unterprogrammes ININET").

3.2 Blockstrecken

Sectionen können als zu einer Blockstrecke gehörig gekennzeichnet werden.
Die Blockstrecke ist durch eine Nummer charakterisiert, die Zugehörigkeit einer Section zu dieser Blockstrecke durch einen Vermerk der Nummer bei der Section.
Dadurch kann erreicht werden, daß räumlich völlig getrennte Sectionen zur selben Blockstrecke gehören können. Somit können sehr einfach Kreuzungen, Weichen, etc. aufgebaut werden.

3.2.1 Datenbereiche für Blockstrecken

Der wesentliche Parameter einer Blockstrecke liegt in der Anzahl der Fahrzeuge, die sie gleichzeitig befahren können. Bis zu dieser Höchstgrenze können Fahrzeuge ungehindert die Blockstrecke befahren. Falls diese Grenze erreicht ist, werden sämtliche weiteren Fahrzeuge vor dieser Blockstrecke blockiert, und erst wieder freigegeben, wenn ein anderes Fahrzeug die Blockstrecke verläßt.
Die Blockstrecke wird als stationäre Modellkomponente aufgefaßt. Die Blockstrecke ist somit eine Station mit einer Warteschlange, in der Transactions blockiert werden können. Wird eine Blockstrecke frei, so kann sie von den Transactions in der Reihenfolge belegt werden, in der die Transaction in der Warteschlange stehen.

Für die Blockstrecke steht folgender Datenbereich zur Verfügung:

```
INTEGER   BLOCVE
DIMENSION BLOCVE("SECT",2)
```

BLOCVE(NR,1) Sperrvermerk
Angabe, ob die Blockstrecke extern blockiert ist. Es gibt die Möglichkeit, eine Blockstrecke für Fahrzeuge zu sperren, indem dieses Feld auf einen Wert verschieden von Null gesetzt wird. Siehe hierzu auch das Unterprogramm SIGNAL.

BLOCVE(NR,2) Höchstzahl der Fahrzeuge, die noch in diese Blockstrecke einfahren dürfen.
Bei jedem Fahrzeug, das in diese Blockstrecke einfährt, wird dieses Feld um eins erniedrigt, falls er sie verläßt, um eins erhöht.

Hinweise:

* Falls die Einordnung der Fahrzeuge von der Blockstrecke nicht nach der Strategie PFIFO geschehen soll, muß die POL-Matrix entsprechend vorbesetzt werden. Die Nummer des Stationstyps von Blockstrecken ist 15.
  Beispiel:
  Die Blockstrecke B1 (Stationstyp 15, Typnummer 1) soll nach der Strategie FIFO, das entspricht der Policynummer 2, abgearbeitet werden. Dazu muß im Rahmen im Abschnitt 4 "Setzen Policy-, Strategie- und Plan-Matrix" die Policy-Matrix vom Benutzer fol-

gendermaßen besetzt werden:

```
C
C       Setzen Policy-, Strategie- und Plan-Matrix
C       ==========================================
        POL(1,1) = 15
        POL(1,2) =  1
        POL(1,3) =  2
```

* Die Höchstzahl der Fahrzeuge wird zu Beginn des Simulationslaufes durch die Angabe eines BLOC-Datensatzes geregelt.

Kreuzung:

Zunächst werden die Koordinaten für 4 Stützpunkte definiert:

```
KOOR;P;1; 2;3/
KOOR;P;2; 6;6/
KOOR;P;3;10;4/
KOOR;P;4; 6;1/
```

Anschließend erfolgt die Definition der Sectionen und der Blockstrecke.

```
SECT;1;P;1;P;3;L;1/
SECT;2;P;2;P;4;L;1/
BLOC;1;1/
```

In die Blockstrecke B1 darf nur ein einziges Fahrzeug einfahren. Somit wird der gesamte Kreuzungsbereich von höchstens einem Fahrzeug belegt.

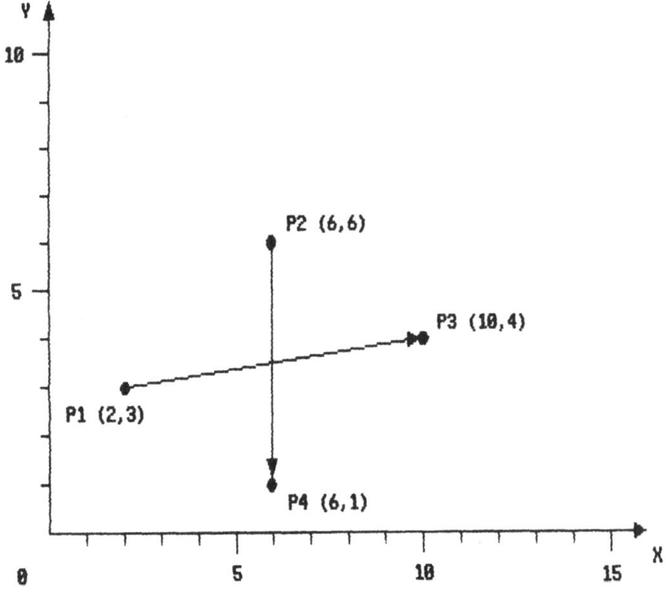

Bild 19: Aufbau einer Kreuzung mit einer Blockstrecke

* Weiche

Zunächst erfolgt die Definition der Koordinaten für 4 Stützpunkte und eine Verzweigung:

```
KOOR;P;1; 2;3/
KOOR;P;2; 6;6/
KOOR;P;3; 6;1/
KOOR;P;4;15;4/
KOOR;B;1;10;4/
```

Dann werden die Sectionen definiert:

```
SECT;1;P;4;B;1;L;1/
SECT;2;B;1;P;2;L;1/
SECT;3;B;1;P;3;L;1/
SECT;4;B;1;P;1;L;1/
BLOC;1;1/
```

Hierdurch wird eine Verzweigung mit 3 Ausgängen aufgebaut. Alle Sectionen, die zur Weiche gehören, werden als eine Blockstrecke mit der Blockstreckennummer 1 aufgefaßt.

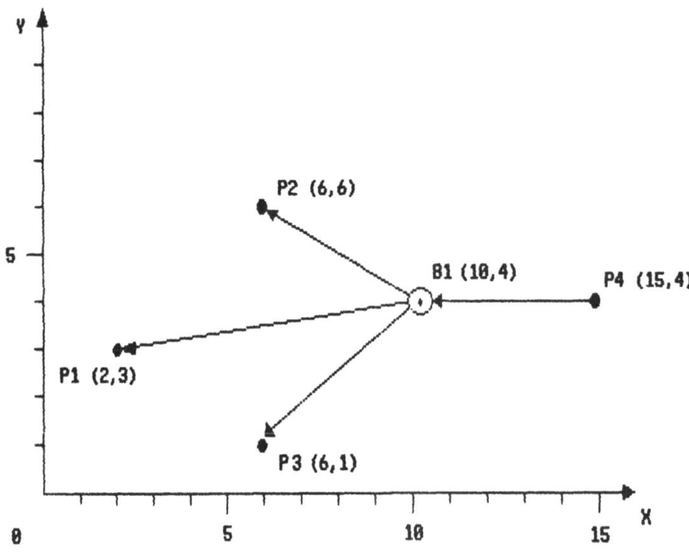

Bild 20: Aufbau einer Weiche mit einer Blockstrecke

Hinweise:

* In der anschaulichen Vorstellung besteht eine Blockstrecke aus einer Warteschlange, in der die Fahrzeuge stehen, bevor sie die Section betreten können.

Das Fahrzeug wird hierbei als ausdehnungslos angesehen. Es hat die vorherige Section bereits verlassen, die nachfolgende Section noch nicht betreten. Das Fahrzeug befindet sich in der Warteschlange vor der nachfolgenden Section.

* Mehrere Sectionen, die zu einer Blockstrecke gehören, besitzen eine Warteschlange. Aus dieser gemeinsamen Warteschlange wird jeweils ein Fahrzeug herausgenommen, das die Blockstrecke betreten darf. Dieses Fahrzeug durchfährt dann seine Section in der gewünschten Richtung.

* Ein Fahrzeug, das in einer Warteschlange vor einer als Blockstrecke gekennzeichneten Section steht, zählt für die Statistik als zur Section gehörig.

* Folgen zwei verschiedene Blockstrecken aufeinander, so wird die erste Blockstrecke erst dann frei gegeben, wenn das Fahrzeug die zweite Blockstrecke tatsächlich durchfährt. Die erste Blockstrecke bleibt blockiert, wenn das Fahrzeug an der zweiten Blockstrecke selbst blockiert wird.

* Durchfährt ein Fahrzeug vor Betreten eines Terminals eine Blockstrecke so wird die Blockstrecke erst frei gegeben, wenn das Fahrzeug das Terminal wieder verläßt.
  Wird im Terminal ein zeitverbrauchender Vorgang aufgerufen, so verlängert sich die Verweilzeit des Fahrzeuges in der Blockstrecke entsprechend.

3.2.2 Das Sperren einer Blockstrecke

Es besteht die Möglichkeit, eine Blockstrecke durch eine externe Steuerung zu sperren oder frei zu schalten. Hierzu dient das Unterprogramm SIGNAL.

Eine Blockstrecke kann für ein Fahrzeug aus zwei Gründen gesperrt sein.

1. Die Blockstrecke ist durch den Aufruf des Unterprogrammes SIGNAL gesperrt (siehe hierzu die Matrix BLOCVE im Kap. 3.2.1 "Datenbereiche für Blockstrecken").

2. Die Blockstrecke ist gesperrt, weil die zulässige Anzahl von Fahrzeugen erreicht ist.

Vor Betreten einer Blockstrecke prüft ein Fahrzeug beide Möglichkeiten.

Unterprogrammaufruf:

```
CALL SIGNAL (NBLOC,IFLAG,*9999)
```

Parameterliste:

NBLOC Nummer der Blockstrecke

IFLAG Kennzeichnung, ob die Blockstrecke gesperrt werden soll.
= 0 Sperren
= 1 Freigeben

*9999 Fehlerausgang

Hinweise:

* Fahrzeuge, die sich bei der Sperrung bereits innerhalb einer zu einer Blockstrecke gehörigen Section befinden, werden nicht blockiert. Sie können die Section noch ungehindert verlassen. Eine Ampel steht also bildlich am Beginn einer Blockstrecke.

* Das Unterprogramm SIGNAL kann von einer aktiven Fahrzeugtransaction aus geschaltet werden.
  Weiterhin ist es möglich, das Unterprogramm SIGNAL in einem Ereignis aufzurufen. Dieses Ereignis kann entweder zeitabhängig oder bedingt sein.
  Beispiel:
  Das Unterprogramm SIGNAL wird in festen Zeitintervallen aufgerufen.
  Das Unterprogramm SIGNAL wird aufgerufen, wenn im Modell eine bestimmte Bedingung erfüllt ist.

Bild 21 zeigt den Ablaufplan für das Unterprogramm SIGNAL.

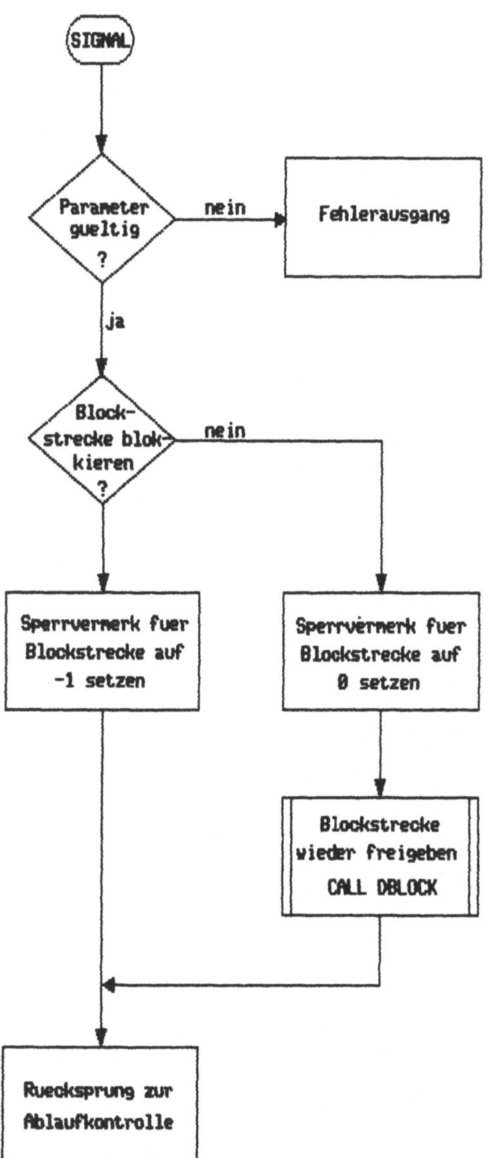

Bild 21: Der Ablaufplan für das Unterprogramm SIGNAL

3.3 Die Fahrzeugsteuerung

Die Fahrzeugsteuerung hat die Aufgabe, ein Fahrzeug von einem Startknoten zu einem Zielknoten zu führen. Hierzu wird im Unterprogramm GRIDE, das den Fahrvorgang anstößt, das Unterprogramm LOTSE aufgerufen.

Mit Hilfe eines Aufrufes von GRIDE können Fahrzeuge auch zwischen Knoten bewegt werden, die nicht benachbart sind und die durch ein Wegenetz mit alternativen Fahrtmöglichkeiten verbunden werden.

Das Unterprogramm LOTSE wird an jedem Knoten in GRIDE neu aufgerufen und liefert das nächste zu durchfahrende Segment zurück, sodaß vom gerade erreichten Knoten aus das Endziel in bester Weise erreicht werden kann.
Der beste Weg ist hierbei der, für den die Summe aller Gewichte der zu durchlaufenden Sectionen ein Minimum ist. Die Festlegung der Gewichte erfolgt durch den Benutzer mit Hilfe der Funktion GESGEW, die zu den Benutzerunterprogrammen gehört.

Um für das Fahrzeug von einem Knoten aus ein Segment bestimmen zu können, das in optimaler Weise zum Zielknoten führt, sind verschiedene Datenbereiche erforderlich. Sie werden durch das Unterprogramm ININET aufgrund der Eingabedatensätze besetzt.

3.3.1 Datenbereiche für das Unterprogramm LOTSE

Für den Segmentfindungsalgorithmus werden die Weglängenmatrix, die Richtungsmatrix und zwei Nachbarschaftsmatrizen benötigt.

Hinweise:

* KT1 und KT2 sind beliebige Knoten im Wegenetz. Als Knoten sind Terminals und Verzweigungen zulässig.

* Die Dimensionierung der Matrizen richtet sich nach der Anzahl der Terminals und der Verzweigungen. Die Dimensionierung der Nachbarschaftsmatrizen hängt weiterhin davon ab, wieviel Segmente von einer Verzweigung ausgehen bzw. auf sie zuführen können.
  Diese Angaben hängen von der aktuellen Dimensionierung des Simulators ab. Es gilt:
  "TER" Anzahl der Terminals
  "BRAN" Anzahl der Verzweigungen
  "FROM" Anzahl der Knoten, die von einem Knoten aus erreichbar sind.
  "TO" Anzahl der Knoten, die auf einen Knoten zuführen können.

* Zur Dimensionierung der Fluchtsymbolversion siehe Anhang A 1 "Dimensionierungsparameter".

Für die Gesamtanzahl der Knoten gilt:

Gesamtanzahl = "TER"+"BRAN" = "NODE"

Definition der Weglängenmatrix:

```
REAL      TOTLEN
DIMENSION TOTLEN("NODE","NODE")
```

TOTLEN(PKT1,PKT2) — Streckenlänge
Die Weglänge von PKT1 nach PKT2, wobei beide Punkte Knoten sind.

Die Definition der Richtungsmatrix:

```
INTEGER   DIRECT
DIMENSION DIRECT("NODE","NODE")
```

DIRECT(PKT1,PKT2) — Richtungsmatrix
Hier steht der Knoten, zu dem von PKT1 als nächstes gefahren werden muß, um zu PKT2 zu kommen.

Die Definition der Nachbarschaftsmatrizen:

```
INTEGER   FROMTO
DIMENSION FROMTO ("NODE","FROM",2)

INTEGER   TOFROM
DIMENSION TOFROM ("NODE","TO",2)
```

FROMTO(PKT1,i,1) — Der dem Knoten PKT1 benachbarte i-te Knoten, der von PKT1 erreicht werden kann.

FROMTO(PKT1,i,2) — Das Segment, das befahren werden muß, um von Knoten PKT1 zum Knoten FROMTO(PKT1,i,1) zu gelangen.

TOFROM(PKT1,i,1) — Der dem Knoten PKT1 benachbarte i-te Knoten, von dem aus der Knoten PKT1 erreicht werden kann.

TOFROM(PKT1,i,2) — Das Segment, das befahren werden muß, um vom Knoten TOFROM(PKT1,i,1) zum Knoten PKT1 zu gelangen.

3.3.2 Die Initialisierung des Wegenetzes mit Hilfe des Unterprogrammes ININET

Zur Initialisierung der Datenbereiche TOFROM und FROMTO und zur Ergänzung der Matrix SECTMA dient das Unterprogramm ININET. Es ermittelt die Längen der einzelnen Sectionen und das Gewicht eines Segmentes.

Weiterhin erledigt das Unterprogramm ININET die Konsistenzüberprüfung des Wegenetzes. Es werden folgende Forderungen überprüft:

- Die Routen, die nicht als Kurs deklariert sind, sind geschlossen, d.h. sie beginnen und enden am selben Terminal.

- Segmente beginnen und enden an Knoten.
- Terminals und Verzweigungen sind mit eins beginnend durchgängig numeriert.
- Zwischen zwei Terminals existiert nur ein Kurs.
- Das Wegenetz wird auf Sackgassenfreiheit überprüft.

Unterprogrammaufruf:

```
      CALL ININET (*9999)
```

Parameterliste:

*9999	Fehlerausgang Falls zuviele Nachbarschaftsknoten existieren, wird der Simulationslauf mit Fehler abgebrochen.

Hinweis:

* Falls als Fehler gemeldet wird, daß zuviele Nachbarschaftsknoten aufgetreten sind, müssen die Parameter "FROM" und "TO" neu dimensioniert werden.

3.3.3 Die Funktion GESGEW

Im Unterprogramm ININET wird jedem Segment ein Gewicht zugeteilt. Dieses Segmentgewicht ergibt sich aus der Summe der Gewichte der einzelnen Sectionen, aus denen ein Segment besteht.

Die Berechnung des Gewichtes einer Section erfolgt durch Aufruf der Funktion GESGEW. Die Funktion GESGEW ist dem Benutzer zugänglich. Er kann hier selbst das Gewicht einer Section bestimmen.

Für zwei Verfahren ist die Gewichtberechnung schon vorbesetzt. Weitere Verfahren kann der Benutzer selbst angeben und durch den Parameter NUMBER auswählen.

Definition:

```
  REAL FUNCTION GESGEW (NSECT)
```

Parameterliste:

NSECT	Nummer der Section, die gewichtet werden soll.

Die Funktion GESGEW hat die folgende Form:

```
C
C     Strategieauswahl
C     ================
      NUMBER = 1
C
      GOTO (1,2,3,4,5), NUMBER
```

```
C
C     Kürzester Weg
C     =============
1     GESGEW = (SECTMA(NSECT,3))
      GOTO 100
C
C     Schnellster Weg
C     ===============
2     GESGEW = (SECTMA(NSECT,3))/SECTMA(NSECT,5)
      GOTO 100
C
C     Benutzereigene Strategien
C     =========================
3     GESGEW = 0.
      GOTO 100
C
4     GESGEW = 0.
      GOTO 100
C
5     GESGEW = 0.
C
C
100   RETURN
      END
```

Die Strategie mit der Nummer 1 bestimmt das Gewicht nach der Länge der Section, die in dem Element SECTMA(NSECT,3) steht.
Die Strategie 2 berücksichtigt den Geschwindigkeitsfaktor. Auf diese Weise läßt sich das am schnellsten zu durchfahrende Segment errechnen.

Hinweise:

* Zur benutzereigenen Gewichtung kann die Markierung der Section dienen, die als benutzereigener Parameter der Section gedacht ist. Die Markierung befindet sich im Element SECTMA(NSECT,6).

* Bei der benutzereigenen Gewichtung ist zu beachten, daß vom Streckenfinderalgorithmus die Strecke mit minimalen Gewicht gesucht wird.

3.3.4 Das Unterprogramm INITAB

Nach der Gewichtung der Segmente wird in ININET anschließend das Unterprogramm INITAB aufgerufen, um die Matrizen TOTLEN und DIRECT zu initialisieren (siehe Kap. 3.3.1 "Die Datenbereiche für das Unterprogramm LOTSE").

Unterprogrammaufruf:

```
      CALL INITAB (ORIGIN,WEIGHT)
```

Parameterliste:

INTEGER ORIGIN — Bezugspunkt für die Berechnung
Von diesem Knoten aus werden sämtliche möglichen Verbindungen zu einem anderen Knoten aufgebaut. In die DIRECT-Matrix wird der Knoten eingetragen, den die Verbindung mit dem geringsten Gewicht als nächstes berührt, ihr Gewicht in die TOTLEN-Matrix.

INTEGER WEIGHT — Gewichtsvektor der Segmente
Dieser Vektor wird in ININET aufgebaut, und beinhaltet das Gewicht der einzelnen Segmente.

3.3.5 Das Unterprogramm LOTSE

Mit den obigen Tabellen kann nun sehr einfach ein Streckenfinderalgorithmus konstruiert werden. Es wird aus der DIRECT-Matrix der nächste zu befahrende Knoten genommen, der angesteuert werden muß, um die Verbindung mit dem geringsten Gewicht zu befahren. Die Segmentnummer des als nächstes zu befahrenden Segmentes erhält man aus der Matrix FROMTO.

Unterprogrammaufruf:

```
      CALL LOTSE (ISTART,ITARG,NSEG,*9999)
```

Parameterliste:

ISTART — Der Knoten, an dem sich ein Fahrzeug im Moment befindet.

ITARG — Der Knoten, den das Fahrzeug als Ziel ansteuert.

NSEG — Segmentnummer
Es wird die Nummer des Segmentes zurückgeliefert, welches ein Fahrzeug als nächstes befahren muß, um die Verbindung mit dem geringsten Gewicht zu durchqueren.

*9999 — Fehlerausgang
Falls keine Verbindung von FROM nach TO besteht, wird der Simulationslauf mit Fehler abgebrochen.

3.4 Der Statistikbereich

Zur Auswertung der Beanspruchung des Wegenetzes durch die Fahrzeuge wird durch den Simulator selbständig eine Belegungsstatistik erstellt. In diesem Datenfeld wird die Beanspruchung jedes Segmentes getrennt nach Taxis, Bussen und Transportern mitprotokolliert.

Aufgesammelt werden pro Segment die Anzahl der jeweiligen Fahrzeuge, die dieses Segment befahren haben, und die Zeit, die diese Fahrzeuge insgesamt in diesem Segment verbracht haben. Daraus läßt sich die durchschnittliche verbrachte Zeit pro Fahrzeug errechnen.

Definition:

REAL NETSTA ("SEGM",6)

NETSTA(SEGM,1) Zahl der Busse, die dieses Segment bisher befahren haben.

NETSTA(SEGM,2) Gesamtzeit, die Busse bis jetzt in diesem Segment verbracht haben.

NETSTA(SEGM,3) Zahl der Taxis, die dieses Segment bisher befahren haben.

NETSTA(SEGM,4) Gesamtzeit, die Taxis bis jetzt in diesem Segment verbracht haben.

NETSTA(SEGM,5) Zahl der Transporter, die dieses Segment bisher befahren haben.

NETSTA(SEGM,6) Gesamtzeit, die Transporter bisher in diesem Segment verbraucht haben.

Hinweise:

* Aus den Angaben in der Matrix NETSTA werden durch den Aufruf des Unterprogrammes REPRT9 die Mittelwerte berechnet und ausgedruckt.

* Die Segmentbelegungsstatistik kann Aufschlüsse über Engpässe im Wegenetz geben.

4 Transportmodelle

An Beispielen soll deutlich gemacht werden, wie schnell und bequem auch anspruchsvolle Transportmodelle mit GPSS-FORTRAN Version 3 aufgebaut werden können.

4.1 Das Modell Produktionsanlage

Das Modell Produktionsanlage soll die charakteristische Vorgehensweise zeigen. Es existiert zunächst in 6 Versionen. Jede Version soll unterschiedliche Verfahren demonstrieren.

Modell Produktionsanlage I	Die Verbindung zwischen Auftragsmodell und Transportmodell. Der Taxibetrieb
Modell Produktionsanlage II	Das Anfahr- und Bremsverhalten
Modell Produktionsanlage III	Der Busbetrieb
Modell Produktionsanlage IV	Förderbänder
Modell Produktionsanlage V	Verzweigungen mit individuellen Bedingungen
Modell Produktionsanlage VI	Die Behandlung von Transportwünschen bei allgemeinem Fahrzeugbetrieb

4.1.1 Die Verbindung zwischen Auftragsmodell und Transportmodell

Das Auftragsmodell definiert die Bearbeitungsreihenfolge der Aufträge. Im Transportmodell wird das Wegenetz und die Fahrzeugsteuerung beschrieben. Das Beispielmodell Produktionsanlage I zeigt, wie die beiden Komponenten zusammenwirken.

Die Produktionsanlage besteht zunächst aus einer Quelle, die zufallsverteilt Werkstücke ins Modell bringt. Die Zwischenankunftszeiten sind exponential verteilt mit einem Mittelwert von 20.0 ZE.

Von der Quelle gelangen die Werkstücke zu einem Pufferbereich, wo sie von einem schienengebundenen Fahrzeug aufgenommen werden sollen.
Der Transport erfolgt bis zum Ablagebereich der ersten Bearbeitungsstation.

Die Bearbeitung dauert 12.0 ZE und folgt der Gaußverteilung. Anschließend gelangt das Werkstück zurück zum Ausgangspuffer. Hier wird es vom Transportfahrzeug zu einer weiteren Bearbeitungsstation gebracht. Die Bearbeitung dauert an dieser Stelle 11.5 ZE (gaußverteilt).

Nach der zweiten Bearbeitung wird das Werkstück vom Transport fahrzeug zur Senke befördert.
Die Ein- bzw. Ausgangspuffer für die Quelle, die beiden Bearbeitungsstationen und die Senke liegen jeweils 20 LE auseinander.
Das Transportsystem besteht aus einem schienengebundenen Fahrzeug, das von der dispositiven Steuerung, den eingegangenen Transportwünschen entsprechend, zu den jeweiligen Ein- oder Ausgangspuffern geleitet wird. Die Geschwindigkeit des Fahrzeuges beträgt 8 LE/ZE.
Der Weg von der Quelle, der Senke und den beiden Bearbeitungsstationen zu den Ablageplätzen soll 15.0 Zeiteinheiten in Anspruch nehmen.

Das Modell Produktionsanlage I hat ein Aussehen, das Bild 22 zeigt.

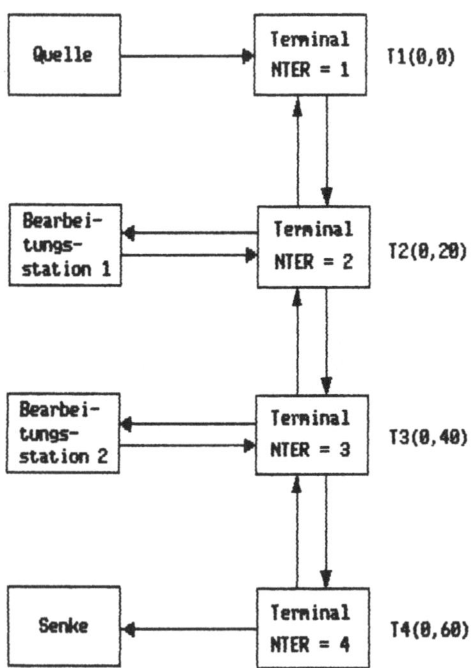

Bild 22: Das Modell Produktionsanlage I

Das Verhalten der Werkstücke wird im Unterprogramm ACTIV beschrieben.

```
C
C      Erzeugen der Transaction
C      ========================
1      CALL  ERLANG (20.,1,0.7,100.,1,RAND1,*9999)
       CALL  GENERA (RAND1,1.,*9999)
C
C      Weg zum Terminal
C      ================
       CALL ADVANC (15.0,2,*9000)
C
C      Betreten des Terminals NTER1
C      ============================
2      CALL  GETIN (1,2,3,2,1,3,*9000,*9999)
C
C      Verlassen des Terminals NTER2
C      =============================
3      CALL  GETOUT
C
C      Weg zur Bearbeitungsstation
C      ===========================
       CALL ADVANC (15.0,4,*9000)
C
C      Bearbeitungsstation 1
C      =====================
4      CALL  ARRIVE (1,1)
5      CALL  SEIZE  (1,5,*9000)
       CALL  DEPART (1,1,0.,*9999)
       CALL  GAUSS  (12.0,3.,8.,16.,2,RAND2)
       CALL  WORK   (1,RAND2,0,6,*9000,*9999)
6      CALL  CLEAR  (1,*9000,*9999)
C
C      Weg zum Terminal
C      ================
       CALL ADVANC (15.0,7,*9000)
C
C      Betreten des Terminals NTER2
C      ============================
7      CALL  GETIN  (2,3,8,2,1,3,*9000,*9999)
C
C      Verlassen des Terminals NTER3
C      =============================
8      CALL  GETOUT
C
C      Weg zur Bearbeitungsstation
C      ===========================
       CALL ADVANC (15.0,9,*9000)
```

```
C
C     Bearbeitungsstation 2
C     =====================
9     CALL  ARRIVE (2,1)
10    CALL  SEIZE  (2,10,*9000)
      CALL  DEPART (2,1,0.,*9999)
      CALL  GAUSS  (11.5,3.,8.,15.,3,RAND3)
      CALL  WORK   (2, RAND3,0,11,*9000,*9999)
11    CALL  CLEAR  (2,*9000,*9999)
C
C     Weg zum Terminal
C     ================
      CALL ADVANC (15.0,12,*9000)
C
C     Betreten des Terminals NTER3
C     ============================
12    CALL  GETIN  (3,4,13,2,1,3,*9000,*9999)
C
C     Verlassen des Terminals NTER4
C     =============================
13    CALL  GETOUT
C
C     Weg zur Senke
C     =============
      CALL ADVANC (15.0,14,*9000)
C
C     Vernichten der Transaction
C     ==========================
14    CALL  TERMIN (*9000)
```

Nach der Erzeugung begibt sich die Transaction zum Terminal NTER=1, teilt dort der dispositiven Steuerung den Transportwunsch mit und reiht sich in die Warteschlange ein. Das geschieht durch den Unterprogrammaufruf

```
CALL GETIN
```

Sobald ein Fahrzeug im Transportteil am Terminal NTER = 1 erscheint und die Transaction aufnimmt, ist die Transaction im Auftragsteil verschwunden. Sie reist als Passagier in einem Fahrzeug. Das heißt, daß sie sich im Zustand "fahrend" befindet.

Wenn das Fahrzeug im Transportteil das Terminal NTER = 2 erreicht hat, wird die Transaction entladen und erscheint im Auftragsteil, indem sie das Unterprogramm GETOUT aufruft und von da an ihren Weg im Unterprogramm ACTIV fortsetzt, bis sie erneut auf ein Terminal trifft.

Die ausführliche Erklärung der Parameterliste des Unterprogrammes GETIN entnimmt man Kap. 2.2.1. "Die Unterprogramme GETIN und GETOUT". Anzumerken ist, daß für das vorliegende Modell nur ein Fahrzeug existiert und daher eine Strategie für die Auswahl des Fahrzeuges nicht erforderlich ist. Der Parameter NSTRAT kann jeden beliebigen Wert annehmen.
Die Beschreibung des Transportmodells gestaltet sich sehr einfach. Die 3 Bedingungen für den Taxibetrieb sind erfüllt.

1) Es kommen immer nur Terminals mit Be- und Entladefunktion vor.

2) Es gibt keine Verzweigungen, die eine Strategie zur Fahrzeugsteuerung erforderlich machen.

3) Die Aufträge melden einen Transportwunsch bei der dispositiven Steuerung.

Das bedeutet, daß sich die eine Transaction, die als Fahrzeug das Taxi spielt, im Unterprogramm ACTIVT bewegt.
In diesem Fall muß der Anwender zunächst nur die Parameterliste des Unterprogrammaufrufs

```
CALL TGEN
```

besetzen.

Die Beschreibung der Parameterliste entnimmt man Kap. 2.3.2 "Der Taxibetrieb".
Für den vorliegenden Fall hat sie die folgende Form:

```
CALL TGEN (0.,1.,1,8.0,1,0,1,*9999)
```

Außer der Festlegung der Parameterliste für TGEN hat der Anwender im Unterprogramm ACTIVT nichts zu tun. Aufgrund des Sonderfalls Taxibetrieb sind alle erforderlichen Anweisungen bereits eingetragen.

Im Unterprogrammaufruf TGEN ist die Strategie anzugeben, nach der die dispositive Steuerung für das frei gewordene Taxi nach einem Auftrag sucht. Im vorliegenden Fall gilt:

```
NSTRAT = 1
```

Das bedeutet, daß nach dem ältesten Auftrag gesucht wird.

Nach der Beschreibung des Auftrags- und Transportmodells muß der Start der Source zur Erzeugung der Aufträge und zur Erzeugung des einen Fahrzeuges erfolgen.
Der Source-Start wird im Rahmen im Abschnitt 5 "Source-Start" vorgenommen. An dieser Stelle sind die folgenden beiden Anweisungen einzutragen:

```
CALL  START  (1,0.,1,*9999)
CALL  TSTART (2,0.,1,2,*9999)
```

Es ist anzumerken, daß die Sources für die Erzeugung von Transactionen im allgemeinen zuständig sind. Die Zuweisung, ob eine Transaction ein Auftrag oder ein Fahrzeug ist, ist für die Source nicht bedeutsam. Daher müssen für die Aufträge und für das Fahrzeug zwei Sources mit der Nummer NSC = 1 und NSC = 2 angegeben werden.

Für die Source NSC = 2, die das Fahrzeug erzeugen soll, muß die Anzahl der zu erzeugenden Transactionen mit 1 angegeben werden. Das geschieht im Rahmen im Abschnitt 4 "Setzen Source-Matrix" durch die Anweisung:

```
SOURCL (2,3) = 1.
```

Die Beschreibung des Wegenetzes erfolgt durch Eingabedatensätze. Die Beschreibung findet man in Kap. 3.1.4. "Die Eingabedatensätze für das Transportmodell".

Die Datensätze für das Modell Produktionsanlage I auf der Datei DATAIN hat damit die folgende Form:

```
TEXT; PRODUCTION PLANT I/
VARI; TEND; 20 000/
VARI; ICONT; 0/
KOOR; T; 1; 0; 0/
KOOR; T; 2; 0; 20/
KOOR; T; 3; 0; 40/
KOOR; T; 4; 0; 60/
SECT; 1; T; 1; T; 2; L; 0; 1; 0/
SECT; 2; T; 2; T; 3; L; 0; 1; 0/
SECT; 3; T; 3; T; 4; L; 0; 1; 0/
SECT; 4; T; 4; T; 3; L; 0; 1; 0/
SECT; 5; T; 3; T; 2; L; 0; 1; 0/
SECT; 6; T; 2; T; 1; L; 0; 1; 0/
SEGM; 1; 1/
SEGM; 2; 2/
SEGM; 3; 3/
SEGM; 4; 4/
SEGM; 5; 5/
SEGM; 6; 6/
END/
```

Hinweise:

* Im vorliegenden, sehr einfachen Fall besteht ein Segment nur aus einer Section.

* Es ist zu beachten, daß Sectionen nur den Verbindungsweg zwischen zwei Knoten oder Stützpunkte in einer Richtung darstellen. Für den Hin- und Rückweg müssen daher zwei Sectionen vereinbart werden.

* Die KOOR-Datensätze können auch fortlaufend geschrieben werden. Aus Gründen der Übersichtlichkeit empfiehlt sich jedoch ein gesonderter Datensatz für jede Information.

Um das Modell Produktionsanlage I aufzubauen, sind die folgenden Schritte durchzuführen:

1. Beschreibung des Auftragsmodells im Unterprogramm ACTIV.

2. Besetzen der Parameterliste des Unterprogramms TGEN im Unterprogramm ACTIVT.

3. Starten der Sources für die Aufträge und für das Fahrzeug im Rahmen.

4. Festlegen der Anzahl der zu erzeugenden Transactionen für die Source, die das Fahrzeug generiert.

5. Festlegen der Eingabedatensätze.

Um das Verhalten des Modells Produktionsanlage I statistisch auswerten zu können, werden zwei Bins eingesetzt, die die beiden Warteschlangen vor den Bedienstationen überwachen.
Die statistischen Angaben über das Fahrzeugverhalten und die Segmentbelegung werden selbständig vom Simulator GPSS-FORTRAN Version 3 ermittelt.

Durch den Aufruf der Unterprogramme REPRT4 und REPRT9 werden die statistischen Werte auf die Datei DATAOUT gedruckt. Die Unterprogrammaufrufe

```
CALL REPRT4
CALL REPRT9
```

sollten daher im Rahmen in den Abschnitt 8 "Ausgabe der Ergebnisse" aufgenommen werden.

Im folgenden sind die Ergebnisse dargestellt, wie sie sich nach einer Simulationsdauer von 20 000 ZE ergeben haben.

bin array
=========

nbn	qty	max	sumin	sumout	arrive	depart	totalwt	last
1	1	4	1002	1001	1002	1001	4606.	.2000E+05
2	0	3	999	999	999	999	2485.	.2000E+05

binsta array
============

nbn	duration time	num. of token	conf.int. per cent	displacem. per cent	end of settling phase
1	4.599	.2311	32.68	7.779	6640.
2	2.488	.1240	14.50	.9611E-04	80.00

blocked transactions
====================

queue:

terminal nr.	average length	average time in queue
1	.8057	16.05
2	.7055	14.12
3	.6432	12.92
4	.0	.0

parking vehicles
================

queue:

terminal nr.	average length	average time in queue
1	.7500E-03	15.00
2	.2352E-01	4.849
3	.5676E-01	5.114
4	.7618E-01	5.793

vehicle statistics :

vehicle index	empty time	occupied time	parking time	blocked time	require-ments	number transp.
1	9365.	7493.	3144.	.0	2997.	2997.

vehicle index	mean loading	mean loading (%)	unloaded journey	loaded journey	loading time
1	.3746	37.46	.7492E+05	.5994E+05	.0

segment loading :

segm. ind.	weight	number of bus.	mean number	number of tax.	mean number	number of car.	mean number	total number	mean number
1	20.00	0	.0	1003	.1254	0	.0	1003	.1254
2	20.00	0	.0	1374	.1718	0	.0	1374	.1718
3	20.00	0	.0	995	.1244	0	.0	995	.1244
4	20.00	0	.0	995	.1244	0	.0	995	.1244
5	20.00	0	.0	1374	.1718	0	.0	1374	.1718
6	20.00	0	.0	1002	.1252	0	.0	1002	.1252

Die nachfolgenden Übungen sollen zu einem besseren Verständnis für den Modellaufbau verhelfen.

* Übung 1:

Der Modellablauf soll für 500 ZE protokolliert werden.

Hinweis:

* Die Variablen IPRINT und TEND werden durch jeweils einen Eingabedatensatz modifiziert.
  VARI; IPRINT; 1/
  VARI; TEND; 500/

* Übung 2:

Es sollen doppelt soviel Aufträge erzeugt werden.
Um das Transportmodell nicht zum Engpaß werden zu lassen, soll das Fahrzeug eine Kapazität von 2 Werkstücken haben. Weiterhin müssen die Bearbeitungszeiten der beiden Facilities auf die Hälfte gekürzt werden, damit diese nicht zum Engpaß werden.

Hinweis:

* Es sind die Parameterlisten der beiden Unterprogramme ERLANG und TGEN entsprechend zu ändern.

* Ebenso sind die Parameterlisten der Unterprogramme GAUSS zu ändern.

* Übung 3:

Der Be- und Entladevorgang soll selbst jeweils 0.1 ZE in Anspruch nehmen.

Hinweis:

* Im Unterprogramm ACTIVT ist in den Unterprogrammaufrufen
```
      CALL TOUT
      CALL TLOAD
```
  der Parameter TIME mit TIME = 0.1 zu besetzen.

* Übung 4:

Einem frei gewordenen Fahrzeug soll der nächste Auftrag nach der Strategie 3 (räumlich nächster Auftrag) und nach der Strategie 4 (räumlich weitester Auftrag) zugewiesen werden. Die Ergebnisse sind zu vergleichen.

Hinweis:

* Der Parameter NSTRAT im Unterprogrammaufruf von TGEN ist anzupassen.

* Bei der Strategie 4 (räumlich weitester Auftrag) wird kein eingeschwungener Zustand erreicht.

4.1.2 Das Anfahr- und Bremsverhalten

Das Modell Produktionsanlage I soll etwas verfeinert werden, um weitere Möglichkeiten des Transportmodells zeigen zu können. Das verfeinerte Modell Produktionsanlage II berücksichtigt die Möglichkeit, daß das Fahrzeug beim Anfahren und Anhalten einen Geschwindigkeitswechsel erleidet. Es soll das zeitliche Verhalten beim Anfahren und Bremsen berücksichtigt werden.

Als Modellannahme soll gelten, daß das Fahrzeug 1 LE benötigt, um von der Anfangsgeschwindigkeit auf die Endgeschwindigkeit zu kommen.

Die vorliegende Aufgabe verlangt, daß die Strecke zwischen zwei Terminals in drei Teile zerlegt wird.

Teil 1: Reduzierte Geschwindigkeit aufgrund des Anfahrens
Teil 2: Volle Geschwindigkeit
Teil 3: Reduzierte Geschwindigkeit aufgrund des Bremsverhaltens

Es müssen dazu für jedes Segment zwei zusätzliche Stützpunkte mit Koordinaten versehen werden.

```
KOOR; P; 1; 0; 1/
KOOR; P; 2; 0; 19/
KOOR; P; 3; 0; 21/
KOOR; P; 4; 0; 39/
KOOR; P; 5; 0; 41/
KOOR; P; 6; 0; 59/
```

Damit ergeben sich neue Sectionen. In den Sectionen, in denen der Anfahr- und Anhaltevorgang abläuft, wird mit modifizierter Geschwindigkeit gefahren.

```
SECT; 1; T; 1; P; 1; L; 0; 0.5; 0/
SECT; 2; P; 1; P; 2; L; 0; 1; 0/
SECT; 3; P; 2; T; 2; L; 0; 0.5; 0/
SECT; 4; T; 2; P; 3; L; 0; 0.5; 0/
SECT; 5; P; 3; P; 4; L; 0; 1; 0/
SECT; 6; P; 4; T; 3; L; 0; 0.5; 0/
SECT; 7; T; 3; P; 5; L; 0; 0.5; 0/
SECT; 8; P; 5; P; 6; L; 0; 1; 0/
SECT; 9; P; 6; T; 4; L; 0; 0.5; 0/
```

Bedauerlicherweise ist die Definition der Sectionen auch für den umgekehrten Weg erforderlich. Hierdurch ergeben sich weitere 9 Datensätze für die Sectionen 10 bis 18.
Die 6 Segmente müssen jetzt aus den einzelnen Sectionen zusammengesetzt werden.

```
SEGM; 1; 1; 2; 3/
SEGM; 2; 4; 5; 6/
SEGM; 3; 7; 8; 9/
```

Und für die gegensätzliche Fahrtrichtung:

```
SEGM; 4; 10; 11; 12/
SEGM; 5; 13; 14; 15/
SEGM; 6; 16; 17; 18/
```

Die Erweiterungen, die erforderlich sind, um das Modell Produktionsanlage II aufzubauen, beziehen sich ausschließlich auf die Modifikation der Eingabedatensätze. Eine Änderung am Modell selbst ist nicht erforderlich.

Die statistische Auswertung der Ergebnisse für die Segmentauslastung und das Fahrzeugverhalten erhält man durch das Unterprogramm REPRT9.
Man sieht im Vergleich zu den Ergebnissen des Modells Produktionsanlage I die geringfügig erhöhten Fahrzeiten.

bin array
=========

nbn	qty	max	sumin	sumout	arrive	depart	totalwt	last
1	1	5	1001	1000	1001	1000	4065.	.2000E+05
2	0	2	997	997	997	997	2088.	.2000E+05

binsta array
============

nbn	duration time	num. of token	conf.int. per cent	displacem. per cent	end of set-tling phase
1	4.063	.2037	21.94	-4.599	.1088E+05
2	2.094	.1045	14.02	.0	80.00

blocked transactions
====================

queue:

terminal nr.	average length	average time in queue
1	1.852	36.91
2	1.770	35.45
3	1.690	34.00
4	.0	.0

parking vehicles
================

queue:

terminal nr.	average length	average time in queue
1	.7500E-03	15.00
2	.1321E-01	6.444
3	.2688E-01	5.543
4	.2951E-01	5.132

vehicle statistics :

vehicle index	empty time	occupied time	parking time	blocked time	require-ments	number transp.
1	.1036E+05	8234.	1407.	.0	2994.	2994.

vehicle index	mean loading	mean loading (%)	unloaded journey	loaded journey	loading time
1	.4117	41.17	.7534E+05	.5988E+05	.0

segment loading :

segm. ind.	weight	number of bus.	mean number	number of tax.	mean number	number of car.	mean number	total number	mean number
1	20.00	0	.0	1002	.1378	0	.0	1002	.1378
2	20.00	0	.0	1385	.1904	0	.0	1385	.1904
3	20.00	0	.0	994	.1367	0	.0	994	.1367
4	20.00	0	.0	994	.1367	0	.0	994	.1367
5	20.00	0	.0	1385	.1904	0	.0	1385	.1904
6	20.00	0	.0	1002	.1377	0	.0	1002	.1377

* Übung 1:

Die Station 2 liegt tiefer als die Station 1 und 3. Der Anstieg bzw. Abfall führt zu einer Steigung bzw. Reduktion der Fahrzeuggeschwindigkeit um den Faktor 1.4 bzw. 0.6.

Hinweis:

* In den Sectionsdatensätzen sind die Geschwindigkeitsfaktoren entsprechend zu modifizieren.

4.1.3 Der Busbetrieb

Das Modell Produktionsanlage I (siehe Kap. 4.1.1 "Die Verbindung zwischen Auftragsmodell und Transportmodell") beinhaltet ein Transportmodell, das sich dadurch auszeichnet, daß das Fahrzeug den jeweiligen Transportwünschen entsprechend von der dispositiven Steuerung von Terminal zu Terminal geschickt werden kann. Es handelt sich demgemäß um Taxibetrieb.

Das Modell Produktionsanlage III kommt ohne dispositive Steuerung aus. Das Fahrzeug bewegt sich, z.B. schienengebunden, auf einem Ring, an dem die Terminals liegen. Jedes Terminal wird angefahren. Falls die Kapazität des Fahrzeuges ausreicht, wird ein Transportauftrag übernommen und ausgeführt. Ist ein Terminal Zielpunkt eines Transportauftrages, so wird das Werkstück entladen.
Die verminderte Ladung des Fahrzeuges ermöglicht die Übernahme eines neuen Transportauftrages.

Die Werkstücke selbst werden an den Terminals angeliefert und erwarten dort das Fahrzeug. Es wird kein Transportwunsch weitergegeben. Vielmehr wird gewartet, bis ein Fahrzeug vorbeikommt und über ausreichend freien Platz für den Transport verfügt.
Es liegen die Voraussetzungen für den Busbetrieb vor.

Das Auftragsmodell muß geringfügig modifiziert werden. In der Parameterliste des Unterprogrammaufrufes

```
CALL GETIN (NTER, ITARG, IDN, ITYPE, IORDR, NSTRAT, *9000, *9999)
```

ist

```
IORDR  = 0
ITYPE  = 1
NSTRAT = 0
```

zu setzen. Das bedeutet, daß kein Transportwunsch an die dispositive Steuerung abgesetzt wird, sondern das Werkstück auf das Vorbeikommen des Fahrzeugs wartet.

Zunächst soll 1 Fahrzeug mit der Kapazität von 2 Ladeplätzen existieren. Die Fahrgeschwindigkeit betrage 5 LE/ZE.

Durch die Anweisung

```
      CALL TSTART (2,0.,1,1,*9999)
```

wird ein Source-Start für eine Quelle angemeldet, die einen Bus erzeugen soll. Das bedeutet, daß mit dem Unterprogramm ACTIVB gearbeitet wird, in dem das Transportmodell für den Busbetrieb realisiert ist.

Im Unterprogramm ACTIVB hat der Benutzer die Parameterliste für das Unterprogramm BGEN wie folgt zu besetzen:

```
      CALL BGEN (0.,1.,2,5.,1,*9999)
```

Die Parameterliste hat die folgende Bedeutung:

```
ET    = 0.   Da nur 1 Bus erzeugt wird, ist die Zwischenankunfts-
             zeit belanglos
PR    = 1.   Die Priorität ist ohne Bedeutung
KAP = 2      Das Fahrzeug hat eine Kapazität von 2 Ladeplätzen
VEL = 5.     Die Geschwindigkeit beträgt 5 LE/ZE
NROUT = 1    Der Bus fährt auf der Route Nummer 1
*9999        Fehlerausgang
```

Weitere Modifikationen sind nicht vorzunehmen.

Hinweis:

* Wie im Modell Produktionsanlage I muß im Rahmen die Anzahl der zu erzeugenden Fahrzeuge durch die Anweisung
  SOURCL (2,3) = 1.
  festgelegt werden.

Die Beschreibung des Wegenetzes erfolgt über Eingabedaten. Die Datensätze für das Modell Produktionsanlage III haben die folgende Form:

```
TEXT; PRODUCTION PLANT III
VARI; TEND; 20 000/
VARI; ICONT; 0/
KOOR; T; 1; 0; 60/
KOOR; T; 2; 0; 40/
KOOR; T; 3; 0; 20/
KOOR; T; 4; 0; 0/
KOOR; P; 1; 10; 0/
KOOR; P; 2; 10; 60/
SECT; 1; T; 1; T; 2; L; 0; 1; 0/
SECT; 2; T; 2; T; 3; L; 0; 1; 0/
SECT; 3; T; 3; T; 4; L; 0; 1; 0/
SECT; 4; T; 4; P; 1; L; 0; 0.64; 0/
SECT; 5; P; 1; P; 2; L; 0; 1; 0/
SECT; 6; P; 2; T; 1; L; 0; 0.64; 0/
SEGM; 1; 1/
SEGM; 2; 2/
SEGM; 3; 3/
SEGM; 4; 4; 5; 6/
ROUT; 1; 1; 2; 3; 4/
END/
```

Es handelt sich bei dem Wegenetz um einen Ring, der nur in einer Richtung befahren wird.

Die Rückführung erfolgt auf einem Streckenstück, das parallel zu der Strecke liegt, an der sich die Terminals befinden. Der Abstand der beiden parallelen Strecken betrage 10 LE. (Siehe Bild 23)

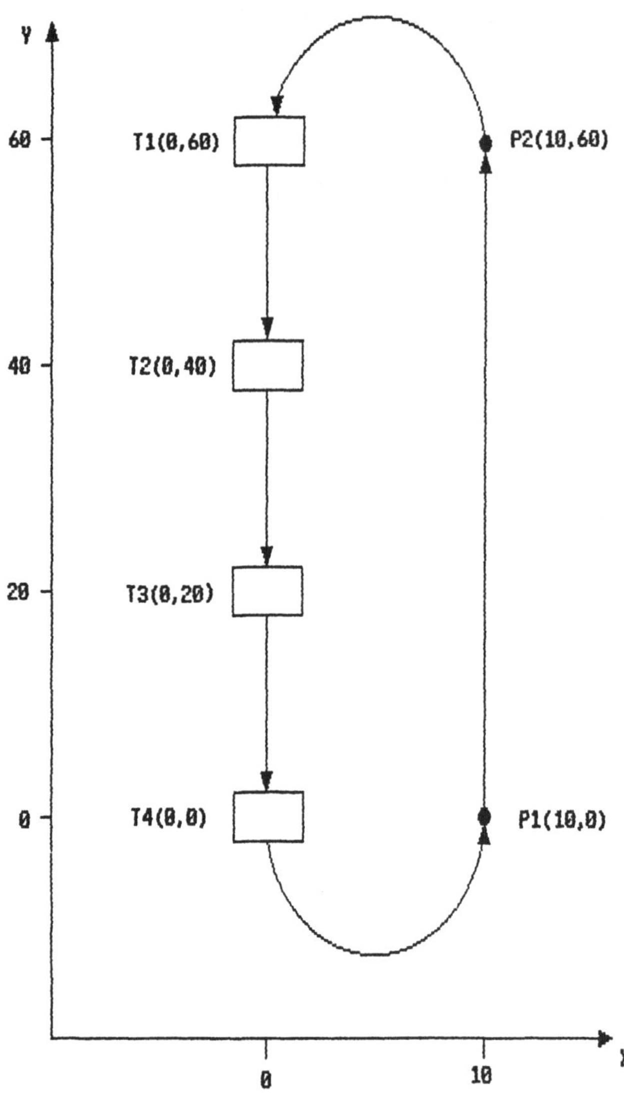
Y
60
40
20
0
T1(0,60)
T2(0,40)
T3(0,20)
T4(0,0)
P2(10,60)
P1(10,0)
0
10
X

Die Section 4, die von T4 nach P1 führt und die Section 6, die P2 mit T1 verbindet, sollen Halbkreise sein. In der vorliegenden Form wird die Strecke als Gerade von Knoten T4 zum Stützpunkt P1 angenommen.
Dieser Fehler in der Entfernung muß über die Reduktion in der Geschwindigkeit angeglichen werden (Siehe den Datensatz für die Section 4). Analog ist die Section 6 zu behandeln.

Im Vergleich zum Modell Produktionsanlage I sind für das Modell Produktionsanlage III die folgenden Modifikationen erforderlich:

1.) Im Unterprogramm ACTIV, das das Auftragsmodell beschreibt, ist in der Parameterliste des Unterprogrammes GETIN ein Bus anzufordern.

2.) Im Unterprogramm ACTIVB, in dem der Busverkehr abgewickelt wird, ist die Parameterliste des Unterprogramms BGEN zu besetzen.

3.) Beim Anmelden des Source-Starts für Fahrzeuge im Rahmen, ist im Unterprogramm TSTART der Start für eine Quelle anzugeben, die einen Bus erzeugen soll.

4.) Festlegen der Eingabedatensätze

Die statistische Auswertung des Modells Produktionsanlage III erfolgt in der gleichen Weise wie für die Produktionsanlage I. Im folgenden werden die Ergebnisse dargestellt, wie sie sich nach einer Simulationsdauer von 20 000 ZE ergeben.

bin array
=========

nbn	qty	max	sumin	sumout	arrive	depart	totalwt	last
1	0	2	1001	1001	1001	1001	4985.	.2000E+05
2	1	1	997	996	997	996	4665.	.2000E+05

binsta array
============

nbn	duration time	num. of token	conf.int. per cent	displacem. per cent	end of set-tling phase
1	4.980	.2502	7.176	2.295	160.0
2	4.682	.2345	6.575	3.389	480.0

blocked transactions
====================

queue:

terminal nr.	average length	average time in queue
1	1.522	30.32
2	.6979	13.97
3	.7119	14.33
4	.0	.0

parking vehicles
================

queue:

terminal nr.	average length	average time in queue
1	.0	.0
2	.0	.0
3	.0	.0
4	.0	.0

vehicle statistics :

vehicle index	empty time	occupied time	parking time	blocked time	require-ments	number transp.
1	.1295E+05	7052.	.0	.0	2995.	2995.

vehicle index	mean loading	mean loading (%)	unloaded journey	loaded journey	loading time
1	.5989	29.95	.5732E+05	.3526E+05	.0

segment loading :

segm. ind.	weight	number of bus.	mean number	number of tax.	mean number	number of car.	mean number	total number	mean number
1	20.00	662	.1324	0	.0	0	.0	662	.1324
2	20.00	662	.1324	0	.0	0	.0	662	.1324
3	20.00	661	.1322	0	.0	0	.0	661	.1322
4	80.00	661	.6032	0	.0	0	.0	661	.6032

* Übung 1:

Der Modellablauf soll für 500 ZE protokolliert werden.

Hinweis:

* Die Variablen IPRINT und TEND werden durch jeweils einen Datensatz modifiziert:
  VARI; IPRINT; 1/
  VARI; TEND; 500/

* Übung 2:

Es sollen doppelt soviel Aufträge erzeugt werden. Um das Transportmodell nicht zum Engpaß werden zu lassen, sollen 2 Fahrzeuge verkehren. Das zweite Fahrzeug soll einen zeitlichen Abstand von 40.0 ZE zum ersten Fahrzeug haben.

Hinweise:

* Die Kapazität der Source für die Erzeugung der Fahrzeuge ist durch die folgende Anweisung zu ändern:
    SOURCL (2,3) = 2.
  Weiterhin sind die Parameterlisten für die Unterprogramme ERLANG im Unterprogramm ACTIV und BGEN im Unterprogramm ACTIVB zu modifizieren.

* Weiterhin sind die Bearbeitungszeiten der beiden Facilities zu halbieren, da sonst diese zum Engpaß werden.

4.1.4 Förderbänder

Im Modell Produktionsanlage IV soll gezeigt werden, wie Förderbänder eingesetzt werden können.

Im Modell Produktionsanlage I war der Transport zwischen Quelle, Bearbeitungsstationen und Senke ein einfacher zeitverbrauchender Vorgang.

Im Modell Produktionsanlage IV soll die Entfernung zwischen den Stationen und den Terminals auf 30 LE festgelegt werden. Zwischen den Stationen und den Terminals verkehren Förderbänder mit einer Geschwindigkeit von 2 LE/ZE. Die Länge eines Förderabschnittes, der von einem Werkstück belegt werden kann, betrage 1 LE.

Hinweis:

* Aus den Angaben folgt, daß der zeitliche Abstand zwischen zwei Werkstücken 0.5 ZE beträgt.

Die Nachbildung der Förderbänder erfolgt im Modell ACTIV, indem vor dem Unterprogrammaufruf

```
      CALL ADVANC (AT, IDN, *9000)
```

der Unterprogrammaufruf für die Rasterstation

```
      CALL RASTER (NRAS, DRT, RSTART, IDN, *9000)
```

gesetzt wird.

Um die Auslastung der einzelnen Förderbänder angeben zu können, werden die Förderbänder durch Bins überwacht. Es wird ein Token in die Bin geworfen, bevor die Raster-Station betreten wird. Das Token wird entfernt, nachdem der zeitverbrauchende Transportvorgang abgeschlossen ist. Das bedeutet, daß die mittlere Verweilzeit und die mittlere Anzahl der Werkstücke in der Station (Warteschlange + Förderband) bestimmt werden.

Die Modellierung des Förderbandes von der Quelle zum Terminal NTER = 1 hat damit die folgende Form:

```
C
C     TRANSPORT ZUM TERMINAL NTER = 1
C     ===============================
      CALL ARRIVE (3,1)
      CALL RASTER (1,0.5,0.,2,*9000)
2     CALL ADVANC (15.,3,*9000)
3     CALL DEPART (3,1,0.,*9999)
```

Die Parameterliste des Unterprogrammes RASTER hat die folgende Form:

NRAS = 1 Es handelt sich um das Förderband mit der Nummer 1.

DRT = 0.5 Die zeitlichen Abstände, mit der die Werkstücke die Rasterstation verlassen, betragen 0.5 ZE. Werkstücke, die in einem kürzeren Abstand aufeinander folgen, werden in die Warteschlange vor der Rasterstation eingereiht.

RSTART = 0. Das Förderband besteht aus Förderkörben, die einen festen Abstand haben. Ein neues Werkstück muß bei seiner Ankunft warten, bis wieder ein leerer Förderkorb an der Beladestelle erscheint.

IDN = 2 Die Anweisungsnummer des nächsten Unterprogrammaufrufes, der nach der Zeitverzögerung durch das Förderband anzuspringen ist, hat die Anweisungsnummer 2.

Die Förderbänder vor und nach den Bearbeitungsstationen und das Förderband zur Senke sind analog zu behandeln.

Hinweis:

* Das Förderband wird im Unterprogramm ACTIV modelliert. Die anschauliche Vorstellung geht davon aus, daß in diesem Fall nur der zeitliche Abstand der Werkstücke eingehalten werden muß. Das Förderband als Transportsystem wird im Modell nicht berücksichtigt.

Die statistische Auswertung der Ergebnisse wird im folgenden dargestellt.

Besonders zu beachten ist das Warteschlangenverhalten der Förderbänder mit Hilfe der Bins 3 bis 8.

bin array
=========

nbn	qty	max	sumin	sumout	arrive	depart	totalwt	last
1	0	4	1001	1001	1001	1001	4540.	.2000E+05
2	0	3	998	998	998	998	2516.	.2000E+05
3	0	5	1005	1005	1005	1005	.1532E+05	.2000E+05
4	2	3	1003	1001	1003	1001	.1503E+05	.2000E+05
5	1	2	1000	999	1000	999	.1524E+05	.2000E+05
6	1	3	999	998	999	998	.1498E+05	.2000E+05
7	0	2	997	997	997	997	.1521E+05	.2000E+05
8	0	3	994	994	994	994	.1491E+05	.2000E+05

binsta array
============

nbn	duration time	num. of token	conf.int. per cent	displacem. per cent	end of set-tling phase
1	4.535	.2279	15.88	2.969	.1600E+05
2	2.521	.1264	15.53	.4714E-04	80.00
3	15.25	.7654	4.439	-.2336E-04	80.00
4	15.00	.7519	3.905	-.7928E-05	80.00
5	15.25	.7644	4.047	2.372	160.0
6	15.00	.7514	3.884	-.1586E-04	80.00
7	15.25	.7643	3.498	-.1872E-03	50.00
8	15.00	.7508	3.459	.9527E-04	50.00

blocked transactions
====================

queue:

terminal nr.	average length	average time in queue
1	.7986	15.91
2	.6894	13.80
3	.6264	12.58
4	.0	.0

parking vehicles
================

queue:

terminal nr.	average length	average time in queue
1	.7500E-03	15.00
2	.2302E-01	5.233
3	.5903E-01	5.440
4	.7635E-01	5.828

vehicle statistics :
====================

vehicle index	empty time	occupied time	parking time	blocked time	require-ments	number transp.
1	9325.	7493.	3183.	.0	2997.	2997.

vehicle index	mean loading	mean loading (%)	unloaded journey	loaded journey	loading time
1	.3746	37.46	.7460E+05	.5994E+05	.0

segment loading :
=================

segm. ind.	weight	number of bus.	mean number	number of tax.	mean number	number of car.	mean number	total number	mean number
1	20.00	0	.0	1003	.1254	0	.0	1003	.1254
2	20.00	0	.0	1367	.1709	0	.0	1367	.1709
3	20.00	0	.0	995	.1244	0	.0	995	.1244
4	20.00	0	.0	994	.1242	0	.0	994	.1242
5	20.00	0	.0	1366	.1708	0	.0	1366	.1708
6	20.00	0	.0	1002	.1252	0	.0	1002	.1252

* Übung 1:

Das Förderband mit den festen Beförderungsplätzen ist durch ein kontinuierliches Band zu ersetzen. Die Werkstückgröße sei 1 LE.

Hinweis:

* In diesem Fall muß nur sichergestellt werden, daß der Mindestabstand zwischen zwei Werkstücken von 1 LE bzw. 0.5 ZE nicht überschritten wird. Wenn ein Werkstück vor dem Förderband erscheint, und der Mindestabstand wird eingehalten, kann das Werkstück sofort auf das Band geschoben werden. Es sind damit beliebige zeitliche Abstände zwischen zwei Werkstücken möglich, für die auf jeden Fall gilt, daß sie nicht kleiner als 0.5 ZE sein dürfen.
  Die entsprechende Modifikation wird durch die Änderung des Parameters
  RSTART = -1.
  erreicht.

* Übung 2:

Das Förderband mit den festen Abständen soll doppelt so schnell laufen.

Hinweis:

* Der zeitliche Abstand zwischen zwei Werkstücken reduziert sich um die Hälfte von 0.5 ZE auf 0.25 ZE. Weiterhin wird die Zeitverzögerung im Unterprogramm ADVANC auf AT = 7.5 reduziert.

4.1.5 Verzweigungen mit individuellen Bedingungen

In den bisherigen Modellen traten keine Verzweigungen auf.

An Verzweigungen kann über den Weiterweg aufgrund einer Strategie oder aufgrund einer individuellen Bedingung entschieden werden.

Hinweis:

* Wenn für alle Verzweigungen nach einer globalen Strategie entschieden wird, liegt Taxibetrieb vor.
  Sobald eine Mischung aus Strategieentscheidungen und logischen Bedingungen vorliegt oder wenn die Verzweigungen mit unterschiedlichen Strategien behandelt werden, muß der allgemeine Fahrzeugbetrieb im Unterprogramm ACTIVG verwendet werden.

Das Modell Produktionsanlage V baut auf den Angaben des Modells Produktionsanlage III auf. Es gibt die folgenden Modifikationen:

Die Quelle erzeugt 2 Werkstücktypen, die sich beispielsweise in der Größe unterscheiden sollen. Die Werkstücke der beiden Typen sind zufallsverteilt (Gleichverteilung) mit der folgenden Wahrscheinlichkeit:

Werkstück A Wahrscheinlichkeit 0.6
Werkstück B Wahrscheinlichkeit 0.4

Die Werkstücke nehmen von der Quelle bis zum Terminal T3 denselben Weg wie im Modell Produktionsanlage III.

Vom Terminal T3 bis zum Terminal T4 ist jedoch ein erweitertes Wegenetz vorgesehen, das Bild 24 zeigt.

Nach Verlassen des Terminals T3 trifft das Fahrzeug auf eine Verzweigung. Aufgrund der Werkstückgröße müssen die Werkstücke vom Typ B den Umweg über das Terminal T5 benutzen. Falls das Fahrzeug ein Werkstück vom Typ A geladen hat, darf der direkte Weg gewählt werden.

Hinweis:

* Die Verzweigung reagiert auf eine Bedingung, die eine Zustandsvariable des Modells enthält. Im vorliegenden, sehr einfachen Fall wird nur auf den Typ des beförderten Werkstückes abgefragt. Es ist einsichtig, daß die logische Bedingung einer Verzweigung beliebige Zustandsvariable in beliebiger Verknüpfung enthalten kann.

Das Fahrzeug fährt auf dem gesonderten Weg vom Terminal T4 über P1 und P2 zurück zu Terminal T1 (siehe Bild 23).

Das Vorliegen einer Verzweigung, die auf eine individuelle Bedingung reagiert, macht den Einsatz des allgemeinen Fahrzeugbetriebes erforderlich. Im Auftragsmodell sind im Vergleich zum Modell Produktionsanlage I nur geringfügige Änderungen erforderlich. Die

Zielstationen der Werkstücke bleiben dieselben. Nur der Weg im Transportmodell wird ein anderer.

Zunächst muß bei der Generierung der Aufträge berücksichtigt werden, daß zwei Typen erzeugt werden müssen. Am einfachsten geht das, wenn man für die zur Bezeichnung der beiden Typen verschiedene Prioritäten vorsieht:

Typ A   Priorität 1
Typ B   Priorität 2

Für die Erzeugung der Aufträge gilt dann im Unterprogramm ACTIV:

```
C
C     Erzeugen der Transaction
C     ========================
1     CALL UNIFRM (0.,1.,4, RAND3)
      IF (RAND3.LE.0.6) THEN
         PR = 1.
      ELSE
         PR = 2.
      ENDIF
      CALL ERLANG (20.,1,0.7,100.,1,RAND1,*9999)
      CALL GENERA (RAND1,PR,*9999)
```

Hinweise:

* Im Unterprogrammaufruf des Unterprogramms GETIN müssen die Parameter IORDR und ITYPE die folgenden Werte haben:
  ITYPE = 3
  IORDR = 0
  Hierdurch wird sichergestellt, daß kein Transportwunsch abgeschickt wird. Die Werkstücke warten, bis das Fahrzeug vorbeikommt und sie aufnimmt.

* Es ist darauf zu achten, daß die Kennzeichnung 'T' für Terminals 'B' für Verzweigungen vom Typ Charakter sind. In die Parameterliste von GRIDE muß daher 'T' und 'B' eingesetzt werden.

Die Abfolge der Aktivitäten muß im Unterprogramm ACTIVG vom Anwender selbst angegeben werden. Das hat in einer Weise zu geschehen, die der Anwender aus der Behandlung des Auftragsmodells im Unterprogramm ACTIV gewohnt ist.

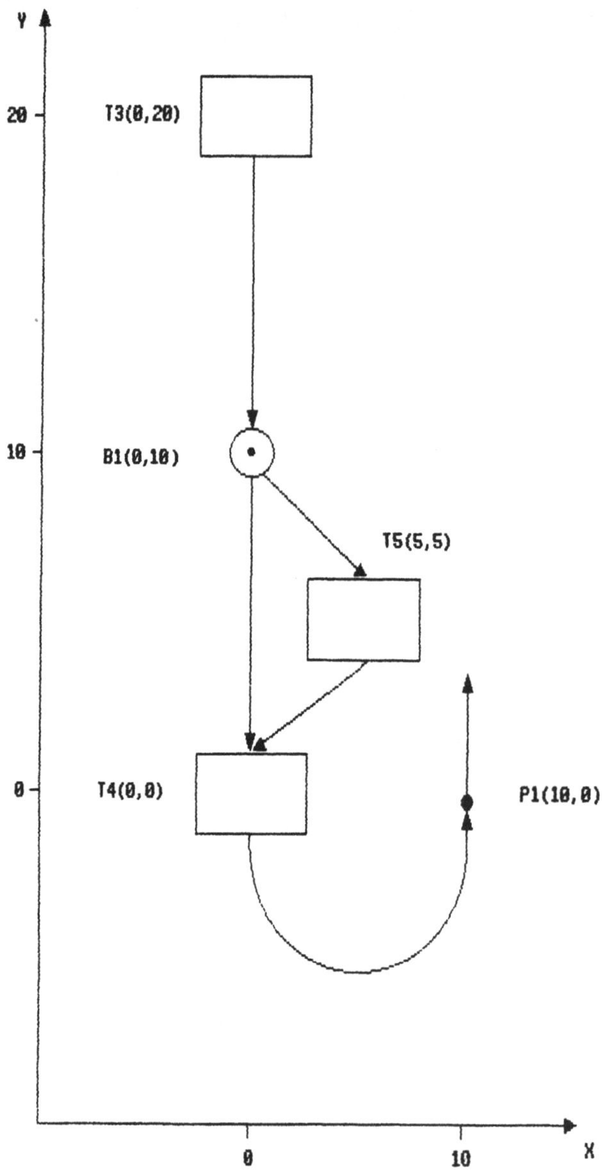
Y
20
T3(0,20)
10
B1(0,10)
T5(5,5)
0
T4(0,0)
P1(10,0)
0
10
X

Das Unterprogramm ACTIVG hat für das vorliegende Modell die folgende Form:

```
C     Erzeugen des Fahrzeuges
C     =======================
1     CALL GGEN (0.,1.,1,8.,1,0,*9999)
C
C     Beladen am Terminal NTER = 1
C     ============================
2     CALL GLOAD (3,0,0.,*9000,*9999)
3     CALL GRIDE ('T',1,3,'T',2,4,*9000,*9999)
C
C     Be- und Entladen am Terminal NTER = 2
C     =====================================
4     CALL GOUT (5,0,0.,*9000,*9999)
5     CALL GLOAD (6,0,0.,*9000,*9999)
6     CALL GRIDE ('T',2,6,'T',3,7,*9000,*9999)
C
C     Be- und Entladen am Terminal NTER = 3
C     =====================================
7     CALL GOUT (8,0,0.,*9000,*9999)
8     CALL GLOAD (9,0,0.,*9000,*9999)
9     CALL GRIDE ('T',3,9,'B',1,10,*9000,*9999)
C
C     Verzweigung an B1
C     =================
10    CALL INFO2(1,4,PRIO,LFLAG,*9999)
      IF (NINT(PRIO).EQ.1.OR.LFLAG.EQ.0) GOTO 12
11    CALL GRIDE ('B',1,11,'T',5,13,*9000,*9999)
12    CALL GRIDE ('B',1,12,'T',4,14,*9000,*9999)
C
C     Weiterfahrt am Terminal NTER = 5
C     ================================
13    CALL GRIDE ('T',5,13,'T',4,14,*9000,*9999)
C
C     Entladen am Terminal NTER = 4
C     =============================
14    CALL GOUT (15,0,,0.,*9000,*9999)
15    CALL GRIDE ('T',4,15,'T',1,2,*9000,*9999)
```

Nach der Erzeugung des Fahrzeuges wird mit dem Beladen am Terminal NTER = 1 begonnen. Anschließend setzt das Fahrzeug seinen Weg fort. Für die Terminals NTER = 2 und NTER = 3 sind sowohl ein Entladevorgang und ein Beladevorgang möglich. Falls ein Werkstück abgegeben wird und ein weiteres an dieser Station zur Beförderung ansteht, wird dieses gleich mitgenommen.

Hinweis:

* Der Aufruf von GOUT bzw. von GLOAD bleibt ohne Wirkung, wenn an der Station die jeweilige Funktion nicht benötigt wird.

Eine Besonderheit ist an der Verzweigung zu beobachten. Abhängig vom Wahrheitswert der Bedingung wird ein gesonderter Weg eingeschlagen.

Die logische Bedingung reagiert auf ein Attribut des Ladegutes. Um Information zu beschaffen, die das Ladegut des Fahrzeugs betrifft, muß das Unterprogramm INFO2 aufgerufen werden.

Durch den Unterprogrammaufruf

```
      CALL INFO2 (1,4,PRIO,LFLAG,*9999)
```

wird für das 1. Ladestück auf dem Fahrzeug im Rückgabeparameter PRIO die Information zurückgegeben, die sich in der Transactionmatrix in der 4. Spalte befindet. In diesem Fall handelt es sich um die Priorität.

In den folgenden beiden Fällen wird direkt von B1 nach T4 ohne Umweg gefahren:
a) Das Werkstück hat Priorität 1
b) Das Fahrzeug ist leer

Die Verzweigungen haben ein immerwiederkehrendes, typisches Aussehen:

```
      IF(Bedingung) GOTO 12
11    CALL GRIDE ('B',1,11,'T',5,13,*9000,*9999)
12    CALL GRIDE ('B',1,12,'T',4,14,*9000,*9999)
```

Ist die Bedingung wahr, so wird zur Anweisung mit der Anweisungsnummer 12 gesprungen. Hier wird ein Fahrvorgang eingeleitet. Nach dessen Ende wird die Transaction zum Terminal T4 geschickt. Hier wird mit der Anweisungsnummer 14 fortgefahren.

Falls die Bedingung falsch ist, wird die Anweisung mit der Anweisungsnummer 11 erreicht. Nach Ende des Fahrvorganges ist die Transaction am Terminal T5 angekommen. Hier geht es mit der Anweisung mit der Anweisungsnummer 13 weiter.

Es ist zu beachten, daß es nicht erforderlich ist, nach Durchlaufen einer der beiden Alternativen durch eine GOTO-Anweisung anzugeben, an welcher Stelle fortgefahren werden soll. Die Anweisungsnummer der Folgeanweisung befindet sich bereits in der Parameterliste des Unterprogrammes GRIDE.

Am Terminal NTER = 4 wird abgeladen. Von hier aus fährt das Fahrzeug zurück zum Terminal T1.

Hinweise:

* Es ist nicht erforderlich, in der Parameterliste von GRIDE alle Zwischenpunkte anzugeben. Falls keine weiteren Angaben vorliegen, sucht sich das Fahrzeug in diesem Fall seinen Weg vom Start zum Ziel selbst aufgrund der vorliegenden Beschreibung des Wegenetzes und der globalen Strategie.

* Als Ziel darf im Unterprogramm GRIDE nur ein Knoten, das heißt ein Terminal oder eine Verzweigung eingesetzt werden. Daher muß für den Umweg ein Terminal T5 angegeben werden, obwohl keine Be- und Entladefunktionen erforderlich sind. (Siehe hierzu Kap. 4.3.1 "Funktionen in Terminals".)

bin array
=========

nbn	qty	max	sumin	sumout	arrive	depart	totalwt	last
1	0	1	1000	1000	1000	1000	.0	.2000E+05
2	0	1	996	996	996	996	.0	.2000E+05

binsta array
============

nbn	duration time	num. of token	conf.int. per cent	displacem. per cent	end of set-tling phase
1	.0	.0	.0	.0	.0
2	.0	.0	.0	.0	.0

blocked transactions
====================

queue:

terminal nr.	average length	average time in queue
1	2.474	49.34
2	.5516	11.06
3	.5784	11.63
4	.0	.0
5	.0	.0

parking vehicles
================

queue:

terminal nr.	average length	average time in queue
1	.0	.0
2	.0	.0
3	.0	.0
4	.0	.0
5	.0	.0

vehicle statistics :
====================

vehicle index	empty time	occupied time	parking time	blocked time	require-ments	number transp.
1	.1232E+05	7686.	.0	.0	2992.	2992.

vehicle index	mean loading	mean loading (%)	unloaded journey	loaded journey	loading time
1	.3843	38.43	.9852E+05	.6149E+05	.0

segment loading :
=================

segm. ind.	weight	number of bus.	mean number	number of tax.	mean number	number of car.	mean number	total number	mean number
1	20.00	0	.0	0	.0	1132	.1415	1132	.1415
2	20.00	0	.0	0	.0	1131	.1414	1131	.1414
3	10.00	0	.0	0	.0	1131	.7069E-01	1131	.7069E-01
4	10.00	0	.0	0	.0	733	.4581E-01	733	.4581E-01
5	7.071	0	.0	0	.0	398	.1759E-01	398	.1759E-01
6	7.071	0	.0	0	.0	398	.1759E-01	398	.1759E-01
7	80.00	0	.0	0	.0	1131	.5655	1131	.5655

4.1.6 Die Behandlung von Transportwünschen beim allgemeinen Fahrzeugbetrieb

Der allgemeine Fahrzeugbetrieb ist verhältnismäßig einfach, wenn eine feste Route zu durchlaufen ist und alle Terminals, die auf der Route liegen, zu bedienen sind.

Die Führung des Fahrzeuges durch das Wegenetz wird komplexer, wenn den Fahrzeugen von der dispositiven Steuerung Aufträge zugeordnet werden. In diesem Fall ist die Route des Fahrzeuges nicht von vornherein bekannt. Sie hängt vielmehr vom Auftrag ab.

Die dispositive Steuerung bestimmt dann die Fahrt zum Belade- und Entladeort und gegebenenfalls zurück zu dem Terminal, an dem das Fahrzeug parken soll.

Das Modell Produktionsanlage VI beschreibt den allgemeinen Fahrzeugbetrieb, falls die Transportaufträge von der dispositiven Steuerung vermittelt werden.

Hierzu wird das Auftragsmodell aus dem Modell Produktionsanlage V herangezogen.

Wie dort werden Werkstücke mit hoher und niedriger Priorität erzeugt, die dann von der Quelle über die beiden Bearbeitungsstationen zur Senke transportiert werden.

Der einzige Unterschied zwischen der Produktionsanlage V und der Produktionsanlage VI besteht in der Tatsache, daß in der Produktionsanlage VI die Werkstücke ihren Transportwunsch an die dispositive Steuerung melden, sobald sie das Terminal betreten.

Das geschieht, indem im Unterprogramm GETIN der Parameter IORDR wie folgt gesetzt wird:

```
IORDR = 1
```

Weitere Änderungen ergeben sich nicht.

Das Wegenetz für das Modell Produktionsanlage VI entspricht dem Wegenetz für das Modell Produktionsanlage I (siehe Bild 22). Es besteht aus einem Fahrzeug, daß sich auf einen Schienenstrang von Terminal zu Terminal in beiden Richtungen bewegen kann.

Ergänzt wird das Modell durch eine Verzweigung, die für die Aufträge mit der Priorität 2 den Umweg über das Terminal T5 vorsieht.

Dazu kommt ein Terminal an dem das Fahrzeug wartet, falls keine Aufträge anstehen.

Transporter, die an einem Terminal vorbeikommen, werden nur diejenigen Aufträge dort aufnehmen, für die sie von der dispositiven Steuerung einen Transportauftrag erhalten haben.

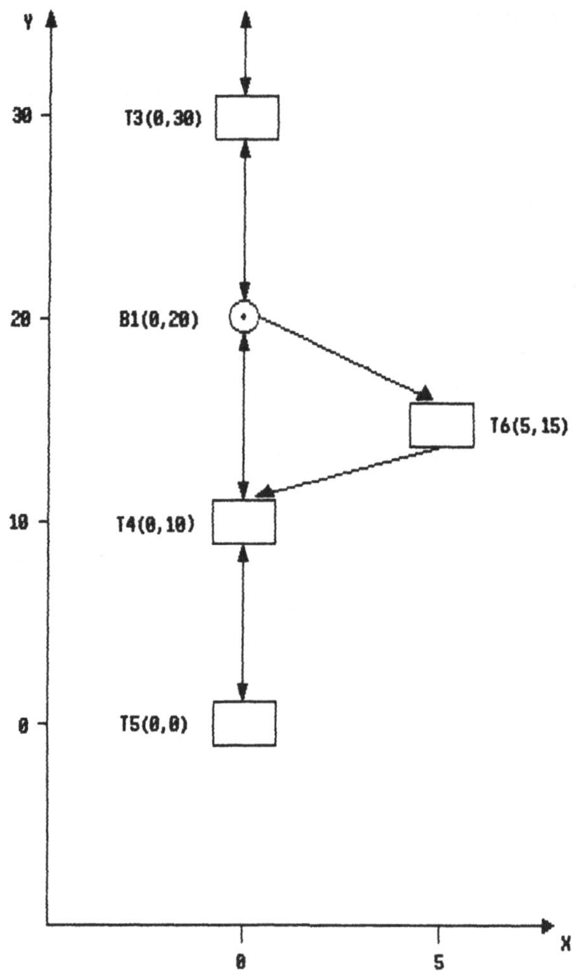

Bild 25: Das Wegenetz für das Modell Produktionsanlage VI

Das Unterprogramm ACTIVG hat die für den vorliegenden Fall die folgende Form:

```
C
C     Erzeugen des Fahrzeuges
C     =======================
1     CALL GGEN (0.,1.,1,8.,6,1,*9999)
      GOTO 24
C
C     Beladen am Terminal NTER = 1
C     ============================
2     CALL GLOAD (3,1,0.,*9000,*9999)
3     CALL GRIDE ('T',1,3,'T',2,4,*9000,*9999)
C
C     Be- und Entladen am Terminal NTER = 2
C     =====================================
4     CALL GOUT (5,1,0.,*9000,*9999)
5     CALL GLOAD (6,1,0.,*9000,*9999)
6     CALL INFO1 (ICAR,ITARG,ISTATE,IORDR,*9999)
7     IF (ITARG.EQ.0) CALL GRIDE ('T',2,7,'T',6,24,*9000,*9999)
8     IF (ITARG.LT.2) CALL GRIDE ('T',2,8,'T',1,2,*9000,*9999)
9     IF (ITARG.GT.2) CALL GRIDE ('T',2,9,'T',3,10,*9000,*9999)
C
C     Be- und Entladen am Terminal NTER = 3
C     =====================================
10    CALL GOUT (11,1,0.,*9000,*9999)
11    CALL GLOAD (12,1,0.,*9000,*9999)
12    CALL INFO1 (ICAR,ITARG,ISTATE,IORDR,*9999)
13    IF (ITARG.EQ.0) CALL GRIDE ('T',3,13,'T',6,24,*9000,*9999)
14    IF (ITARG.LT.3) CALL GRIDE ('T',3,14,'T',2,4,*9000,*9999)
15    IF (ITARG.GT.3) CALL GRIDE ('T',3,15,'B',1,16,*9000,*9999)
C
C     Wegeentscheidung an der Verzweigung B1
C     ======================================
16    CALL INFO2 (1,4,PRIO,LFLAG,*9999)
      IF (NINT(PRIO).EQ.1.OR.LFLAG.EQ.0) GOTO 18
17    CALL GRIDE ('B',1,17,'T',4,20,*9000,*9999)
18    CALL GRIDE ('B',1,18,'T',5,19,*9000,*9999)
C
C     Weiterfahrt am Terminal NTER  = 5
C     =================================
19    CALL GRIDE ('T',5,19,'T',4,20,*9000,*9999)
C
C     Entladen am Terminal NTER = 4
C     =============================
20    CALL GOUT (21,1,0.,*9000,*9999)
21    CALL INFO1 (ICAR,ITARG,ISTATE,IORDR,*9999)
22    IF (ITARG.EQ.0) CALL GRIDE ('T',4,22,'T',6,24,*9000,*9999)
23    IF (ITARG.LT.4) CALL GRIDE ('T',4,23,'T',3,10,*9000,*9999)
C
C     Parken am Terminal NTER = 6
C     ===========================
24    CALL GPARK (25,1,*9000,*9999)
C
C     Neuer Transportwunsch der dispositiven Steuerung
C     ================================================
25    CALL GRIDE ('T',6,25,'T',4,20,*9000,*9999)
```

Zunächst wird das Fahrzeug erzeugt und sofort zum Terminal NTER = 5 geschickt, wo die Funktion "Parken" aufgerufen wird.
Hinweis:

* Die dispositive Steuerung kann einen Transportwunsch nur an Fahrzeuge vermitteln, die entweder gerade entladen haben oder die gerade parken.
  Das neu erzeugte Fahrzeug muß daher als erstes zur Parkposition gebracht werden, da es nur dort Transportwünsche entgegennehmen kann.

Wenn ein Fahrzeug zum Terminal NTER = 1 gelangt, so ist das nur möglich, wenn ein Werkstück aufgeladen werden soll. Abladevorgänge kommen im Terminal NTER = 1 nicht vor. Demzufolge ist nur der Aufruf des Unterprogrammes GLOAD erforderlich. Anschließend fährt das Fahrzeug weiter zum nächsten Terminal NTER = 2.
Andere Möglichkeiten existieren am Terminal NTER = 1 nicht.

An den Terminals wird ein Ent- bzw. Beladevorgang versucht. Falls die entsprechende Funktion nicht erforderlich ist, wird das dazugehörige Unterprogramm sofort wieder verlassen.

Falls ein Entladevorgang durchgeführt würde, wird im Unterprogramm GLOAD geprüft, ob die dispositive Steuerung einen neuen Transportwunsch hat. Dieser Transportwunsch kann sich auch auf das derzeitige Terminal beziehen.

Nach dem Ent- bzw. Beladen muß das Fahrzeug seinen Weg zum nächsten Terminal nehmen. Das Ziel des Fahrzeuges wird mit Hilfe des Unterprogramms INFO1 beschafft. Im Parameter ITARG wird die Nummer des Terminals angegeben, die angefahren werden soll.

Hinweis:

* Liegt kein Transportwunsch vor, so wird sich das Fahrzeug zum Parkplatz bewegen. In diesem Fall gilt für den Rückgabeparameter ITARG = 0.

Ganz analog liegen die Verhältnisse am Terminal NTER = 3.

Vom Terminal NTER = 3 geht es weiter zur Verzweigung B1, an der aufgrund der Priorität des Werkstückes über den Umweg zum Terminal T5 entschieden wird.

Am Terminal NTER = 4 ist nur Entladen möglich. Falls kein Transportwunsch vorliegt, fährt das Fahrzeug auch in diesem Fall zum Terminal NTER = 6, um dort zu parken.

Sobald die dispositive Steuerung einen neuen Transportwunsch erhält, indem ein Auftrag im Auftragsmodell des Unterprogramms GETIN aufruft, wird das parkende Fahrzeug erneut in Bewegung gesetzt. Es wird die Anweisung ausgeführt, die auf den Unterprogrammaufruf

```
24    CALL GPARK (25,1,*9000,*9999)
```

folgt.

Im vorliegenden Fall handelt es sich um den folgenden Aufruf:

```
 25  CALL GRIDE ('T',6,25,'T',4,20,*9000,*9999)
```

Er führt das Fahrzeug vom Terminal NTER = 6 zum Terminal NTER = 4.

Hinweis:

* In dieser Anweisung wurde davon Gebrauch gemacht, daß ein Aufruf des Unterprogrammes GRIDE auch weiter auseinanderliegende Knoten verbinden kann. Es wird direkt von T5 nach T4 gefahren, ohne daß sich das Fahrzeug im Unterprogramm ACTIVG an der Verzweigung B1 zurückmeldet.

* Es ist darauf zu achten, daß die Kennzeichnung 'T' für Terminals und 'B' für Verzweigungen vom Typ Charakter sind. In die Parameterliste von GRIDE muß daher 'T' und 'B' eingesetzt werden.

Im Vergleich zum Modell Produktionsanlage I müssen in den Datensätzen, die das Wegenetz beschreiben, noch die Angaben für B1 und T6 sowie die dadurch neu entstandenen Sectionen und Segmente nachgetragen werden. Im folgenden ist die statistische Auswertung der Ergebnisse für das Modell Produktionsanlage VI dargestellt.

bin array

nbn	qty	max	sumin	sumout	arrive	depart	totalwt	last
1	0	4	1001	1001	1001	1001	4507.	.2000E+05
2	0	3	999	999	999	999	2296.	.2000E+05

binsta array

nbn	duration time	num. of token	conf.int. per cent	displacem. per cent	end of settling phase
1	4.502	.2262	29.28	5.501	.1024E+05
2	2.298	.1157	17.68	-.5152E-04	80.00

blocked transactions

queue:

terminal nr.	average length	average time in queue
1	.9897	19.72
2	.8777	17.57
3	.8011	16.09
4	.0	.0
5	.0	.0
6	.0	.0

parking vehicles

queue:

terminal nr.	average length	average time in queue
1	.0	.0
2	.0	.0
3	.0	.0
4	.0	.0
5	.0	.0
6	.4748E-01	4.655

vehicle statistics :

vehicle index	empty time	occupied time	parking time	blocked time	require-ments	number transp.
1	.1125E+05	7798.	949.6	.0	2996.	2996.

vehicle index	mean loading	mean loading (%)	unloaded journey	loaded journey	loading time
1	.3899	38.99	.9003E+05	.6239E+05	.0

segment loading :

segm. ind.	weight	number of bus.	mean number	number of tax.	mean number	number of car.	mean number	total number	mean number
1	20.00	0	.0	0	.0	1002	.1252	1002	.1252
2	20.00	0	.0	0	.0	1403	.1754	1403	.1754
3	10.00	0	.0	0	.0	1175	.7344E-01	1175	.7344E-01
4	10.00	0	.0	0	.0	578	.3613E-01	578	.3613E-01
5	7.071	0	.0	0	.0	597	.2638E-01	597	.2638E-01
6	7.071	0	.0	0	.0	597	.2638E-01	597	.2638E-01
7	20.00	0	.0	0	.0	1176	.1470	1176	.1470
8	20.00	0	.0	0	.0	1404	.1755	1404	.1755
9	20.00	0	.0	0	.0	1003	.1254	1003	.1254
10	10.00	0	.0	0	.0	334	.2087E-01	334	.2087E-01
11	10.00	0	.0	0	.0	335	.2094E-01	335	.2094E-01

* Übung 1:

Um zu zeigen, welche Flexibilität der Simulator GPSS-FORTRAN Version 3 in Bezug auf die Steuerung aufweist, soll die Vorgehensweise des Modells Produktionsanlage VI modifiziert werden.

Das Fahrzeug kann durch einen Transportwunsch nur zum Terminal NTER = 1 gesandt werden. Von da an fährt es seinen Weg von Terminal zu Terminal zurück bis zum Parkterminal, wobei Transportwünsche, die vor den übrigen Terminals anstehen, erledigt werden.

Das bedeutet, daß Transportwünsche, die an den Terminals NTER = 2 und NTER = 3 entstehen, nicht an die dispositive Steuerung gemeldet werden. Diese Transportwünsche warten in ihren Terminals auf das Vorbeikommen des Fahrzeuges.

Hinweise :

* In den Unterprogrammaufrufen von GETIN, GLOAD und GOUT für die Terminals NTER = 2 und NTER = 3 ist der Parameter IORDR wie folgt zu setzen :
  IORDR = 0
  Auf diese Weise wird erreicht, daß sich Transportwünsche ohne Meldung an die dispositive Steuerung in die Warteschlange hängen. Das Fahrzeug wird seinerseits alle Transportwünsche aufnehmen, die es beim Betreten der Terminals vorfindet.

* Weiterhin sind die Anweisungen CALL INFO1 mit den nachfolgenden GRIDE - Aufrufen durch ein einziges CALL GRIDE zu ersetzen, das den Transporter zum nächsten Terminal schickt.

4.2 Das Modell Palettentransport

Das Modell Palettentransport dokumentiert die vielseitigen Möglichkeiten, die mit Blockstrecken realisierbar sind.

Es existiert in 3 Versionen:

Modell Palettentransport I	Die einfache Blockstrecke
Modell Palettentransport II	Die Ampelsteuerung für eine Blockstrecke
Modell Palettentransport III	Kreuzungen und Weichen

4.2.1 Die einfache Blockstrecke

Das Modell Palettentransport I untersucht den Transport von Paletten mit Hilfe eines Gabelstaplers.

Die Paletten werden nach der Exponentialverteilung mit dem Mittelwert 0.2 ZE erzeugt und laufen auf ein Terminal bei T1, wo sie auf einen Gabelstapler warten.

Mit Hilfe eines Gabelstaplers werden sie zum Terminal bei T2 gebracht und dort ausgeladen. Anschließend verlassen sie das Modell. Die Kapazität der Gabelstapler sei eine Palette. Die Geschwindigkeit betrage 8 LE/ZE.

Es stehen insgesamt 28 Gabelstapler zur Verfügung, die sich auf einer Bahn bewegen, deren Anordnung Bild 26 zeigt.

Die Be- und Entladezeit soll gaußverteilt sein. Der Mittelwert sei 0.1 ZE mit SIGMA = 0.04.

Eine Besonderheit stellt die Section zwischen den beiden Punkten P2 und P3 dar. Dieser Abschnitt modelliert eine Brücke, deren Tragekraft nur für einen Gabelstapler ausreicht. Das bedeutet, daß die Section eine Blockstrecke ist, die nur von einem Fahrzeug betreten werden kann. Ist die Blockstrecke belegt, so bilden neu ankommende Fahrzeuge einen Stau.

Hinweis:

* Der Stau ist ausdehnungslos. Das bedeutet, daß sich alle Fahrzeuge an der Blockstrecke in einer Warteschlange befinden, aus der sie einer Policy entsprechend herausgenommen werden, sobald die Blockstrecke frei geworden ist.

Untersucht werden soll die Auslastung der Segmente und die Warteschlange vor der Blockstrecke. Die Simulationszeit betrage 300 ZE.

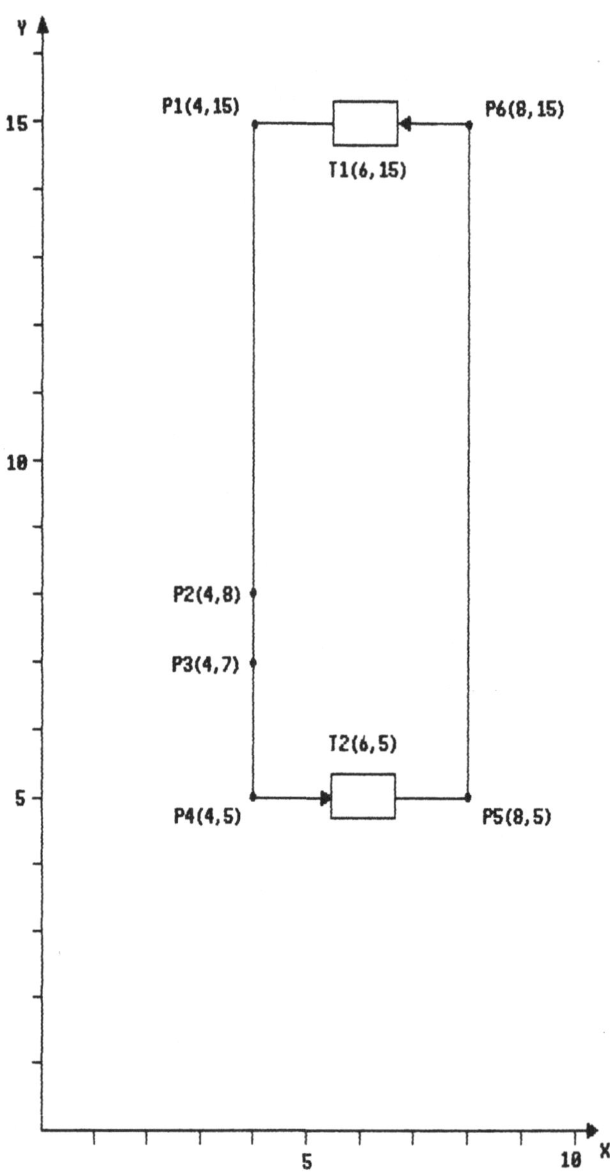

Bild 26: Der Wegeplan für das Modell Palettentransport I

Die Erzeugung und Vernichtung der Paletten sowie das Betreten und Verlassen des Terminals wird im Unterprogramm ACTIV modelliert.

```
C
C     Erzeugen der Transaction
C     ========================
1     CALL ERLANG (0.2,1,0.007,1.,1,RAND1,*9999)
      CALL GENERA (RAND1,1,*9999)
C
C     Betreten des Terminals
C     ======================
      CALL GETIN (1,2,2,1,0,0,*9000,*9999)
C
C     Verlassen des Terminals und Vernichten der Transaction
C     ======================================================
2     CALL GETOUT
      CALL TERMIN(*9000)
```

Das Transportmodell genügt den Voraussetzungen für den Busbetrieb. Es wird daher mit dem Unterprogramm ACTIVB gearbeitet.

Zunächst muß im Unterprogramm ACTIVB die Parameterliste von BGEN besetzt werden. Der Aufruf des Unterprogramms GGEN hat die folgende Form:

```
1     CONTINUE
    CALL BGEN (0.125,1,1,8.,1,*9999)
```

Hinweis:

* Die Zeit von ET=0.125 bei der Generierung der Fahrzeuge wurde gewählt, um die Fahrzeuge gleichmäßig über die Bahn zu verteilen.

Weiterhin ist die Be- und Entladezeit im Parameter TIME der Unterprogramme BLOAD und BOUT anzugeben. Hierzu wird vor dem Aufruf von BLOAD bzw. BOUT die Funktion GAUSS aufgerufen, die die gewünschte Zufallszahl zurückliefert.

Der Abschnitt "Load" hat damit die folgende Form:

```
C
C     Load
C     ====
21    CALL GAUSS (0.1,0.04,0.02,0.18,2,TIME1)
      CALL BLOAD (TIME1,*9000,*9999)
```

Analog hat der Abschnitt "Unload" die folgende Form:

```
C
C     Unload
C     ======
23    CALL GAUSS (0.1,0.04,0.02,0.18,1,TIME2)
      CALL BOUT (TIME2,*9000,*9999)
```

Weitere Ergänzungen sind am Unterprogramm ACTIVB nicht vorzunehmen.

Sowohl für die Quelle, die die Paletten erzeugt als auch für die Quelle, die für die 28 Fahrzeuge zuständig ist, muß im Rahmen der Quellstart festgelegt werden. Das geschieht durch die folgenden beiden Anweisungen:

```
C
C     Start Sources
C     =============
      CALL START (1,0.,1,*9999)
      CALL TSTART (2,0.,1,1,*9999)
```

Da die Quelle NSC = 2 genau 28 Fahrzeuge vom Typ Bus erzeugen soll, muß im Rahmen im Abschnitt "Assign Source Matrix" die Anzahl der zu erzeugenden Transactionen angegeben werden:

```
  SOURCL (2,3) = 28.
```

Als nächstes müssen die Eingabedatensätze auf der Datei DATAIN angegeben werden:

```
TEXT; PARCEL  TRANSPORT 1/
VARI; ICONT; 0/
VARI; TEND; 300/
KOOR; T; 1; 6; 15/
KOOR; T; 2; 6; 5/
KOOR; P; 1; 4; 15/
KOOR; P; 2; 4; 8/
KOOR; P; 3; 4; 7/
KOOR; P; 4; 4; 5/
KOOR; P; 5; 8; 5/
KOOR; P; 6; 8; 15/
SECT; 1; T; 1; P; 1; L; 0; 1; 0/
SECT; 2; P; 1; P; 2; L; 0; 1; 0/
SECT; 3; P; 2; P; 3; L; 1; 1; 0/
SECT; 4; P; 3; P; 4; L, 0; 1; 0/
SECT; 5; P; 4; T; 2; L; 0; 1; 0/
SECT; 6; T; 2; P; 5; L; 0; 1; 0/
SECT; 7; P; 5; P; 6; L; 0; 1; 0/
SECT; 8; P; 6; T; 1; L; 0; 1; 0/
SEGM; 1; 1; 2; 3; 4; 5/
SEGM; 2; 6; 7; 8/
ROUT; 1; 1; 2/
BLOC; 1; 1/
END/
```

Zu beachten ist die Definition der Section 3, die die Punkte P2 und P3 verbindet. Es wird angegeben, daß diese Section zur Blockstrecke mit der Blockstreckennummer 1 gehört. Im Datensatz

```
   BLOC; 1; 1/
```

wird für diese Blockstrecke die Kapazität 1 festgelegt.
Im folgenden sind die Ergebnisse dargestellt, wie sie sich nach einer Simulationsdauer von 300 ZE ergeben haben.

blocked transactions
====================

queue:

terminal nr.	average length	average time in queue
1	.4387	.8774E-01
2	.0	.0

parking vehicles
================

queue:

terminal nr.	average length	average time in queue
1	.0	.0
2	.0	.0

vehicle statistics :
====================

vehicle index	empty time	occupied time	parking time	blocked time	require-ments	number transp.
1	184.8	103.8	.0	7.298	57.00	57.00
2	204.3	86.46	.0	8.764	47.00	47.00
3	192.4	96.63	.0	7.281	53.00	53.00
4	188.5	100.4	.0	7.743	55.00	55.00
5	188.7	100.5	.0	7.655	55.00	55.00
6	192.6	96.56	.0	7.997	53.00	53.00
7	188.4	100.3	.0	6.965	55.00	55.00
8	183.3	104.4	.0	6.592	58.00	58.00
9	207.6	82.92	.0	7.263	46.00	46.00
10	175.1	111.4	.0	6.738	61.00	61.00
11	190.0	97.99	.0	6.861	54.00	54.00
12	187.9	99.93	.0	6.677	55.00	55.00
13	182.9	105.1	.0	6.843	58.00	58.00
14	189.5	98.92	.0	7.264	54.00	54.00
15	188.1	99.26	.0	7.060	55.00	55.00
16	190.7	96.68	.0	7.375	53.00	53.00
17	171.7	113.9	.0	5.865	63.00	63.00
18	198.8	89.09	.0	7.692	49.00	49.00
19	202.0	86.47	.0	7.307	48.00	48.00
20	186.9	99.99	.0	7.172	55.00	55.00
21	181.3	105.4	.0	6.984	58.00	58.00
22	200.1	87.18	.0	7.293	48.00	48.00
23	201.9	86.89	.0	9.058	47.00	47.00
24	176.9	108.7	.0	5.831	60.00	60.00
25	203.7	83.99	.0	7.914	46.00	46.00
26	192.0	95.11	.0	7.359	52.00	52.00
27	192.5	94.69	.0	7.458	52.00	52.00
28	189.1	97.93	.0	8.793	53.00	53.00

vehicle index	mean loading	mean loading (%)	unloaded journey	loaded journey	loading time
1	.3597	35.97	1452.	798.0	11.47
2	.2974	29.74	1598.	658.0	9.353
3	.3343	33.43	1512.	742.0	10.72
4	.3474	34.74	1484.	765.0	10.90
5	.3475	34.75	1484.	768.0	10.49
6	.3340	33.40	1507.	742.0	11.03
7	.3473	34.73	1484.	770.0	10.65
8	.3628	36.28	1442.	807.0	11.86
9	.2854	28.54	1622.	644.0	9.440
10	.3890	38.90	1384.	854.0	13.11
11	.3403	34.03	1498.	751.0	10.91
12	.3472	34.72	1479.	770.0	11.03
13	.3649	36.49	1442.	807.0	11.31
14	.3430	34.30	1493.	756.0	10.56
15	.3455	34.55	1484.	758.0	11.13
16	.3364	33.64	1498.	742.0	10.83
17	.3987	39.87	1356.	882.0	12.56
18	.3094	30.94	1556.	686.0	10.12
19	.2998	29.98	1582.	667.0	9.604
20	.3485	34.85	1468.	770.0	11.95
21	.3676	36.76	1426.	812.0	11.37
22	.3035	30.35	1568.	672.0	10.16
23	.3009	30.09	1580.	658.0	9.411
24	.3807	38.07	1398.	840.0	11.85
25	.2920	29.20	1594.	644.0	9.377
26	.3313	33.13	1510.	728.0	10.14
27	.3297	32.97	1510.	728.0	10.33
28	.3412	34.12	1484.	742.0	9.825

segment loading :
==================

segm. ind.	weight	number of bus.	mean number	number of tax.	mean number	number of car.	mean number	total number	mean number
1	14.00	2256	13.81	0	.0	0	.0	2256	13.81
2	14.00	2241	13.06	0	.0	0	.0	2241	13.06

block sections
==============

queue:

block index	section index	mean length	mean time in queue
1	3	.6837	.1093

* Übung 1:

Die Tragkraft der Brücke ist so hoch, daß sich zwei Fahrzeuge zugleich darauf befinden können.

Hinweis:

* Die Kapazität der Blockstrecke ist auf 2 zu erhöhen. Der Datensatz hat die folgende Form:
  BLOC; 1; 2/

* Übung 2:

Die 28 Fahrzeuge sollen einen Mindestabstand von 0.8 LE haben. Ein nachfolgendes Fahrzeug bleibt auf der Strecke stehen, bis der erforderliche Mindestabstand wieder hergestellt ist.

Hinweis:

* Da alle Fahrzeuge gleich schnell fahren, bleibt auf der Fahrstrecke ihr Abstand erhalten. Eine Verschiebung des Abstandes zwischen zwei Fahrzeugen kann sich nur an einem Terminal aufgrund unterschiedlicher Be- bzw. Entladezeiten ergeben. Daher ist nach jedem Terminal eine neue Section der Länge 0.8 einzufügen, die als Blockstrecke deklariert wird. Auf diese Weise wird sichergestellt, daß die Fahrzeuge innerhalb des Segmentes 1 bzw. 2 einen Abstand haben, der mindestens 0.8 LE beträgt.

* Übung 3:

Es ist möglich, mehrere Sectionen zu einer Blockstrecke zusammenzufassen, auch wenn die Sectionen räumlich auseinander liegen.

Es sind zwei neue Stützpunkte P7 und P8 mit den folgenden Koordinaten einzuführen:

```
KOOR; P; 7; 8; 7/
KOOR; P; 8; 8; 8/
```

Die hierdurch definierte neue Section soll mit der Section 3 zwischen den Punkten P2 und P3 zu einer Blockstrecke zusammengefaßt werden. Das bedeutet, daß sich immer dann, wenn sich ein Fahrzeug in einer der beiden Sectionen befindet, die andere ebenfalls gesperrt ist.

Hinweis:

* Bei der Definition der beiden Sectionen mit Hilfe des SECT-Datensatzes ist für die Blockstreckenzugehörigkeit in beiden Fällen die Blockstreckennummer 1 anzugeben.
  Es ist zu beachten, daß alle Fahrzeuge, die vor verschiedenen Sectionen, die zu einer Blockstrecke gehören, in einer Warteschlange stehen. Aus dieser werden sie der Policy entsprechend

herausgenommen und zur Weiterfahrt an ihre Section geschickt.

* Übung 4:

Die Bahn, die in Bild 26 dargestellt ist, soll in beiden Richtungen durchfahren werden können.

Die Section zwischen den beiden Punkten P2 und P3 ist hierbei eine Engstelle, die immer nur von einem Fahrzeug befahren werden darf. Die Reihenfolge der Durchfahrt wird durch die Policy PFIFO bestimmt. Sie besagt, daß die Fahrzeuge die Engstelle in der Reihenfolge ihres Eintreffens befahren dürfen.

Hinweis:

* Es ist zunächst die gegenläufige Fahrtrichtung aufzubauen. Hierzu muß für jede bereits definierte Section eine neue Section für die Gegenrichtung festgelegt werden. Das gilt auch für die Verbindung zwischen den beiden Stützpunkten P2 und P3. Darauf aufbauend sind zwei neue Segmente und eine neue Route anzulegen.
  Die Engstellenregelung erreicht man, indem die beiden Sectionen, die die Punkte P2 und P3 in den beiden Fahrtrichtungen verbinden, zu einer Blockstrecke zusammengefaßt werden.

* Die Fahrzeuge werden so erzeugt, daß abwechselnd ein Transporter in die eine Richtung und dann ein Transporter in die andere Richtung geschickt wird. Der Abstand der Transporter untereinander beträgt weiterhin 0.125 ZE.

Siehe hierzu auch Übung 3 für das Modell Palettentransport in Kap. 4.2.2.

4.2.2 Die Ampelsteuerung für eine Blockstrecke

Es besteht die Möglichkeit, eine Blockstrecke unabhängig von Fahrzeugen, die sie befahren, zu sperren. Das geschieht mit Hilfe des Unterprogrammes

```
      SIGNAL (NUMBER, IFLAG, *9999)
```

Hinweis:

* Transporter, die sich zur Zeit der Sperrung bereits innerhalb einer zu einer Blockstrecke gehörigen Section befinden, werden nicht blockiert und können die Section unbehindert verlassen. Die Ampel steht also bildhaft gesehen am Anfang der Blockstrecke.

Das Modell Palettentransport II geht von den Angaben des Modells Palettentransport I aus. Zusätzlich wird für die Blockstrecke zwischen den Stützpunkten P2 und P3 eine Ampel installiert, die in Abständen von 1 ZE jeweils die Farbe wechselt und damit die Section sperrt oder freigibt.

Sobald die Ampel auf grün schaltet, können alle wartenden Fahrzeuge die Blockstrecke betreten. Die Kapazität der Blockstrecke wird daher auf 28 gesetzt.
Um das Modell Palettentransport II aufzubauen, kann das Modell Palettentransport I ungeändert übernommen werden. Es sind nur im Unterprogramm EVENT zwei Ereignisse einzufügen, die den Farbwechsel der Ampel durchführen. Jedes Ereignis meldet sich selbst für den Zeitpunkt T+2 wieder an.

Das Unterprogramm EVENT hat demnach die folgende Form:

```
C
C     Adressverteiler
C     ===============
      GOTO (1,2),NE
C
C     Blockstrecke 1 freigeben
C     ========================
1     CALL SIGNAL (1,0,*9999)
      CALL ANNOUN (1,T+2.,*9999)
      RETURN
C
C     Blockstrecke 1 sperren
C     ======================
2     CALL SIGNAL (1,1,*9999)
      CALL ANNOUN (2,T+2.,*9999)
      RETURN
```

Das erste Ereignis muß zum Zeitpunkt T = 0. im Rahmen im Abschnitt 5 "Anmelden der ersten Ereignisse" angemeldet werden:

```
C
C     Anmelden der ersten Ereignisse
C     ==============================
      CALL ANNOUN (1,0.,*9999)
      CALL ANNOUN (2,1.,*9999)
```

Im folgenden sind die Ergebnisse dargestellt, wie sie sich nach einer Simulationsdauer von 300 ZE ergeben haben.

blocked transactions
====================

queue:

terminal nr.	average length	average time in queue
1	3.990	.7996
2	.0	.0

parking vehicles
================

queue:

terminal nr.	average length	average time in queue
1	.0	.0
2	.0	.0

vehicle statistics :
====================

vehicle index	empty time	occupied time	parking time	blocked time	require-ments	number transp.
1	171.4	117.3	.0	26.53	56.00	56.00
2	178.2	111.3	.0	27.23	53.00	53.00
3	180.2	108.9	.0	26.90	52.00	52.00
4	169.3	119.5	.0	26.54	57.00	57.00
5	186.3	103.1	.0	27.14	49.00	49.00
6	190.4	99.67	.0	27.80	47.00	47.00
7	169.5	119.3	.0	26.53	57.00	57.00
8	171.3	116.6	.0	25.69	56.00	56.00
9	179.6	108.6	.0	25.94	52.00	52.00
10	182.1	106.7	.0	26.53	51.00	51.00
11	181.5	106.6	.0	25.85	51.00	51.00
12	185.9	103.0	.0	26.57	49.00	49.00
13	179.6	108.7	.0	26.10	52.00	52.00
14	192.5	96.41	.0	26.67	46.00	46.00
15	171.0	116.6	.0	25.41	56.00	56.00
16	175.9	111.2	.0	26.78	53.00	53.00
17	168.0	119.0	.0	26.71	57.00	57.00
18	175.7	111.1	.0	26.53	53.00	53.00
19	172.5	114.3	.0	26.58	55.00	55.00
20	165.9	120.5	.0	26.13	58.00	58.00
21	175.7	111.3	.0	26.74	53.00	53.00
22	176.4	110.7	.0	26.85	53.00	53.00
23	168.0	117.5	.0	25.18	57.00	57.00
24	173.8	112.6	.0	26.11	54.00	54.00
25	167.9	118.5	.0	26.16	57.00	57.00
26	179.7	106.7	.0	26.22	51.00	51.00
27	169.5	115.8	.0	25.03	56.00	56.00
28	175.5	110.8	.0	25.97	53.00	53.00

vehicle index	mean loading	mean loading (%)	unloaded journey	loaded journey	loading time
1	.4063	40.63	1314.	784.0	11.39
2	.3843	38.43	1356.	742.0	10.52
3	.3766	37.66	1370.	728.0	10.79
4	.4137	41.37	1300.	798.0	11.04
5	.3562	35.62	1412.	686.0	10.24
6	.3436	34.36	1440.	658.0	9.603
7	.4131	41.31	1300.	798.0	10.60
8	.4051	40.51	1314.	784.0	11.39
9	.3767	37.67	1370.	728.0	11.05
10	.3695	36.95	1384.	714.0	10.37
11	.3699	36.99	1384.	714.0	10.92
12	.3565	35.65	1412.	686.0	10.05
13	.3771	37.71	1370.	728.0	10.32
14	.3337	33.37	1454.	644.0	9.581
15	.4055	40.55	1314.	784.0	10.87
16	.3872	38.72	1340.	742.0	11.22
17	.4147	41.47	1288.	794.0	11.17
18	.3874	38.74	1340.	742.0	11.22
19	.3987	39.87	1316.	766.0	11.04
20	.4208	42.08	1274.	808.0	11.37
21	.3878	38.78	1340.	742.0	10.64
22	.3857	38.57	1344.	738.0	10.40
23	.4116	41.16	1288.	794.0	11.95
24	.3932	39.32	1330.	752.0	10.89
25	.4137	41.37	1288.	794.0	10.71
26	.3726	37.26	1368.	714.0	10.53
27	.4059	40.59	1302.	780.0	11.59
28	.3870	38.70	1344.	738.0	10.53

1

segment loading :
=================

segm. ind.	weight	number of bus.	mean number	number of tax.	mean number	number of car.	mean number	total number	mean number
1	14.00	2100	14.69	0	.0	0	.0	2100	14.69
2	14.00	2087	12.16	0	.0	0	.0	2087	12.16

block sections
==============

queue:

block index	section index	mean length	mean time in queue
1	3	2.461	.3554

* Übung 1:

Im Modell Palettentransport II können alle Fahrzeuge die Blockstrecke betreten, sobald die Ampel die Durchfahrt freigibt. In der Übung 1 sollen alle vor der Ampel blockierten Fahrzeuge nur einzeln weiterfahren dürfen.

Hinweis:

* Die Kapazität der Blockstrecke ist auf 1 zu setzen.

* Da die Ampel das Modell nunmehr sehr stark beeinträchtigt, muß der Ankunftsabstand der Transactionen auf 0.4 ZE gesetzt werden.

* Übung 2:

Die Fahrzeuge sollen beim Umschalten der Ampel auf grün mit dem Mindestabstand von 0.1 LE ihre Fahrt wieder aufnehmen.

Hinweis:

* Die Section zwischen den Punkten P1 und P2 ist in zwei Sectionen der Länge 0.1 und 0.9 zu zerlegen. Die kürzere Section wird als Blockstrecke durch die Ampel gesteuert. Sie erhält die Kapazität 1.

* Übung 3:

Es wird von Übung 4 für das Modell Palettentransport I ausgegangen. Wie dort soll der Verkehr in beiden Richtungen möglich sein. Die Regelung an der Engstelle soll jetzt zwei Ampeln überlassen werden, die im Abstand von 1 ZE umschalten und den Verkehr in die eine bzw. in die andere Richtung freigeben.

Hinweis:

* Die beiden Sectionen, die die Stützpunkte P2 und P3 in beiden Fahrtrichtungen verbinden, sind zu zwei getrennten Blockstrecken zu machen, die jeweils durch eine Ampel am Beginn der Blockstrecke gesteuert werden. Das Unterprogramm EVENT hat für diesen Fall die folgende Form:

```
C
C     Adressverteiler
C     ================
      GOTO (1,2),NE
C
C     Blockstrecke 1 freigeben und Blockstrecke 2 sperren
C     ===================================================
1     CALL SIGNAL (1,0,*9999)
```

```
      CALL SIGNAL (2,1,*9999)
      CALL ANNOUN (1,T+2.,*9999)
      RETURN
C
C     Blockstrecke 1 sperren und Blockstrecke 2 freigeben
C     ===================================================
2     CALL SIGNAL (1,1,*9999)
      CALL SIGNAL (2,0,*9999)
      CALL ANNOUN (2,T+2.,*9999)
      RETURN
```

Beide Ereignisse müssem zum Zeitpunkt T = 0. bzw. T = 1. angemeldet werden:

```
      CALL ANNOUN (1,0.,*9999)
      CALL ANNOUN (2,1.,*9999)
```

4.2.3 Kreuzungen und Weichen

Das Modell Palettentransport III stellt eine Erweiterung des Modells Palettentransport I dar. Das Wegenetz hat sich gegenüber Bild 26 in einer Weise geändert, die Bild 27 zeigt. Die Erweiterungen betreffen die folgenden Punkte:

1) Es ist eine weitere geschlossene Bahn hinzugekommen, die die Terminals T3 und T4 verbindet. Es entstehen damit 4 Kreuzungen.

2) Es wird ein zusätzliches Terminal T5 eingeführt, an dem ebenfalls Paletten entladen werden können.

3) An Stelle der Stützpunkte P4 und P5 werden zwei Verzweigungen B1 und B2 eingesetzt, die den Verkehr zu den Terminals T2 bzw. T5 leiten.

4) Die Kreuzungen und Weichen haben jeweils eine Schenkellänge von 0.02 LE. Falls eine Weiche oder eine Kreuzung belegt ist, müssen weitere Fahrzeuge warten, bis die Weiche bzw. die Kreuzung wieder frei geworden ist.

Die Paletten, die am Terminal T1 angeliefert werden, sollen jetzt streng abwechselnd zum Terminal T2 und T5 gebracht werden. Dazu dient die boolsche Variable PAL, die abwechselnd auf .TRUE. und .FALSE. gesetzt wird.

Zusätzlich werden Paletten am Terminal T3 angeliefert, die nach T4 befördert werden sollen. Die Zwischenlaufzeit dieser Paletten ist exponential verteilt mit dem Mittelwert 0.2 ZE.
Zur Beförderung werden insgesamt 3 Buslinien eingeführt.

Buslinie	Anzahl der Fahrzeuge	Route	Routenverlauf
1	14	1	T1 --> T2 --> T1
2	14	2	T1 --> T5 --> T1
3	14	3	T3 --> T4 --> T3

Alle Fahrzeuge haben die gleiche Geschwindigkeit von 8 LE/ZE. Ihre Kapazität betrage 1 Palette.

Die Be- und Entladezeit soll wie im Modell Palettentransport I gaußverteilt sein. Der Mittelwert sei 0.1 mit SIGMA = 0.04.
Im Unterprogramm ACTIV ist zunächst für die Transactionen, die zum Terminal bei T1 gelangen, das Ziel festzulegen.

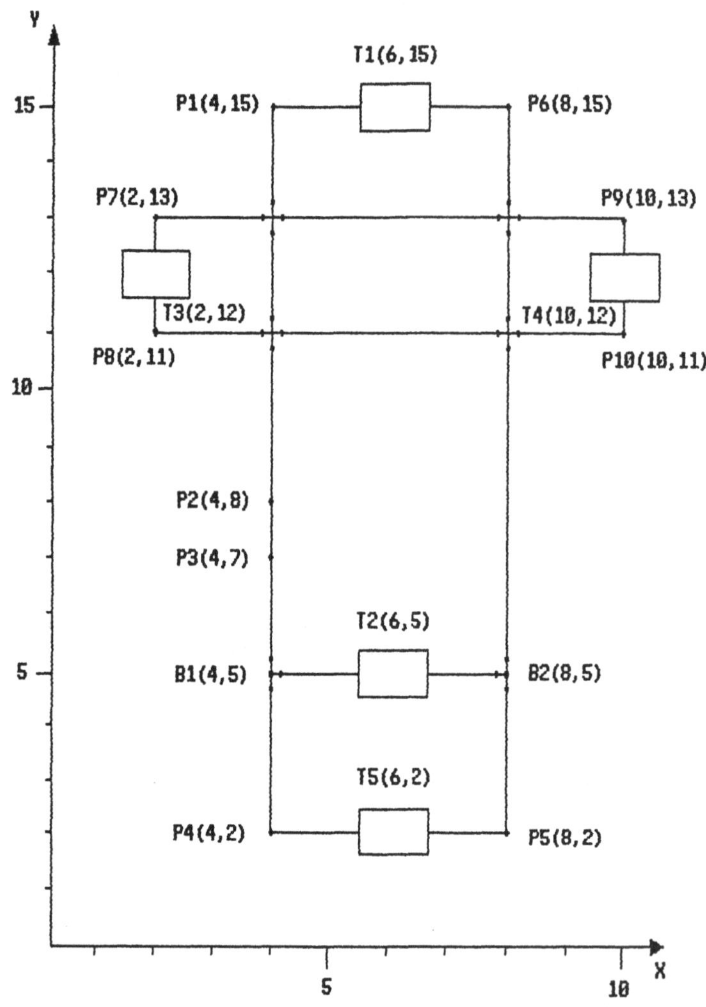

Bild 27: Der Wegeplan für das Modell Palettentransport III

Weiterhin ist die Behandlung der Transactionen, die vom Terminal bei T3 zum Terminal T4 befördert werden sollen, neu in ACTIV aufzunehmen. Das Unterprogramm ACTIV hat damit die folgende Form:

```
C
C     Erzeugen der Transaction für Buslinie 1 und 2
C     ============================================
1     CALL ERLANG (0.2,1,0.007,1.,1,RAND1,*9999)
      CALL GENERA (RAND1,1.,*9999)
C
C     Betreten des Terminals NTER 1
C     ============================
      IF (PAL) THEN
         PAL = .NOT.PAL
         CALL GETIN(1,2,2,1,0,0,*9000,*9999)
      ELSE
         PAL = .NOT.PAL
         CALL GETIN(1,5,3,1,0,0,*9000,*9999)
      ENDIF
C
C     Verlassen des Terminals NTER=2 und Vernichten der
C     ================================================
C     Transaction
C     ===========
2     CALL GETOUT
      CALL TERMIN (*9000)
C
C     Verlassen des Terminals NTER = 3 und Vernichten der
C     ==================================================
C     Transaction
C     ===========
3     CALL GETOUT
      CALL TERMIN (*9000)
C
C     Erzeugen der Transaction für Buslinie 3
C     ======================================
4     CALL ERLANG (0.2,1,0.007,1.,2,RAND2,*9999)
      CALL GENERA (RAND2,1.,*9999)
C
C     Betreten am Terminal NTER = 3
C     ============================
      CALL GETIN (3,4,5,1,0,0,*9000,*9999)
C
C     Verlassen des Terminals NTER = 4 und Vernichten der
C     ==================================================
C     Transaction
C     ===========
5     CALL GETOUT
      CALL TERMIN (*9000)
```

Die Erzeugung der Fahrzeuge für die drei Buslinien erfolgt im Unterprogramm ACTIVB.

Hinweis:

* Es ist möglich, im Unterprogramm ACTIVB Fahrzeuge laufen zu lassen, die unterschiedlichen Routen folgen. Es ist jedoch erforderlich, für jede Busroute einen Aufruf des Unterprogramms BGEN vorzusehen. Der Abschnitt "Bus Generation" hat damit die folgende Form:

```
C
C      Bus Generation
C      ==============
1      CALL BGEN (0.3,1.,1,8.,1,*9999)
       GOTO 2
3      CALL BGEN (0.3,1.,1,8.,2,*9999)
       GOTO 2
4      CALL BGEN (0.78,1.,1,8.,3,*9999)
```

Hinweis:

* Die Aufrufe des Unterprogramms BGEN müssen Anweisungsnummern erhalten. Sie werden in der Parameterliste des Unterprogramms TSTART benötigt.
  Da die Anweisungsnummer 2 bereits fest für den Abschnitt "Determine Status" vergeben ist, bleiben für die Aufrufe des Unterprogramms BGEN nur die Anweisungsnummern 1,3,4 übrig.

Die erforderlichen Sources müssen im Rahmen im Abschnitt 5 "Start Sources" gestartet werden. Es werden zwei Sources für die Paletten und 3 Sources für die Fahrzeuge der 3 Busrouten benötigt.

```
C
C      Start Sources
C      =============
       CALL START (1,0.,1,*9999)
       CALL START (2,0.,4,*9999)
       CALL TSTART (3,0.,1,1,*9999)
       CALL TSTART (4,0.15,3,1,*9999)
       CALL TSTART (5,0.,4,1,*9999)
```

Hinweis:

* Es werden die drei Sources NSC = 3,4,5 für die Fahrzeuge der drei Busrouten gestartet. Daraufhin werden die drei Unterprogrammaufrufe des Unterprogramms BGEN im ACTIVB aufgerufen. Hier werden für die drei Busrouten getrennt die Parameter festgelegt. Im Anschluß daran sucht sich jedes Fahrzeug an Hand seiner Route, deren Verlauf durch Datensätze festgelegt wurde, selbst seinen Weg.

Für die Quellen NSC = 3,4,5 muß die Anzahl der zu erzeugenden Fahrzeuge angegeben werden:

```
   SOURCL (3,3) = 14.
   SOURCL (4,3) = 14.
   SOURCL (5,3) = 14.
```

Mit den Eintragungen in die Unterprogramme ACTIV und ACTIVB ist die Beschreibung des Auftragsmodells und des Transportmodells abgeschlossen. Es fehlt die Definition des Wegenetzes mit Hilfe der Eingabedatensätze.

Im Vergleich zum Modell Palettentransport I fallen die Stützpunkte P4 und P5 weg. Sie werden durch Verzweigungen ersetzt. Die Stützpunkte P4 und P5 werden benötigt, um den Verlauf der Route 2 zu beschreiben.

Hinweise:

* Es ist nicht erforderlich, daß die Daten hierbei auf der Datei DATAIN geordnet stehen.

* Es ist nicht erforderlich, daß die Stützpunkte durchnumeriert sind. Die Numerierung kann Lücken aufweisen.

Weiterhin werden zusätzliche Sectionen der Länge 0.02 LE eingeführt. Jeweils zwei werden zu einer Kreuzung zusammengefaßt. Für die Kreuzungen ergibt sich ein Aussehen, das Bild 28 zeigt.

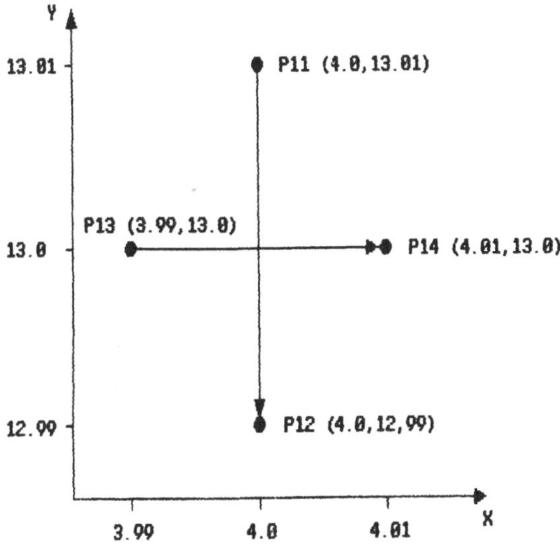

Bild 28: Eine Kreuzung im Modell Palettentransport III

Ohne weitere Vorkehrungen fahren die Fahrzeuge der Route 1 und 2 sowie der Route 3 ohne gegenseitige Beeinflussung über die beiden Sectionen P11 --> P12 und P13 --> P14. Die beiden Sectionen haben keine Verbindung zueinander. Soll sichergestellt sein, daß sich jeweils nur 1 Fahrzeug auf der Kreuzung befindet, so muß dafür gesorgt werden, daß sich nur ein Fahrzeug auf den beiden Sectionen befindet. Das bedeutet, daß die beiden Sectionen zu einer Blockstrecke zusammengefaßt werden müssen.
Diese Vorgehensweise ist bei allen 4 Kreuzungen anzuwenden.

In analoger Weise sind die Verzweigungen zu behandeln. Bild 29 zeigt den Aufbau.

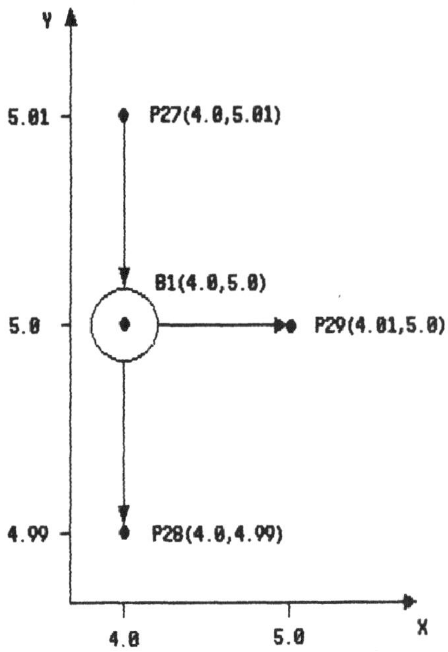

Bild 29: Eine Verzweigung im Modell Palettentransport III

Um sicherzustellen, daß sich nur ein Fahrzeug auf der Weiche befindet, sind die drei Sectionen P27 --> B1, B1 --> P28 und B1 --> P29 zu einer Blockstrecke zusammenzufassen.

Hinweis:

* Die Wegewahl an der Weiche erfolgt selbständig durch die Fahrzeugsteuerung im Simulator GPSS-FORTRAN Version 3. Die Entscheidung, wie ein Fahrzeug an der Verzweigung weiterfahren soll, wird durch die Route eindeutig bestimmt. Der Anwender greift an dieser Stelle nicht ein.

Zur Wegenetzbeschreibung beginnt man am Besten mit den Koordinaten für die Knoten (Stationen, Verzweigungen) und für die Stützpunkte.

```
KOOR; T; 1; 6;15/
KOOR; T; 2; 6; 5/
KOOR; T; 3; 2;12/
KOOR; T; 4;10;12/
KOOR; T; 5; 6; 2/
KOOR; B; 1; 4; 5/
KOOR; B; 2; 8; 5/
KOOR; P; 1; 4;15/
KOOR; P; 2; 4; 8/
KOOR; P; 3; 4; 7/
KOOR; P; 4; 4; 2/
```

```
KOOR; P; 5; 8; 2/
KOOR; P; 6; 8;15/
KOOR; P; 7; 2;13/
KOOR; P; 8; 2;11/
KOOR; P; 9;10;13/
KOOR; P;10;10;11/
KOOR; P;11; 4.0 ; 13.01/
KOOR; P;12; 4.0 ; 12.99/
KOOR; P;13; 3.99; 13.0/
KOOR; P;14; 4.01; 13.0/
KOOR; P;15; 8.0 ; 13.01/
KOOR; P;16; 8.0 ; 12.99/
KOOR; P;17; 7.99; 13.0/
KOOR; P;18; 8.01; 13.0/
KOOR; P;19; 4.0 ; 11.01/
KOOR; P;20; 4.0 ; 10.99/
KOOR; P;21; 3.99; 11.0/
KOOR; P;22; 4.01; 11.0/
KOOR; P;23; 8.0 ; 11.01/
KOOR; P;24; 8.0 ; 10.99/
KOOR; P;25; 7.99; 11.0/
KOOR; P;26; 8.01; 11.0/
KOOR; P;27; 4.0 ; 5.01/
KOOR; P;28; 4.0 ; 4.99/
KOOR; P;29; 4.01; 5.0/
KOOR; P;30; 8.0 ; 5.01/
KOOR; P;31; 8.0 ; 4.99/
KOOR; P;32; 7.99; 5.0/
```

Als nächstes werden die Sectionen definiert, die zwei Punkte miteinander verbinden.

```
SECT; 1; T; 1; P; 1; L; 0; 1; 0/
SECT; 2; P; 1; P;11; L; 0; 1; 0/
SECT; 3; P;11; P;12; L; 2; 1; 0/
SECT; 4; P;12; P;19; L; 0; 1; 0/
SECT; 5; P;19; P;20; L; 4; 1; 0/
SECT; 6; P;20; P; 2; L; 0; 1; 0/
SECT; 7; P; 2; P; 3; L; 1; 1; 0/
SECT; 8; P; 3; P;27; L; 0; 1; 0/
SECT; 9; P;27; B; 1; L; 6; 1; 0/
SECT;10; B; 1; P;29; L; 6; 1; 0/
SECT;11; P;29; T; 2; L; 0; 1; 0/
SECT;12; T; 2; P;32; L; 0; 1; 0/
SECT;13; P;32; B; 2; L; 7; 1; 0/
SECT;14; B; 2; P;30; L; 7; 1; 0/
SECT;15; P;30; P;24; L; 0; 1; 0/
SECT;16; P;24; P;23; L; 5; 1; 0/
SECT;17; P;23; P;16; L; 0; 1; 0/
SECT;18; P;16; P;15; L; 3; 1; 0/
SECT;19; P;15; P; 6; L; 0; 1; 0/
SECT;20; P; 6; T; 1; L; 0; 1; 0/
SECT;21; B; 1; P;28; L; 6; 1; 0/
SECT;22; P;28; P; 4; L; 0; 1; 0/
SECT;23; P; 4; T; 5; L; 0; 1; 0/
SECT;24; T; 5; P; 5; L; 0; 1; 0/
SECT;25; P; 5; P;31; L; 0; 1; 0/
```

```
SECT;26; P;31; B; 2; L; 7; 1; 0/
SECT;27; T; 3; P; 8; L; 0; 1; 0/
SECT;28; P; 8; P;21; L; 0; 1; 0/
SECT;29; P;21; P;22; L; 4; 1; 0/
SECT;30; P;22; P;25; L; 0; 1; 0/
SECT;31; P;25; P;26; L; 5; 1; 0/
SECT;32; P;26; P;10; L; 0; 1; 0/
SECT;33; P;10; T; 4; L; 0; 1; 0/
SECT;34; T; 4; P; 9; L; 0; 1; 0/
SECT;35; P; 9; P;18; L; 0; 1; 0/
SECT;36; P;18; P;17; L; 3; 1; 0/
SECT;37; P;17; P;14; L; 0; 1; 0/
SECT;38; P;14; P;13; L; 2; 1; 0/
SECT;39; P;13; P; 7; L; 0; 1; 0/
SECT;40; P; 7; T; 3; L; 0; 1; 0/
```

Wie im Modell Palettentransport I wird die Section 5 zwischen den Punkten P2 und P3 als einfache Blockstrecke gekennzeichnet.

```
BLOC; 1; 1/
```

Weiterhin werden die Sectionen, die zu Kreuzungen und Weichen gehören sollen, als Blockstrecke mit der Kapazität 1 gekennzeichnet.

```
BLOC; 2; 1/
BLOC; 3; 1/
BLOC; 4; 1/
BLOC; 5; 1/
BLOC; 6; 1/
BLOC; 7; 1/
```

Als nächstes müssen die Segmente definiert werden. Endpunkte der Segmente müssen Verzweigungen und Terminals sein. Ein Segment darf keine Verzweigung und kein Terminal beinhalten.

```
SEGM; 1;  1; 2; 3; 4; 5; 6; 7; 8; 9/
SEGM; 2; 10; 11/
SEGM; 3; 12; 13/
SEGM; 4; 14; 15; 16; 17; 18; 19; 20/
SEGM; 5; 21; 22; 23/
SEGM; 6; 24; 25; 26/
SEGM; 7; 27; 28; 29; 30; 31; 32; 33/
SEGM; 8; 34; 35; 36; 37; 38; 39; 40/
```

Nach der Definition der Segmente können die drei Routen angegeben werden.

```
ROUT; 1; 1; 2; 3; 4/
ROUT; 2; 1; 5; 6; 4/
ROUT; 3; 7; 8/
```

Damit ist die Beschreibung des Wegenetzes abgeschlossen.

Hinweise:

* Die Beschreibung des Wegenetzes ist sehr aufwendig. Es ist jedoch zu beachten, daß das vorliegende Wegenetz für das Modell Palettentransport III bereits sehr komplex ist. Man sieht, daß alle angeforderten Informationen erforderlich sind.

* Da die Beschreibung des Wegenetzes auch sehr fehleranfällig ist, empfiehlt es sich, alle Angaben wie z.B. Knotenart, Namen, Blockstreckennummer, Sectionsnummer und dgl. auf einem großen Plan genau einzutragen.

* Der hohe Aufwand bei der Beschreibung des Wegenetzes ermöglicht maximale Flexibilität.

Im Folgenden sind die Ergebnisse dargestellt, wie sie sich nach einer Simulationsdauer von 300 ZE ergeben haben.

blocked transactions
====================

queue:

terminal nr.	average length	average time in queue
1	1.439	.2880
2	.0	.0
3	2.788	.8601
4	.0	.0
5	.0	.0

vehicle statistics :
====================

vehicle index	empty time	occupied time	parking time	blocked time	require-ments	number transp.
1	172.2	114.8	.0	7.240	63.00	63.00
2	195.0	91.14	.0	.4907E-01	73.00	73.00
3	167.5	121.3	.0	5.961	55.00	55.00
4	210.4	81.20	.0	12.09	43.00	43.00
5	167.5	121.1	.0	6.177	55.00	55.00
6	195.5	94.12	.0	11.08	50.00	50.00
7	156.3	131.2	.0	4.623	60.00	60.00
8	187.5	96.14	.0	.2466E-01	77.00	77.00
9	193.6	95.18	.0	7.650	53.00	53.00
10	159.7	127.9	.0	5.985	58.00	58.00
11	197.2	91.91	.0	9.076	50.00	50.00
12	167.0	121.4	.0	6.452	55.00	55.00
13	176.6	109.9	.0	7.284	60.00	60.00
14	210.0	75.89	.0	.3662E-01	61.00	61.00
15	171.9	116.2	.0	6.388	53.00	53.00
16	210.1	79.99	.0	10.89	43.00	43.00
17	157.6	128.8	.0	6.334	58.00	58.00
18	173.8	112.1	.0	7.430	61.00	61.00
19	158.2	128.6	.0	5.594	59.00	59.00
20	193.7	90.01	.0	.4517E-01	72.00	72.00
21	187.5	98.49	.0	7.536	54.00	54.00
22	172.7	113.8	.0	5.727	52.00	52.00
23	162.7	121.4	.0	7.354	67.00	67.00
24	166.8	120.2	.0	7.271	54.00	54.00
25	172.1	112.3	.0	6.421	62.00	62.00
26	196.3	87.39	.0	.2710E-01	70.00	70.00
27	177.8	109.5	.0	7.514	49.00	49.00
28	183.5	102.0	.0	8.981	55.00	55.00
29	185.3	102.0	.0	7.288	46.00	46.00
30	213.0	75.35	.0	9.063	41.00	41.00
31	199.9	88.09	.0	7.748	40.00	40.00
32	199.0	87.56	.0	10.30	47.00	47.00
33	203.4	80.01	.0	.3687E-01	64.00	64.00
34	163.1	121.7	.0	6.683	55.00	55.00
35	176.3	102.4	.0	.2734E-01	82.00	82.00
36	200.0	81.14	.0	.4785E-01	65.00	65.00
37	203.8	77.40	.0	.4956E-01	62.00	62.00
38	188.8	89.90	.0	.4346E-01	72.00	72.00
39	197.5	81.14	.0	.2661E-01	65.00	65.00
40	182.5	93.64	.0	.3589E-01	75.00	75.00
41	202.2	76.26	.0	.4517E-01	61.00	61.00
42	184.9	91.26	.0	.2637E-01	73.00	73.00

vehicle index	mean loading	mean loading (%)	unloaded journey	loaded journey	loading time
1	.4000	40.00	1356.	882.0	13.05
2	.3185	31.85	1560.	729.0	13.97
3	.4200	42.00	1328.	935.0	11.04
4	.2785	27.85	1634.	602.0	8.179
5	.4195	41.95	1324.	935.0	11.16
6	.3250	32.50	1528.	700.0	9.859
7	.4565	45.65	1243.	1020.	11.84
8	.3389	33.89	1500.	769.0	15.65
9	.3296	32.96	1512.	737.0	10.63
10	.4448	44.48	1267.	986.0	11.50
11	.3179	31.79	1540.	700.0	9.856
12	.4209	42.09	1326.	930.0	10.39
13	.3836	38.36	1394.	840.0	12.16
14	.2654	26.54	1680.	607.0	12.54
15	.4033	40.33	1360.	893.0	10.48
16	.2757	27.57	1632.	602.0	8.351
17	.4497	44.97	1254.	986.0	11.89
18	.3921	39.21	1374.	854.0	12.14
19	.4484	44.84	1258.	992.0	11.14
20	.3173	31.73	1549.	720.0	14.15
21	.3443	34.43	1472.	756.0	11.59
22	.3973	39.73	1362.	884.0	11.00
23	.4272	42.72	1288.	926.0	13.22
24	.4189	41.89	1320.	918.0	10.86
25	.3948	39.48	1356.	868.0	12.62
26	.3081	30.81	1570.	699.0	13.39
27	.3811	38.11	1405.	833.0	10.01
28	.3572	35.72	1442.	770.0	11.27
29	.3550	35.50	1458.	782.0	9.275
30	.2613	26.13	1660.	574.0	8.628
31	.3059	30.59	1562.	680.0	8.281
32	.3056	30.56	1552.	658.0	9.747
33	.2823	28.23	1627.	640.0	12.72
34	.4274	42.74	1292.	933.0	11.43
35	.3674	36.74	1410.	819.0	16.85
36	.2886	28.86	1600.	649.0	13.51
37	.2753	27.53	1630.	619.0	12.74
38	.3226	32.26	1510.	719.0	14.55
39	.2912	29.12	1580.	649.0	13.72
40	.3391	33.91	1460.	749.0	15.44
41	.2739	27.39	1617.	610.0	12.29
42	.3305	33.05	1479.	730.0	13.89

segment loading :
=================

segm. ind.	weight	number of bus.	mean number	number of tax.	mean number	number of car.	mean number	total number	mean number
1	12.00	2051	10.95	0	.0	0	.0	2051	10.95
2	2.000	1116	.9300	0	.0	0	.0	1116	.9300
3	2.000	1116	.9301	0	.0	0	.0	1116	.9301
4	12.00	2036	10.16	0	.0	0	.0	2036	10.16
5	5.000	927	1.930	0	.0	0	.0	927	1.930
6	5.000	925	1.925	0	.0	0	.0	925	1.925
7	10.00	1582	6.584	0	.0	0	.0	1582	6.584
8	10.00	1568	6.534	0	.0	0	.0	1568	6.534

block sections
==============

queue:

block index	section index	mean length	mean time in queue
1	7	.7063	.1364
2	3	.2470E-03	.1059E-02
	38	.7899E-04	.1445E-03
3	18	.1223E-03	.6114E-03
	36	.6197E-03	.1120E-02
4	5	.1773E-03	.6997E-03
	29	.8586E-03	.1155E-02
5	16	.9226E-04	.4856E-03
	31	.1820E-03	.2427E-03
6	9	.0	.0
	10	.0	.0
	21	.0	.0
7	13	.1488E-03	.1941E-02
	14	.0	.0
	26	.2192E-04	.1096E-02

* Übung 1:

Eine Weiche soll bereits wieder befahrbar sein, wenn das Fahrzeug den Schenkel bei der Einfahrt verlassen und den Verzweigungspunkt passiert hat.

Hinweis:

* Alle drei Sectionen, die die 3 Schenkel der Weiche bilden, sind als eigene Blockstrecken zu definieren.

* Übung 2:

Beim Befahren einer Weiche soll sich die Geschwindigkeit auf ein Drittel reduzieren.

Hinweis:

* Der Geschwindigkeitsfaktor aller Sectionen, die zu einer Weiche gehören, ist mit 0.33 anzugeben.

* Übung 3:

Falls eine Kreuzung freigegeben wird, sollen Fahrzeuge der Route 1 und 2 bevorrechtigt weiterfahren können. Die Fahrzeuge der Route 3 werden aufgehalten, bis alle Fahrzeuge der Route 1 und 2 die Kreuzung passiert haben.

Hinweis:

* Alle Fahrzeuge, die an Sectionen warten, die zu einer Blockstrecke gehören, stehen in einer Warteschlange. Aus dieser Warteschlange werden sie der angegebenen Policy entsprechend ausgewählt. Die Voreinstellung für die Policy ist PFIFO.

Das gewünschte Verhalten ergibt sich, wenn die Fahrzeuge der Route 3 bei der Generierung eine niedrigere Priorität erhalten als die Fahrzeuge der Route 1 und 2.

4.3 Stationstypen im Transportmodell

In der bisherigen Dokumentation wurden nur Terminals mit Be- und Entladefunktion beschrieben. Es ist jedoch möglich, alle Stationstypen, die GPSS-FORTRAN Version 3 anbietet, auch in Transportmodellen einzusetzen. Damit ergeben sich für Transportmodelle Darstellungsmöglichkeiten, die einen sehr detailgetreuen Modellaufbau ermöglichen.

Anhand von drei Beispielmodellen wird gezeigt, wie die zusätzlichen Stationstypen in Transportmodellen eingesetzt werden können.

Modell Fahrzeugwartung	Einsatz einer Facility Aufbau einer Wartungsstation in einem Transportmodell.
Modell Güterabfertigung	Einsatz einer Multifacility Aufbau mehrerer paralleler Entladestraßen in einer Lagerhalle.
Modell Nachbearbeitung	Einsatz eines Gates Aufbau einer Komponente zur Einhaltung einer vorgeschriebenen Fahrzeugreihenfolge.

4.3.1 Funktionen in Terminals

Ein Terminal ist eine Station, die das Ziel einer Fahrzeugbewegung ist. Nach Abschluß der Fahrbewegung kann das Fahrzeug verschiedene Funktionen ausführen.

In der bisherigen Beschreibung waren die Funktionen, die in einem Terminal ausgeführt werden konnten, die folgenden:

- Entladen GOUT
- Beladen GLOAD
- Parken GPARK

Eine typische Folge von Funktionsaufrufen hat demnach die folgende Form:

- Fahrt zum Terminal
- Entladen
- Beladen
- Weiterfahrt zum nächsten Terminal

Eine derartige typische Folge findet sich beispielsweise im Modell Produktionsanlage V (Siehe Kap. 4.1.5 "Verzweigungen mit individuellen Bedingungen").

```
4      CALL GRIDE  ('T',1,4,'T',2,5,*9000,*9999)
5      CALL GOUT   (6,0,0.,*9000,*9999)
6      CALL GLOAD  (7,0,0.,*9000,*9999)
7      CALL GRIDE  ('T',2,7,'T',3,8,*9000,*9999)
```

Hinweise:

* Der wesentliche Gesichtspunkt an dieser Stelle ist die Tatsache, daß durch den ersten Aufruf von GRIDE das Fahrzeug zum Terminal gebracht wird. Der Weitertransport erfolgt durch den zweiten Aufruf von GRIDE. Dazwischen liegen die Funktionen, die im Terminal auszuführen sind.

* Der erste Aufruf von GRIDE hat als Zielpunkt dasjenige Terminal, das beim zweiten Aufruf als Startpunkt erscheint. Im vorliegenden Beispiel handelt es sich um das Terminal T2.

Im Simulator GPSS-FORTRAN Version 3 ist es möglich, die Funktionen, die in einem Terminal ausgeführt werden, nicht auf Beladen, Entladen und Parken zu beschränken, sondern beliebig zu erweitern.
So kann man innerhalb eines Terminals alle Funktionen aufrufen, die zu den Stationstypen gehören, die ganz allgemein von GPSS-FORTRAN Version 3 angeboten werden.

* Beispiel 1:

Fahrzeuge sollen in einer Facility einzeln bearbeitet werden. Die Folge der Unterprogrammaufrufe hätte in diesem Fall die folgende Form:

```
4      CALL GRIDE ('T',1,4,'T',2,5,*9000,*9999)
5      CALL SEIZE (1,5,*9000)
       CALL WORK  (1,10.,0,6,*9000,*9999)
6      CALL CLEAR (1,*9999,*9999)
7      CALL GRIDE ('T',2,7,'T',3,8,*9000,*9999)
```

Im vorliegenden Beispiel wurden die Funktionen des Be- und Entladens durch Funktionen ersetzt, die eine Facility charakterisieren.

Das bedeutet, daß die Fahrzeuge durch den Aufruf von GRIDE bis zum Terminal NTER=2 transportiert werden, in der Facility verweilen und nach der Bearbeitung durch den 2. Aufruf von GRIDE von Terminal NTER=2 zum nächsten Terminal NTER=3 befördert werden.

Erreichen Fahrzeuge das Terminal, bevor ein Fahrzeug fertig bearbeitet ist, so stellen sie sich in gewohnter Weise in die Warteschlange vor der Facility.

Selbstverständlich ist es auch möglich, in einem Terminal mehrere Stationen hintereinander aufzurufen. So kann zum Beispiel ein Fahrzeug in einem Terminal zwei Facilities hintereinander durchlaufen. Es ergäbe sich dann eine Unterprogrammfolge dieser Art:

```
       CALL GRIDE
       CALL SEIZE (NFA=1)
       CALL WORK  (NFA=1)
       CALL CLEAR (NFA=1)
       CALL SEIZE (NFA=2)
       CALL WORK  (NFA=2)
       CALL CLEAR (NFA=2)
       CALL GRIDE
```

Um das Warteschlangenverhalten der Stationen innerhalb eines Terminals überwachen zu können, stehen wie gewohnt die Bins zur Verfügung. Wird beispielsweise Information über die Warteschlange einer Facility benötigt, kann man diese wie folgt beschaffen:

```
CALL GRIDE
CALL ARRIVE
CALL SEIZE
CALL DEPART
CALL WORK
CALL CLEAR
CALL GRIDE
```

Als besonders zweckmäßig erweist sich, daß innerhalb eines Terminals alle in GPSS-FORTRAN Version 3 verfügbaren Funktionen aufgerufen werden können.

So besteht z.B. die Möglichkeit, innerhalb einer Facility die Funktion GOUT oder GLOAD einzusetzen.

Ein Terminal bestehe aus einem Abladeplatz, der nur genau ein Fahrzeug bedienen kann. Weitere Fahrzeuge stehen in einer Warteschlange.
Ein derartiges Modell kann durch die folgenden Unterprogrammaufrufe aufgebaut werden:

```
CALL GRIDE
CALL SEIZE
CALL GOUT
CALL CLEAR
CALL GRIDE
```

Falls ein Terminal aus einem Entladeplatz und einem Beladeplatz besteht, die hintereinander angeordnet sind und jeweils nur ein Fahrzeug bedienen können, ergeben sich die folgenden Unterprogrammaurufe:

```
CALL GRIDE
CALL SEIZE
CALL GOUT
CALL CLEAR
CALL SEIZE
CALL GLOAD
CALL CLEAR
CALL GRIDE
```

Hinweise:

* Die Funktionen GLOAD, GOUT und GPARK können für jedes Terminal aufgerufen werden. Die erforderlichen Datenbereiche sind auf jeden Fall vorhanden. Es besteht jedoch die Möglichkeit, hiervon keinen Gebrauch zu machen und z.B. in einem Terminal nur die Funktionen aufzurufen, die zu einer Facility gehören.

* Selbstverständlich ist es auch möglich, in einem Terminal keine Funktionen auszuführen. Es folgen dann die beiden Aufrufe von GRIDE unmittelbar aufeinander. Von dieser Vorgehensweise wurde im Modell Produktionsanlage V Gebrauch gemacht (siehe Kap. 4.1.5 "Verzweigungen mit individuellen Bedingungen"). Hier fährt das Fahrzeug den folgenden Weg:

  T3 --> B1 --> T5 --> T4

  Das Terminal T5 führt keine Funktion aus. Es dient nur zur Beschreibung des Umweges.

* Bei der Angabe von Leer-, Belegt- und Parkzeiten in der Wagenstatistik wird die Zeit, die ein Fahrzeug in der Warteschlange vor einer Station verbracht hat, nicht berücksichtigt. Der Benutzer muß die hierfür erforderliche Korrektur selbst durchführen.

* Es ist darauf zu achten, daß die Kennzeichnung 'T' für Terminals und 'B' für Verzweigungen vom Typ Charakter sind. In die Parameterliste von GRIDE muß daher 'T' und 'B' eingesetzt werden.

4.3.2 Das Modell Fahrzeugwartung

Das Modell Fahrzeugwartung orientiert sich am Modell Palettentransport I (siehe Kap. 4.2.1 "Die einfache Blockstrecke").

Die Paletten werden nach der Exponentialverteilung mit dem Mittelwert 0.2 ZE erzeugt und laufen auf ein Terminal T1, wo sie auf einen Gabelstapler warten.

Mit Hilfe eines Gabelstaplers werden sie zum Terminal T2 gebracht und dort ausgeladen. Anschließend verlassen sie das Modell. Die Kapazität der Gabelstapler sei eine Palette. Die Geschwindigkeit betrage 8 LE/ZE.

Es stehen insgesamt 28 Gabelstapler zur Verfügung, die sich auf einer Bahn bewegen, deren Anordnung Bild 30 zeigt.

Die Be- und Entladezeit soll gaußverteilt sein. Der Mittelwert sei 0.1 ZE mit SIGMA = 0.04.

Nach einer bestimmten Anzahl von Umläufen wird für einen Gabelstapler eine Wartung erforderlich. Die Anzahl der Umläufe, die ein Fahrzeug zurücklegt bis die Wartung erfolgt, ist zufällig und folgt einer Gleichverteilung, deren Grenzen zwischen 2 und 18 Umläufen liegen.
Die Wartungszeit selbst ist gaußverteilt mit Mittelwert MEAN = 1.4 ZE und SIGMA = 0.4.

Untersucht werden soll das Warteschlangenverhalten von der Wartungsstation.

Die Erzeugung und Vernichtung der Paletten sowie das Betreten und Verlassen des Terminals wird im Unterprogramm ACTIV modelliert.

```
C
C     Erzeugen der Transaction
C     ========================
1     CALL ERLANG (0.2,1,0.007,1.,1,RAND1,*9999)
      CALL GENERA (RAND1,1,*9999)
C
C     Betreten des Terminals
C     ======================
      CALL GETIN (1,2,2,3,0,0,*9000,*9999)
C
C     Verlassen des Terminals und Vernichten der Transaction
C     ======================================================
2     CALL GETOUT
      CALL TERMIN (*9000)
```

Da eine Verzweigung vorliegt, die aufgrund des Fahrzeugzustandes zum Wartungsplatz verzweigt und ein Terminal im Modell vorkommt, in dem die Funktionen einer Facility benötigt werden, handelt es sich um allgemeinen Betrieb. Das Wegenetz mit den Fahrzeugbewegungen muß vom Anwender im Unterprogramm ACTIVG selbst aufgebaut werden.

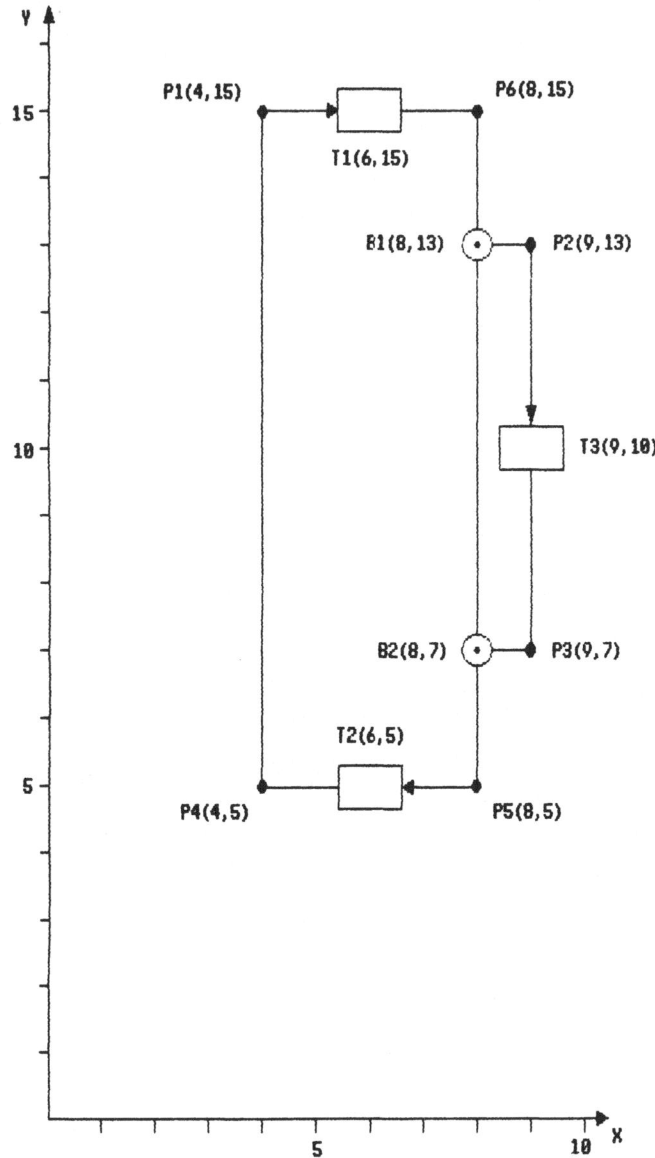

Bild 30: Der Wegeplan für das Modell Fahrzeugwartung

```
C
C     Erzeugen der Fahrzeuge
C     ======================
1     CALL GGEN (0.125,1,1,8.,1,0,*9999)
C
C     Wartungsabstand
C     ===============
      CALL UNIFRM (2.,18.,3,ROUNDS)
      TX(LTX,9) = ROUNDS
C
C     Beladen am Terminal T1
C     ======================
2     CALL GAUSS (0.1,0.04,0.005,1.,2,TIME1)
      CALL GLOAD (3,0,TIME1,*9000,*9999)
C
C     Fahrt zur Verzweigung B1
C     ========================
3     CALL GRIDE ('T',1,3,'B',1,4,*9000,*9999)
C
C     Verzweigung B1
C     ==============
4     TX(LTX,9) = TX(LTX,9) - 1.
      IF(TX(LTX,9).LE.0.) GOTO 6
5     CALL GRIDE ('B',1,5,'T',2,11,*9000,*9999)
6     CALL GRIDE ('B',1,6,'T',3,7,*9000,*9999)
C
C     Wartung bei Terminal T3
C     =======================
7     CALL ARRIVE (1,1)
8     CALL SEIZE (1,8,*9000)
      CALL DEPART (1,1,0.,*9999)
      CALL GAUSS (1.4,0.4,0.6,2.2,3,REP)
      CALL WORK (1,REP,0,9,*9000,*9999)
9     CALL CLEAR (1,*9999,*9999)
C
C     Wartungsabstand
C     ===============
      CALL UNIFRM (2.,18,3,ROUNDS)
      TX(LTX,9) = ROUNDS
C
C     Fahrt zum Terminal T2
C     =====================
10    CALL GRIDE ('T',3,10,'T',2,11,*9000,*9999)
C
C     Entladen am Terminal T2
C     =======================
11    CALL GAUSS (0.1,0.04,0.005,1.,4,TIME2)
      CALL GOUT (12,0,TIME2,*9000,*9999)
C
C     Fahrt zum Terminal T1
C     =====================
12    CALL GRIDE ('T',2,12,'T',1,2,*9000,*9999)
```

Hinweis:

* An dieser Stelle wurde davon Gebrauch gemacht, daß ein Aufruf des Unterprogrammes GRIDE einen Fahrvorgang bewirkt, der gleich mehrere Segmente umfaßt. Es ist nicht erforderlich, für jedes einzelne Segment einen eigenen Aufruf des Unterprogrammes GRIDE anzugeben.
  So wird beispielsweise die Strecke vom Terminal T3 zum Terminal T2 durch einen Aufruf des Unterprogrammes GRIDE durchfahren, obwohl zwischen T3 und T2 die zwei Segmente T3 --> V2, V2 --> T2 liegen.

Sowohl für die Quelle, die die Paletten erzeugt, als auch für die Quelle, die für die 28 Fahrzeuge zuständig ist, muß im Rahmen der Quellstart festgelegt werden. Das geschieht durch die folgenden beiden Anweisungen:

```
C
C     Start Sources
C     =============
      CALL START  (1,0.,1,*9999)
      CALL TSTART (2,0.,1,3,*9999)
```

Da die Quelle NSC=2 genau 28 Fahrzeuge vom Typ Bus erzeugen soll, muß im Rahmen im Abschnitt "Assign Source Matrix" die Anzahl der zu erzeugenden Transactionen angegeben werden:

```
      SOURCL (2,3) = 28.
```

Als nächstes muß die Beschreibung des Wegenetzes auf der Datei DATAIN angegeben werden;

```
KOOR; T; 1; 6; 15/
KOOR; T; 2; 6;  5/
KOOR; T; 3; 9; 10/
KOOR; B; 1; 8; 13/
KOOR; B; 2; 8;  7/
KOOR; P; 1; 4; 15/
KOOR; P; 2; 9; 13/
KOOR; P; 3; 9;  7/
KOOR; P; 4; 4;  5/
KOOR; P; 5; 8;  5/
KOOR; P; 6; 8; 15/
```

```
SECT;  1; T; 1; P; 6; L; 0; 1; 0/
SECT;  2; P; 6; B; 1; L; 0; 1; 0/
SECT;  3; B; 1; B; 2; L; 0; 1; 0/
SECT;  4; B; 1; P; 2; L; 0; 1; 0/
SECT;  5; P; 2; T; 3; L; 0; 1; 0/
SECT;  6; T; 3; P; 3; L; 0; 1; 0/
SECT;  7; P; 3; B; 2; L; 0; 1; 0/
SECT;  8; B; 2; P; 5; L; 0; 1; 0/
SECT;  9; P; 5; T; 2; L; 0; 1; 0/
SECT; 10; T; 2; P; 4; L; 0; 1; 0/
SECT; 11; P; 4; P; 1; L; 0; 1; 0/
SECT; 12; P; 1; T; 1; L; 0; 1; 0/
SEGM;  1; 1; 2/
SEGM;  2; 3/
SEGM;  3; 4; 5; 6; 7/
SEGM;  4; 6; 7/
SEGM;  5; 8; 9/
SEGM;  6; 10; 11; 12/
END/
```

Untersuchungsziel ist das Warteschlangenverhalten vor der Wartungsstation.
Die entsprechende Warteschlange wird durch die Bin NBN=1 überwacht. Die Ergebnisse werden am Ende des Simulationslaufes durch den Ausdruck des Unterprogramms

```
      CALL REPRT4
```

ausgewertet und ausgedruckt.

Weiterhin wird das Warteschlangenverhalten an den Terminals NTER=1 und NTER=2 ausgedruckt.

Programmbeschreibung:

Für alle neu erzeugten Fahrzeuge wird als erstes die Anzahl der Runden festgelegt, die ein Fahrzeug zurücklegen kann, bevor eine Wartung erforderlich wird.
Am Verzweigungspunkt B1 wird die Anzahl der Runden, die ein Fahrzeug zurückgelegt hat um eine Runde reduziert.
Hat die Anzahl der Runden die Zahl Null erreicht, wird zur Wartungsstation verzweigt, die sich im Terminal NTER=3 befindet.

Nach der Bearbeitung wird die neue Rundenzahl festgelegt und dem Fahrzeug mitgegeben. Anschließend erfolgt die Fahrt zum Terminal NTER=2.

bin array
=========

nbn	qty	max	sumin	sumout	arrive	depart	totalwt	last
1	2	7	175	173	175	173	400.4	300.0

binsta array
============

nbn	duration time	num. of token	conf.int. per cent	displacem. per cent	end of settling phase
1	2.301	1.402	25.13	-.6800E-04	10.00

blocked transactions
====================

queue:

terminal nr.	average length	average time in queue
1	2.086	.4177
2	.0	.0
3	.0	.0

parking vehicles
================

queue:

terminal nr.	average length	average time in queue
1	.0	.0
2	.0	.0
3	.0	.0

vehicle statistics :
====================

vehicle index	empty time	occupied time	parking time	blocked time	require- ments	number transp.
1	150.0	116.9	.0	.0	64.00	64.00
2	184.9	88.91	.0	.0	48.00	48.00
3	154.0	107.9	.0	.0	57.00	57.00
4	162.4	102.7	.0	.0	54.00	54.00
5	162.5	100.6	.0	.0	52.00	52.00
6	170.9	102.7	.0	.0	54.00	54.00
7	153.9	99.58	.0	.0	50.00	50.00
8	146.8	123.2	.0	.0	67.00	67.00
9	154.0	118.2	.0	.0	61.00	61.00
10	179.9	85.55	.0	.0	45.00	45.00
11	162.3	95.41	.0	.0	52.00	52.00
12	162.4	88.29	.0	.0	47.00	47.00
13	176.4	94.42	.0	.0	51.00	51.00
14	183.9	80.27	.0	.0	44.00	44.00
15	169.4	101.0	.0	.0	54.00	54.00
16	150.4	105.9	.0	.0	56.00	56.00
17	155.6	104.4	.0	.0	55.00	55.00
18	176.3	74.79	.0	.0	39.00	39.00
19	143.0	113.1	.0	.0	59.00	59.00
20	157.4	106.8	.0	.0	56.00	56.00
21	49.9	99.29	.0	.0	53.00	53.00
22	155.3	104.3	.0	.0	54.00	54.00
23	158.8	104.8	.0	.0	58.00	58.00
24	155.6	109.3	.0	.0	59.00	59.00
25	180.0	78.16	.0	.0	42.00	42.00
26	160.8	102.5	.0	.0	55.00	55.00
27	158.9	99.41	.0	.0	54.00	54.00
28	152.1	107.4	.0	.0	57.00	57.00

vehicle index	mean loading	mean loading (%)	unloaded journey	loaded journey	loading time
1	.4380	43.80	1200.	935.2	13.63
2	.3247	32.47	1479.	711.2	8.963
3	.4120	41.20	1232.	863.4	11.61
4	.3874	38.74	1299.	821.4	10.45
5	.3822	38.22	1300.	804.5	10.61
6	.3753	37.53	1367.	821.4	10.72
7	.3929	39.29	1231.	796.7	10.26
8	.4563	45.63	1174.	985.3	12.78
9	.4342	43.42	1232.	945.6	11.70
10	.3223	32.23	1439.	684.4	8.632
11	.3702	37.02	1298.	763.2	10.27
12	.3522	35.22	1299.	706.3	9.910
13	.3486	34.86	1411.	755.3	10.20
14	.3038	30.38	1471.	642.2	8.835
15	.3736	37.36	1355.	808.3	10.61
16	.4133	41.33	1203.	847.4	11.05
17	.4015	40.15	1245.	835.4	10.70
18	.2979	29.79	1410.	598.3	8.047
19	.4415	44.15	1144.	904.5	12.01
20	.4043	40.43	1259.	854.5	11.99
21	.3984	39.84	1199.	794.3	10.46
22	.4019	40.19	1242.	834.5	10.74
23	.3975	39.75	1270.	838.2	12.16
24	.4125	41.25	1245.	874.3	11.90
25	.3027	30.27	1440.	625.2	8.837
26	.3894	38.94	1286.	820.3	10.98
27	.3848	38.48	1271.	795.2	10.83
28	.4139	41.39	1217.	859.4	11.75

segment loading :
=================

segm. ind.	weight	number of bus.	mean number	number of tax.	mean number	number of car.	mean number	total number	mean number
1	4.000	0	.0	0	.0	2030	3.383	2030	3.383
2	6.000	0	.0	0	.0	2030	5.075	2030	5.075
3	9.083	0	.0	0	.0	177	.6674	177	.6674
4	4.000	0	.0	0	.0	172	.2862	172	.2862
5	4.000	0	.0	0	.0	2016	3.357	2016	3.357
6	14.00	0	.0	0	.0	2009	11.71	2009	11.71

* Übung 1:

Die Wartung soll an zwei hintereinanderliegenden Bearbeitungsplätzen durchgeführt werden.

Hinweis:

* Hinter die erste Facility ist eine zweite Facility einzufügen. Die Bearbeitungszeit soll jeweils genau 0.7 ZE betragen.

* Übung 2:

Nach der Bearbeitung durch die erste Facility werden die Fahrzeuge gesammelt und in Gruppen zu je drei Fahrzeugen weitergeschickt.

Hinweis:

* Hinter die Facility mit den Unterprogrammaufrufen SEIZE, WORK und CLEAR ist der Aufruf des Unterprogrammes GATHR1 einzufügen, der eine Gather-Station realisiert.

* Übung 3:

Es ist zu beachten, daß die Warteschlange, die sich vor einer Facility aufbaut, ohne räumliche Ausdehnung ist.
Soll für sehr detailgetreue Modellierung der Rückstau berücksichtigt werden, der sich durch die wartenden Fahrzeuge mit ihrer fest vorgegebenen Länge auf der Strecke ergibt, so kann nicht mit Facilities gearbeitet werden. Die Fahrzeuglänge beträgt jeweils 0.2 LE.

Hinweis:

* Für jeden Streckenabschnitt, auf dem ein wartendes Fahrzeug stehen kann, ist eine eigene Section anzulegen, die die Länge des Fahrzeuges aufweist und als Blockstrecke die Kapazität 1 besitzt. Die letzte Section vor der Wartungsstation wird durch die Signalfunktion frei geschaltet.

Die Funktionsfolge im Terminal T3 hat damit die folgende Form:

```
      CALL SIGNAL (NBLOC; 1; *9999)
      CALL GAUSS  (1.4,0.4,0.6,2.2,3,REP)
      CALL ADVANC (REP, 9, *9000)
9     CALL SIGNAL (NBLOC; 0; *9999)
```

Sobald ein Fahrzeug das Terminal betritt, wird die vorherige Sektion mit der Blockstreckennummer NBLOC gesperrt. Anschließend erfolgt die Bearbeitung.

Nach Abschluß der Bearbeitung wird die Blockstrecke wieder freigegeben. Ein Fahrzeug kann aus der davorliegenden Section nachrücken.
Warten bereits mehrere Fahrzeuge, so wird dieser Nachrückvorgang von Section zu Section selbständig erfolgen.
Hierzu ist das Segment 5, das von der Verzweigung B1 zum Terminal T3 führt, in entsprechend viele Sectionen zu unterteilen, die als Blockstrecke zu deklarieren sind. Am Unterprogrammaufruf

```
5      CALL GRIDE ('B',1,5,'T',3,7,*9000,*9999)
```

ändert sich nichts. Das Befahren der Sectionen und das Freischalten und Belegen der Blockstrecken innerhalb des Segments 5 erledigt die Ablaufkontrolle selbständig.

* Übung 4:

Natürlich ist es möglich, Fahrzeuge nicht nur zu erzeugen, sondern auch zu vernichten.
Hierzu wird das Modell Fahrzeugwartung modifiziert. Im Terminal T3 stellt sich nach der Wartung heraus, daß 20 % der Fahrzeuge nicht mehr betriebsfähig sind. Sie werden ausrangiert. Für jedes ausrangierte Fahrzeug wird 10 ZE später ein neues Fahrzeug erzeugt und in das Modell gebracht.

Hinweis:

* Die Wartung bei Terminal T3 hat jetzt folgende Form:

```
C
C      Wartung bei Terminal T3
C      =======================
7      CALL ARRIVE (1,1)
8      CALL SEIZE (1,8,*9000)
       CALL DEPART (1,1,0,*9999)
       CALL GAUSS (1.4,0.4,0.6,2.2,3,REP)
       CALL WORK (1,REP,0,9,*9000,9999)
9      CALL CLEAR (1,*9999,*9999)
C
C      Fehlerhafte Fahrzeuge vernichten
C      ================================
       CALL TRANS (0.8,99,*9999)
       CALL TSTART (3,T+10.,13,3,*9999)
       CALL TERMIN (*9000)
99     CONTINUE
```

Für das Erzeugen der neuen Fahrzeuge wird eine zusätzliche Quelle NSC=3 eingeführt. Der dazugehörige Unterprogrammaufruf muß in ACTIVG neu aufgenommen werden:

```
C
C      Erzeugen der Fahrzeuge
C      ======================
1      CALL GGEN (0.125,1,1,8.,1,0,*9999)
       GOTO 19
```

```
13    CALL GGEN (1.E+10,1,1,8.,1,0,*9999)
19    CONTINUE
```

Ein neues Fahrzeug soll immer nur dann erzeugt werden, wenn ein fehlerhaftes Fahrzeug aussortiert wurde. Daher wird im Terminal T3 ein Sourcestart veranlaßt.

Der Aufruf des Unterprogrammes GGEN an dieser Stelle ist nicht möglich. Die Erzeugung von Transactions muß immer über einen Sourcestart laufen.

Im Normalfall beginnt eine einmal gestartete Source mit der Erzeugung von Transactions in einem zeitlichen Abstand, der durch den Parameter ET angegeben wird. Da jedoch im vorliegenden Beispiel immer nur genau eine Fahrzeugtransaction erzeugt werden soll, wird der Zeitpunkt für die Erzeugung der nächsten Transaction unerreichbar hoch gesetzt.
Falls ein weiteres Fahrzeug als fehlerhaft aussortiert wurde, erfolgt ein neuer Source-Start, der den Aktivierungszeitpunkt der Source korrigiert.

Bei der Vernichtung von Fahrzeugen ist zu berücksichtigen, daß mit dem Fahrzeug auch die beförderten Aufträge vernichtet werden. Wird das nicht gewünscht, muß man sie vorher aussteigen lassen.

Hierbei ist zu beachten, daß Aufträge nur an ihrem Zielterminal aussteigen können. Ein Hinauswerfen von Aufträgen an Terminals, die beim Beladen nicht als Zielterminals angegeben wurden, ist nicht möglich.

4.3.3 Das Modell Güterabfertigung

Das Modell Güterabfertigung geht vom Modell Fahrzeugwartung aus. Die Paletten werden nach der Exponentialverteilung mit dem Mittelwert 0.2 ZE erzeugt und laufen zum Terminal T1, wo sie auf ein Fahrzeug warten.

Mit Hilfe des Fahrzeuges werden sie zum Terminal T2 gebracht und dort entladen. Anschließend verlassen sie das Modell. Die Kapazität der Gabelstapler sei eine Palette. Die Geschwindigkeit betrage 8 LE/ZE. Es stehen insgesamt 28 Gabelstapler zur Verfügung, die sich auf einer Ringbahn bewegen, deren einfachen Aufbau Bild 31 zeigt.

Hinweis:

* Der Wegeplan für das Modell Güterabfertigung entspricht dem Wegeplan für das Modell Fahrzeugwartung. Es fehlt die Verzweigung zur Wartungsstation bei Terminal T3.

Die Beladezeit soll gaußverteilt sein. Der Modellwert sei 0.1 ZE mit SIGMA = 0.04. Für die Entladezeit gilt wieder die Gaußverteilung. In diesem Fall jedoch mit Mittelwert 0.3 ZE und SIGMA=0.04.

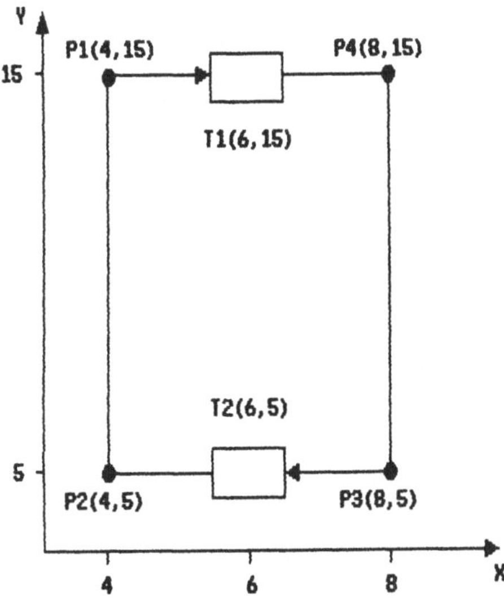

Bild 31: Der Wegeplan für das Modell Güterabfertigung

Im Modell Güterabfertigung soll die Entladestation beim Terminal T2 besonders abbildungsgetreu aufgebaut werden.

Die Entladestation soll aus drei parallelen Entladerampen bestehen, die jeweils für ein Fahrzeug Platz bieten. Sind alle 3 Entladerampen belegt, so reihen sich neu zukommende Fahrzeuge in eine Warteschlange ein, aus der sie nach der Reihenfolge ihres Eintreffens wieder herausgelöst werden.

Für die Entladestation ergibt sich ein Aufbau, den Bild 32 zeigt.

Das Untersuchungsziel ist das Verhalten der Warteschlange vor den Entladerampen.

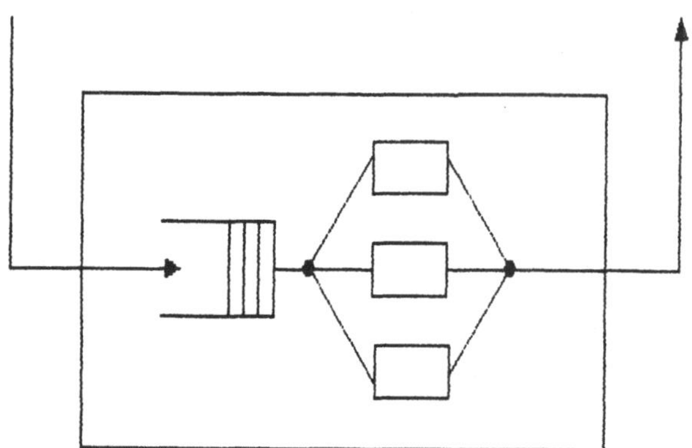

Bild 32: Aufbau der Entladestation im Modell Güterabfertigung

Programmbeschreibung:

Die Erzeugung der Paletten erfolgt in genau der gleichen Weise wie im Modell Fahrzeugwartung. Das Unterprogramm ACTIV kann ohne Modifikation übernommen werden.

Hinweis:

* An dieser Stelle zeigt sich der große Vorteil, der sich aus der Trennung zwischen Auftragsmodell und Transportmodell ergibt. Da sich im Vergleich zum Modell Fahrzeugwartung im Modell Güterabfertigung das Auftragsmodell nicht geändert hat, kann das Auftragsmodell ohne Modifikation direkt übernommen werden.

  Da es sich im Modell Güterabfertigung um ein verändertes Transportmodell handelt, muß das Unterprogramm ACTIVG neu aufgebaut werden.

```
C
C     Erzeugen der Fahrzeuge
C     ======================
1     CALL GGEN (0.125,0.,1,8.,1,0,*9999)
C
C     Beladen am Terminal T1
C     ======================
2     CALL GAUSS (0.1,0.04,0.02,0.18,2,TIME1)
```

```
      CALL GLOAD (3,0,TIME1,*9000,*9999)
C
C     Fahrt zum Terminal T2
C     =====================
3     CALL GRIDE ('T',1,3,'T',2,4,*9000,*9999)
C
C     Entladen am Terminal T2
C     =======================
4     CALL ARRIVE (1,1)
5     CALL MSEIZE (1,5,*9000)
      CALL DEPART (1,1,0.,*9000)
      CALL GAUSS (0.3,0.04,0.2,0.4,3,TIME2)
      CALL GOUT (6,0,TIME2,*9000,*9999)
6     CALL MCLEAR (1,*9999,*9999)
C
C     Fahrt zum Terminal T1
C     =====================
7     CALL GRIDE ('T',2,7,'T',1,2,*9000,*9999)
```

Die Entladestation wird durch eine Multifacility dargestellt. Nach der Belegung durch den Unterprogrammaufruf

```
      CALL MSEIZE (1,5,*9000)
```

erfolgt das Entladen durch den Unterprogrammaufruf

```
      CALL GOUT (6,0,TIME2,*9000,*9999)
```

Es fällt auf, daß an Stelle des Unterprogrammes MWORK, das die Bearbeitung eines Auftrages in der Multifacility übernimmt, hier der Unterprogrammaufruf für GOUT steht. Das ist durchaus möglich, da nach Durchlauf der Warteschlange und nach Betreten der Multifacility von der Transaction beliebige Funktionen ausgeführt werden können.

Nach dem Entladevorgang gibt jede Transaction ihr Service-Element, das sie belegt hielt, durch den Aufruf von MCLEAR wieder frei.

Hinweise:

* Der Folge von Unterprogrammaufrufen beim Entladen am Terminal T2 sieht man nicht an, daß sich die Funktionen innerhalb eines Terminals abspielen. Die Folge von Unterprogrammaufrufen könnte so in gleicher Weise auch im Auftragsmodell im Unterprogramm ACTIV stehen. Daß es sich um ein Terminal handelt, entnimmt man nur dem vor- bzw. nachgeschalteten Aufruf von GRIDE.

* Sobald ein Fahrzeug durch den Aufruf von MSEIZE ein Service-Element belegt hat, kann der Entladevorgang beginnen. Für den Entladevorgang selbst ist es ohne Bedeutung, an welcher Entladerampe das Fahrzeug gerade steht. Die Funktion des Entladens ist für alle Fahrzeuge identisch. Alle Transactionen können nach Durchlauf von MSEIZE das gleiche Unterprogramm GOUT aufrufen.

In gewohnter Weise müssen für eine Multifacility der Plan und die Kapazität festgelegt werden. Das geschieht im Rahmen im Abschnitt 4.

Der Plan-I LFIRST trägt als Kennzeichnung die Nummer 1. Durch die Anweisung

```
      PLAMA (1,1) = 1
```

wird der Multifacility MFA = 1 daher LFIRST als Plan-I zugewiesen.

In gleicher Weise erhält die Multifacility MFA = 1 den Plan-0 PRIOR durch die Anweisung

```
      PLAMA (1,2) = 1
```

Ebenfalls in Abschnitt 4 des Rahmens muß angegeben werden, wieviele Service-Elemente die Multifacility besitzen soll. Das geschieht durch die Anweisung

```
      MFAC (1,2) = 3
```

```
C     4. Wertzuweisung von konstanten Steuer- und Angangswerten
C     ==========================================================
4000  CONTINUE
C
C     Setzen Policy-, Strategie- und PLAN-Matrix
C     ==========================================
      PLAMA (1,1) = 1
      PLAMA (1,2) = 1
C
C     Setzen Pool- und Speicherkapazität
C     ==================================
C
C     Setzen Kapazitäten der Multifacilities
C     ======================================
      MFAC (1,2) = 3
```

Hinweise:

* Alle Stationen, die im Transportmodell verwendet werden, müssen genauso behandelt werden, als würden sie im Auftragsmodell stehen. So müssen z.B. alle Zusatzinformationen, die die Stationen betreffen, im Rahmen angegeben werden.

* Zwischen dem Einsatz einer beliebigen Station im Auftragsteil (Unterprogramm ACTIV) und im Transportteil (Unterprogramm ACTIVG) besteht kein Unterschied.
  Das Warteschlangenverhalten vor der Entladestation wird durch die Bin NBN=1 überwacht. Die Ergebnisse werden am Ende des Simulationslaufes durch den Ausdruck des Unterprogrammes

  ```
      CALL REPRT 4
  ```

  ausgewertet und ausgedruckt.

bin array
=========

nbn	qty	max	sumin	sumout	arrive	depart	totalwt	last
1	4	15	2155	2151	2155	2151	241.7	300.0

binsta array
============

nbn	duration time	num. of token	conf.int. per cent	displacem. per cent	end of set- tling phase
1	.1123	.8100	15.81	6.079	37.00

blocked transactions
====================

queue:

terminal nr.	average length	average time in queue
1	3.120	.6251
2	.0	.0

parking vehicles
================

queue:

terminal nr.	average length	average time in queue
1	.0	.0
2	.0	.0

vehicle statistics :
===================

vehicle index	empty time	occupied time	parking time	blocked time	require- ments	number transp.
1	169.5	99.75	.0	.0	57.00	57.00
2	136.5	133.0	.0	.0	76.00	76.00
3	159.3	108.5	.0	.0	62.00	62.00
4	166.5	101.5	.0	.0	58.00	58.00
5	140.0	129.5	.0	.0	74.00	74.00
6	181.8	87.50	.0	.0	50.00	50.00
7	164.5	103.3	.0	.0	59.00	59.00
8	178.3	91.00	.0	.0	52.00	52.00
9	190.8	77.00	.0	.0	44.00	44.00
10	183.8	84.00	.0	.0	48.00	48.00
11	171.5	98.00	.0	.0	56.00	56.00
12	157.3	112.0	.0	.0	64.00	64.00
13	167.8	101.5	.0	.0	58.00	58.00
14	178.3	91.00	.0	.0	52.00	52.00
15	178.3	91.00	.0	.0	52.00	52.00
16	178.5	89.25	.0	.0	51.00	51.00
17	178.5	89.00	.0	.0	51.00	51.00
18	178.5	89.25	.0	.0	51.00	51.00
19	187.5	80.50	.0	.0	46.00	46.00
20	181.8	87.50	.0	.0	50.00	50.00
21	162.5	106.8	.0	.0	61.00	61.00
22	180.0	89.25	.0	.0	51.00	51.00
23	196.3	71.75	.0	.0	41.00	41.00
24	183.8	86.00	.0	.0	50.00	50.00
25	187.5	80.50	.0	.0	46.00	46.00
26	178.3	91.00	.0	.0	52.00	52.00
27	185.5	82.25	.0	.0	47.00	47.00
28	206.3	63.00	.0	.0	36.00	36.00

vehicle index	mean loading	mean loading (%)	unloaded journey	loaded journey	loading time
1	.3705	37.05	1356.	798.0	22.58
2	.4935	49.35	1092.	1064.	30.47
3	.4052	40.52	1274.	868.0	25.17
4	.3787	37.87	1332.	812.0	22.68
5	.4805	48.05	1120.	1036.	29.89
6	.3250	32.50	1454.	700.0	20.46
7	.3856	38.56	1316.	826.0	23.53
8	.3380	33.80	1426.	728.0	20.51
9	.2876	28.76	1526.	616.0	17.07
10	.3137	31.37	1470.	672.0	19.24
11	.3636	36.36	1372.	784.0	23.20
12	.4160	41.60	1258.	896.0	25.29
13	.3770	37.70	1342.	812.0	23.48
14	.3380	33.80	1426.	728.0	21.23
15	.3380	33.80	1426.	728.0	20.92
16	.3333	33.33	1428.	714.0	20.66
17	.3327	33.27	1428.	712.0	19.83
18	.3333	33.33	1428.	714.0	20.13
19	.3004	30.04	1500.	644.0	18.39
20	.3250	32.50	1454.	700.0	20.09
21	.3965	39.65	1300.	854.0	24.72
22	.3315	33.15	1440.	714.0	20.25
23	.2677	26.77	1570.	574.0	15.92
24	.3188	31.88	1470.	688.0	19.53
25	.3004	30.04	1500.	644.0	18.00
26	.3380	33.80	1426.	728.0	21.07
27	.3072	30.72	1484.	658.0	18.92
28	.2340	23.40	1650.	504.0	14.38

segment loading :
=================

segm. ind.	weight	number of bus.	mean number	number of tax.	mean number	number of car.	mean number	total number	mean number
1	14.00	0	.0	0	.0	2157	12.58	2157	12.58
2	14.00	0	.0	0	.0	2148	12.50	2148	12.50

* Übung 1:

Die Anzahl der Entladerampen soll unter sonst gleichen Umständen auf 4 erhöht werden.

Hinweis:

* Im Rahmen ist die Kapazität der Multifacility durch die Zuweisung
```
MFAC(1,2) = 4
```
neu festzulegen.

* Übung 2:

Nach dem Entladevorgang werden alle Fahrzeuge einzeln durch eine Waschanlage gefahren. Die Kapazität der Waschanlage sei ein Fahrzeug. Die Bearbeitungszeit beträgt deterministisch genau 0.1 ZE.

Es soll das Warteschlangenverhalten vor der Waschanlage bestimmt werden.

Hinweis:

* Nach dem Durchlauf durch die Multifacility treffen alle Transactionen auf eine Facility. Die Folge von Unterprogrammaufrufen lautet für diesen Fall:
```
CALL MSEIZE
CALL GOUT
CALL MCLEAR
CALL ARRIVE (NBN = 2)
CALL SEIZE
CALL DEPART (NBN = 2)
CALL WORK
CALL CLEAR
```

* Übung 3:

Innerhalb eines Terminals sind auch Verzweigungen möglich.

Falls die Warteschlange vor der Waschanlage größer als zwei ist, verlassen die Fahrzeuge die Entladestation ohne Wäsche.

Hinweis:

* Die Folge von Unterprogrammen lautet für diesen Fall:
```
CALL MSEIZE
CALL GOUT
CALL MCLEAR
IF (BIN(2,1).GT.2.) GOTO Label
CALL ARRIVE (NBN = 2)
CALL SEIZE
CALL DEPART (NBN = 2)
CALL WORK
```

```
      CALL CLEAR
Label CONTINUE
```

* Übung 4:

Nach dem Entladen werden die Fahrzeuge in einen Stauraum gebracht. Von hier aus verlassen sie das Terminal mit festen zeitlichen Abstand von mindestens 0.1 ZE.

Hinweis:

* Die Folge von Unterprogrammen lautet für diesen Fall:

```
      CALL MSEIZE
      CALL GOUT
      CALL MCLEAR
      CALL RASTER
```

4.3.4 Das Modell Nachbearbeitung

Gates sind im Simulator GPSS-FORTRAN Version 3 der allgemeine Stationstyp. Sie sind durch einen prädikatenlogischen Ausdruck gekennzeichnet, der vom Anwender selbst angegeben werden kann. Auf diese Weise sind sehr komplexe Vorgänge modellierbar.

Wie alle anderen Stationstypen so sind auch Gates im Transportmodell innerhalb eines Terminals einsetzbar. Das Modell Nachbearbeitung zeigt, wie ein Reihenfolgeproblem mit Hilfe eines Gates gelöst werden kann.

Das Modell Nachbearbeitung geht zunächst vom Modell Fahrzeugwartung aus. Alle in diesen Modell gemachten Annahmen über die Ankunftsverteilung der Paletten und der Verkehr der Gabelstapler bleiben auch im Modell Nachbearbeitung gültig.

Im Unterschied zum Modell Fahrzeugwartung werden dagegen im Modell Nachbearbeitung an der Verzweigung B1 zufallsverteilt mit einer Wahrscheinlichkeit von RATIO = 0.1 Paletten mit defekten Werkstücken aussortiert und zur Nachbearbeitung in das Terminal T3 geschickt.

Die Nachbearbeitungszeit ist gaußverteilt mit einem Modellwert von 0.01 ZE mit SIGMA = 0.004.
Entscheidend ist, daß nach der Verzweigung B2 die Fahrzeuge in der ursprünglichen Reihenfolge ihre Fahrt fortsetzen. Das bedeutet, daß vor der Verzweigung B2 ein Fahrzeugstau entstehen kann. Hier wartet ein Fahrzeug, bis sein aussortierter Vorgänger fertig bearbeitet ist und sich wieder eingefädelt hat.

Der Auslösevorgang erfolgt, wenn das aussortierte Fahrzeug die Verzweigung B2 passiert. In diesem Augenblick wird am Terminal T4 der Fahrzeugstau aufgelöst.

Der Fahrzeugstau entsteht an einem Terminal T4. Es ergibt sich damit für das Modell Nachbearbeitung ein Wegeplan, wie ihn Bild 33 zeigt.

Hinweis:

* Es ist möglich, daß zwei oder mehr Fahrzeuge zufallsverteilt hintereinander aussortiert werden und zur Nachbearbeitung fahren.

Untersuchungsziel ist das Warteschlangenverhalten vor dem Terminal T4.

Um nach der Verzweigung die Reihenfolge der Fahrzeuge wiederherzustellen, die vor dem Aussortieren an der Verzweigung B1 bestand, muß ein prädikatenlogischer Ausdruck für das Gate im Terminal T4 gefunden werden, der sicherstellt, daß ein Fahrzeug solange blockiert bleibt, bis sein Vorgänger die Verzweigung B2 durchfahren hat.

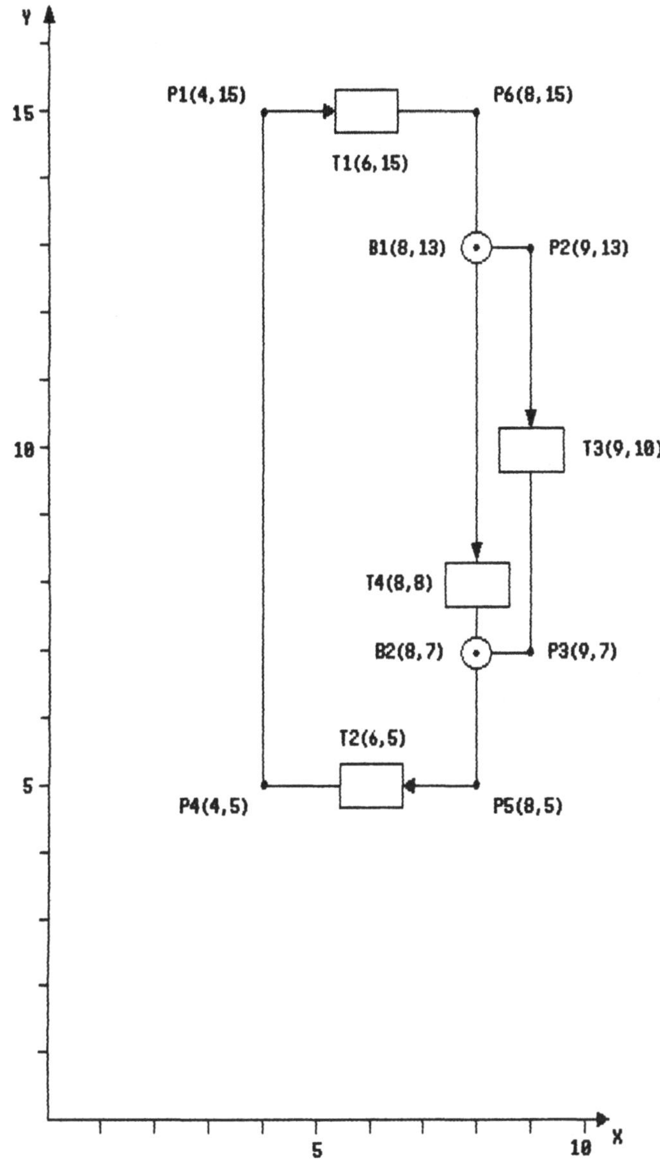

Bild 33: Der Wegeplan für das Modell Nachbearbeitung

Für die Implementierung gibt es verschiedene Möglichkeiten. Am einfachsten scheint es zu sein, wenn man sich zu Nutze macht, daß die Transactionen, die die Fahrzeuge spielen, fortlaufende Wagennummern haben. Sobald ein Fahrzeug die Verzweigung durchfährt, klinkt es aus der Warteschlange vor dem Gate im Terminal T4 dasjenige Fahrzeug aus, das eine Wagennummer hat, die genau um eins höher ist als die eigene.

Hinweis:

* Fahrzeuge, die nicht aussortiert wurden und die keine Nachbearbeitung benötigen, werden durch den unmittelbaren Vorgänger ausgeklinkt, sobald dieser die Verzweigung B2 durchfährt. Das geht solange, bis in der Reihenfolge ein Fahrzeug fehlt. In diesem Fall kann der Vorgänger den Nachfolger nicht aushängen, da die Wagennummern nicht fortlaufend sind. Der Nachfolger kann seine Fahrt erst wieder aufnehmen, wenn das aussortierte Fahrzeug mit der vorhergehenden Wagennummer im Anschluß an die Nachbearbeitung die Verzweigung durchfährt.

Die Änderungen, die im Modell Nachbearbeitung im Unterprogramm ACTIVG vorzunehmen sind, sind die folgenden:

```
C
C     Fahrt zur Verzweigung B1
C     ========================
3     CALL GRIDE ('T',1,2,'B',1,4,*9000,*9999)
C
C     Verzweigung B1
C     ==============
4     CALL TRANSF (0.1,5,*6)
5     CALL GRIDE ('B',1,5,'T',4,11,*9000,*9999)
6     CALL GRIDE ('B',1,6,'T',3,7,*9000,*9999)
C
C     Nachbearbeiten im Terminal T3
C     =============================
7     CALL ARRIVE (1,1)
8     CALL SEIZE (1,8,*9000)
      CALL DEPART (1,1,0.,*9999)
      CALL GAUSS (0.01,0.004,0.002,0.018,3,TIME3)
      CALL WORK (1,TIME3,0,9,*9000,*9999)
9     CALL CLEAR (1,*9999,*9999)
C
C     Fahrt zur Verzweigung B2
C     ========================
10    CALL GRIDE ('T',3,10,'B',2,14,*9000,*9999)
C
C     Fahrzeugstation im Terminal T4
C     ==============================
11    CALL ARRIVE (2,1)
12    CALL GATE (1,1,0,0,12,*9000)
      CALL DEPART (2,1,0.,*9999)
C
C     Fahrt zur Verzweigung B2
C     ========================
13    CALL GRIDE ('T',4,13,'B',2,14,*9000,*9999)
```

```
C
C     Verzweigung B2
C     ==============
14    CARNUM = TXADD(LTX,1)
      FOLLOW = AMOD(CARNUM,28.)+1.
      CALL DBLOCK (5,1,0,0)
C
C     Fahrt zum Terminal T2
C     =====================
15    CALL GRIDE ('B',2,15,'T',2,16,*9000,*9999)
```

Das Entladen am Terminal T2 und die Rückfahrt zum Terminal T1 erfolgt wie im Modell Fahrzeugwartung.

Man sieht, daß zunächst alle Fahrzeuge, die nicht zur Nachbearbeitung fahren, im Terminal T4 vor dem Gate NG = 1 in die Warteschlange eingereiht werden. Hier warten sie solange, bis die Bedingung NCOND = 1 erfüllt wird und den Wahrheitswert .TRUE. annimmt.

Jedes Fahrzeug, das die Verzweigung passiert, stellt zunächst seine eigene Fahrzeugnummer fest und bestimmt dann die Fahrzeugnummer des Fahrzeuges, das als Nachfolger vorgesehen ist.

Nachdem die Wagennummer des Nachfolgers feststeht, wird das Unterprogramm DBLOCK aufgerufen. Das Unterprogramm DBLOCK löst die erste Transaction in der Warteschlange heraus und schickt sie erneut zum Aufruf des Unterprogrammes GATE. Hier wird die logische Bedingung überprüft.

Hat die logische Bedingung den Wahrheitswert .TRUE., so kann die Transaction das GATE passieren. Andernfalls wird sie erneut in die Warteschlange zurückverwiesen.

Der prädikatenlogische Ausdruck, auf den das Gate reagiert, wird in der logischen Funktion CHECK vom Benutzer eingetragen.

Die logische Funktion CHECK hat demnach die folgende Funktion

```
1     CHECK = (NINT(FOLLOW).EQ.NINT(TXADD(LTX,1))
```

Hierdurch wird geprüft, ob die Wagennummer der Transaction, die in der Warteschlange vor dem Gate an erster Stelle stand und sich jetzt im Zustand aktiviert befindet, eine Wagennummer hat, die von der Transaction, die gerade über die Verzweigung B2 lief, als Nachfolger gefordert wurde.

Hinweis:

* Es ist darauf zu achten, daß die Variable FOLLOW, in der die nächste, zulässige Wagennummer registriert wird, in den Bereich COMMON /PRIV/ aufgenommen wird.

Das Warteschlangenverhalten wird im Modell durch die folgenden beiden Bins überwacht.

NBN = 1 Warteschlange vor der Facility (Nachbearbeitung)

NBN = 2 Warteschlange vor dem Gate (Fahrzeugstau)

Die Ergebnisse werden durch den Aufruf des Unterprogrammes REPRT4 ausgewertet und ausgedruckt.

Das Modell zeigt den Einsatz des Gates im Terminal T4 für eine ganz bestimmte logische Bedingung. Diese Bedingung soll eine vorgeschriebene Reihenfolge der Fahrzeuge sicherstellen. Beliebige andere Fälle sind möglich. Als Gemeinsamkeit ergibt sich, daß Fahrzeuge vor einem Gate solange aufgehalten werden können, bis eine vom Benutzer angebbare Bedingung erfüllt ist.

bin array
=========

nbn	qty	max	sumin	sumout	arrive	depart	totalwt	last
1	0	1	191	191	191	191	.6590	300.0
2	0	20	1926	1926	1926	1926	592.3	300.0

binsta array
============

nbn	duration time	num. of token	conf.int. per cent	displacem. per cent	end of settling phase
1	.3450E-02	.2272E-02	62.96	-.3074E-04	10.00
2	.3076	1.981	19.59	5.804	10.00

blocked transactions
====================

queue:

terminal nr.	average length	average time in queue
1	1.016	.2033
2	.0	.0
3	.0	.0
4	.0	.0

parking vehicles
================

queue:

terminal nr.	average length	average time in queue
1	.0	.0
2	.0	.0
3	.0	.0
4	.0	.0

vehicle statistics :

vehicle index	empty time	occupied time	parking time	blocked time	require-ments	number transp.
1	159.3	111.8	.0	.0	63.00	63.00
2	167.8	103.0	.0	.0	58.00	58.00
3	171.8	99.25	.0	.0	56.00	56.00
4	164.8	106.5	.0	.0	60.00	60.00
5	178.3	92.25	.0	.0	52.00	52.00
6	173.3	97.50	.0	.0	55.00	55.00
7	170.5	98.75	.0	.0	56.00	56.00
8	165.3	105.3	.0	.0	59.00	59.00
9	172.0	93.75	.0	.0	53.00	53.00
10	163.3	102.3	.0	.0	58.00	58.00
11	180.5	84.50	.0	.0	48.00	48.00
12	185.8	79.75	.0	.0	45.00	45.00
13	174.0	91.25	.0	.0	52.00	52.00
14	170.3	95.88	.0	.0	54.00	54.00
15	177.8	87.88	.0	.0	50.00	50.00
16	188.3	74.38	.0	.0	42.00	42.00
17	174.0	88.25	.0	.0	50.00	50.00
18	177.6	84.50	.0	.0	48.00	48.00
19	164.1	97.50	.0	.0	55.00	55.00
20	177.3	83.50	.0	.0	48.00	48.00
21	162.5	99.75	.0	.0	56.00	56.00
22	159.3	104.3	.0	.0	60.00	60.00
23	157.8	106.0	.0	.0	60.00	60.00
24	182.8	81.00	.0	.0	46.00	46.00
25	177.5	86.75	.0	.0	49.00	49.00
26	173.8	90.75	.0	.0	51.00	51.00
27	166.5	101.8	.0	.0	57.00	57.00
28	162.8	104.8	.0	.0	59.00	59.00

vehicle index	mean loading	mean loading (%)	unloaded journey	loaded journey	loading time
1	.4124	41.24	1274.	894.0	12.65
2	.3804	38.04	1342.	824.0	11.65
3	.3662	36.62	1374.	794.0	11.63
4	.3926	39.26	1318.	852.0	12.82
5	.3410	34.10	1426.	738.0	10.28
6	.3601	36.01	1386.	780.0	10.38
7	.3668	36.68	1364.	790.0	10.75
8	.3891	38.91	1322.	842.0	12.41
9	.3528	35.28	1376.	750.0	10.73
10	.3851	38.51	1306.	818.0	11.67
11	.3189	31.89	1444.	676.0	8.722
12	.3004	30.04	1486.	638.0	9.737
13	.3440	34.40	1392.	730.0	9.819
14	.3603	36.03	1362.	767.0	10.07
15	.3308	33.08	1422.	703.0	10.81
16	.2832	28.32	1506.	595.0	8.184
17	.3365	33.65	1392.	706.0	9.965
18	.3224	32.24	1421.	676.0	8.892
19	.3727	37.27	1313.	780.0	11.47
20	.3202	32.02	1418.	668.0	9.503
21	.3804	38.04	1300.	798.0	10.55
22	.3956	39.56	1274.	834.0	11.24
23	.4019	40.19	1262.	848.0	12.32
24	.3071	30.71	1462.	648.0	9.582
25	.3283	32.83	1420.	694.0	10.16
26	.3431	34.31	1390.	726.0	10.55
27	.3793	37.93	1332.	814.0	11.54
28	.3916	39.16	1302.	838.0	12.15

segment loading :
=================

segm. ind.	weight	number of bus	mean number	number of tax.	mean number	number of car.	mean number	total number	mean number
1	4.000	0	.0	0	.0	2126	3.542	2126	3.542
2	1.000	0	.0	0	.0	1926	.8025	1926	.8025
3	14.00	0	.0	0	.0	2113	12.30	2113	12.30
4	4.000	0	.0	0	.0	192	.3200	192	.3200
5	4.000	0	.0	0	.0	191	.3183	191	.3183
6	5.000	0	.0	0	.0	1931	4.023	1931	4.023
7	4.000	0	.0	0	.0	2117	3.527	2117	3.527

* Übung 1:

Fahrzeuge, die den Zweig für die Nachbearbeitung nicht durchfahren, passieren das Gate im Terminal T4 in der Regel ungehindert.
Sobald jedoch ein nachbearbeitetes Fahrzeug das Terminal T3 verläßt, wird das Gate solange gesperrt, bis dieses Fahrzeug die Verzweigung B2 erreicht hat.

Hinweis:

* Vor Verlassen des Terminals T3 wird eine logische Variable auf .FALSE. gesetzt, die das Gate im Terminal T4 sperrt, gleichzeitig wird ein Zähler hochgesetzt, der angibt, wieviele Fahrzeuge sich gerade im Segment zwischen T3 und B2 befinden.

Nach Durchlauf des Segments wird dieser Zähler wieder zurückgesetzt. Falls der Zähler auf Null steht, befindet sich kein Fahrzeug im Segment zwischen T3 und B2. Das Gate kann durch Umsetzen der logischen Variablen wieder frei geschaltet werden.

* Übung 2:

Das Freischalten des Gates in Übung 1 bedeutet, daß alle blockierten Fahrzeuge zugleich das Terminal T4 verlassen.

In Übung 2 sollen die Fahrzeuge das Gate mit einem zeitlichen Abstand von 0.01 ZE verlassen.

Hinweis:

* Nach dem Aufruf des Unterprogrammes GATE wird das Unterprogramm RASTER aufgerufen. In diesem Fall beinhaltet das Terminal T4 zwei hintereinandergeschaltete Stationen.

4.4 Besondere Möglichkeiten beim Modellaufbau für Transportsysteme

Der Simulator GPSS-FORTRAN Version 3 bietet im Transportmodell zahlreiche Möglichkeiten, die nicht alle durch Beispielmodelle demonstriert werden können.

Zwei Einsatzfelder sollen jedoch wegen ihrer Bedeutung besonders hervorgehoben werden.

Modell Gepäcktransport	Dynamische Zuweisung des Transportziels für Aufträge
Modell Eiltransport	Die Verbindung von mehreren Betriebsarten in einem Modell

4.4.1 Das Modell Gepäcktransport

In allen bisherigen Beispielen wurde davon ausgegangen, daß für einen Auftrag beim Betreten eines Terminals das Ziel bekannt ist. Es sind jedoch auch Fälle denkbar, wo Fahrzeuge mit dem zu befördernden Auftrag vor einer Sperre warten, bis aufgrund einer äußeren Bedingung dynamisch das Entladeziel bestimmt wird.

Das Modell Gepäcktransport zeigt, wie derartige Fälle mit GPSS-FORTRAN Version 3 zu bearbeiten sind.

Auf einem Flughafen werden Gepäckstücke angeliefert, die befördert werden müssen. Es sollen drei Zielflughäfen möglich sein, die mit 1,2 und 3 codiert sind. Die Zwischenankunftszeit der Gepäckstücke beträgt im Mittel 5.0 ZE nach der Exponentialverteilung.

Angelieferte Gepäckstücke werden an das Transportsystem übergeben, dessen Aufbau Bild 34 zeigt. Die Geschwindigkeit der Transportwagen betrage 20 LE/ZE.

Das Terminal T1 ist Beladeterminal. Hier werden die Gepäckstücke auf die Fahrzeuge gesetzt.
Die leeren Fahrzeuge befinden sich hierbei in Parkposition in Terminal T1.

Beladene Fahrzeuge fahren zunächst in den Hauptkreis ein und rücken bis zum Punkt P5 vor. Hier ist eine Sperre angebracht, die alle Fahrzeuge zunächst aufhält.
Die Sperre wird durch eine Ampel realisiert. Das geschieht, indem die Sektion zwischen P5 und B3 als Blockstrecke deklariert wird.

Sobald ein Flugzeug mit einem festen Zielflughafen am Terminal T2 beladen werden kann, wird die Sperre geöffnet und alle Fahrzeuge setzen ihre Fahrt fort.

An der Verzweigung werden diejenigen Fahrzeuge herausgesucht, die ein Gepäckstück befördern, das zu dem gerade aufgerufenen Zielflughafen geschickt werden soll.

Die restlichen Fahrzeuge durchlaufen die Warteschleife, bis sie erneut vor der Sperre bei P5 aufgehalten werden.

Die leeren Fahrzeuge begeben sich vom Entladeterminal T2 über den Weg P7 --> B4 --> P8 --> P1 --> B1 --> P2 zurück in die Parkwarteschlange am Beladeterminal T1.

Es handelt sich im Modell Gepäcktransport um die dynamische Zuweisung des Transportziels. An der Verzweigung B3 wird den Fahrzeugen ein Fahrziel zugewiesen. Stimmen Zielflughafen von Gepäckstück und Flugzeug überein, wird von B3 nach T2 gefahren. Andernfalls wird der Weg nach B4 eingeschlagen.

Der Flugplan für die drei Ziele 1,2 und 3 hat folgendes Aussehen:

Beladezeit für Ziel 1	Alle 480 ZE beginnend bei T = 0.
Beladezeit für Ziel 2	Alle 420 ZE beginnend mit T = 150.
Beladezeit für Ziel 3	Alle 450 ZE beginnend mit T = 280.

Der Zeitraum, während dessen beladen werden kann, beträgt 10 ZE. Alle Gepäckstücke, die während dieser Zeit an der Verzweigung B2 vorbeikommen, werden berücksichtigt.

Hinweis:

* Die Angaben wirken in ihrer Einfachheit wirklichkeitsfern. Es ist jedoch keine Schwierigkeit, mit höherem Aufwand bei der Dateneingabe eine abbildungstreue Modellierung zu erreichen. An dieser Stelle geht es nur um das grundsätzliche Vorgehen, das sich auch an einem stark vereinfachten Beispiel gut darstellen läßt.

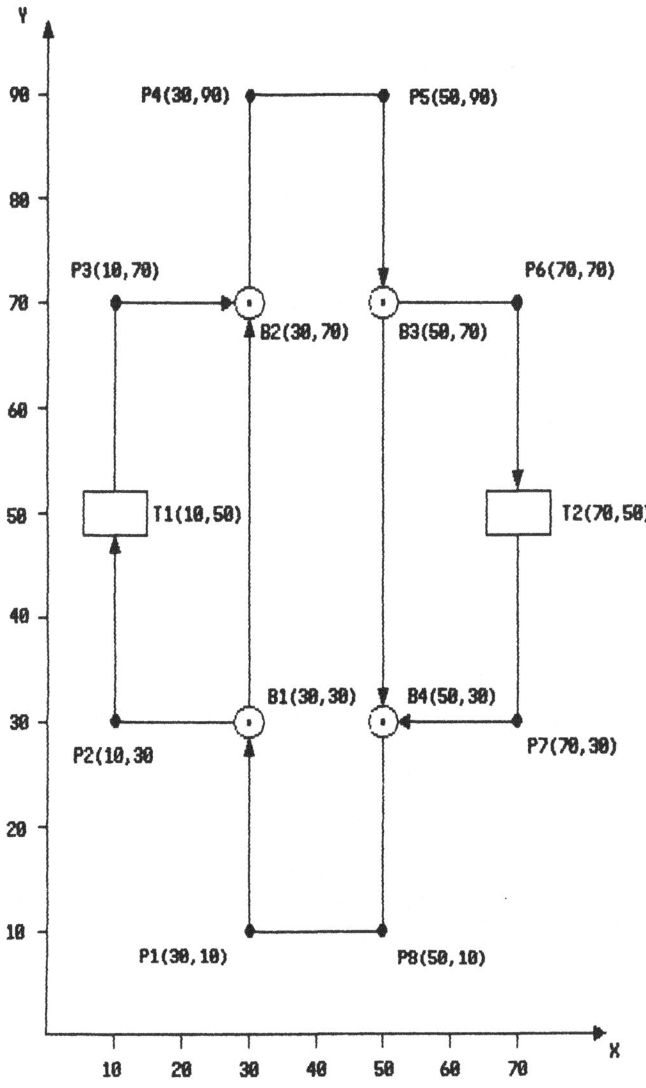

Bild 34: Wegenetz für das Modell Gepäcktransport

Um Transportaufträge behandeln zu können, die beim Betreten des Terminals das Transportziel noch nicht kennen, sind drei Sachverhalte zu beachten:

1. Beim Betreten des Terminals durch den Aufruf des Unterprogramms GETIN muß in der Parameterliste für das Zielterminal
   ITARGU = -1
   gesetzt werden. Hierdurch wird bekannt gegeben, daß der Transportauftrag noch kein Ziel hat.

2. Ein Fahrzeug, das einen Auftrag mit unbekanntem Ziel befördert, wird den Auftrag bei der nächstmöglichen Gelegenheit, entladen. Das heißt, daß der nächste Unterprogrammaufruf von GOUT, der durchlaufen wird, den Transportauftrag bearbeitet.

3. Es folgt, daß ein Fahrzeug solange daran gehindert werden muß, das Unterprogramm GOUT aufzurufen, bis die Bedingung für das Entladen tatsächlich eingetreten ist. Das ist möglich, indem man wie im vorliegenden Beispiel das Fahrzeug vor einer Ampel warten läßt und erst bei Bedarf zu einem Terminal verzweigt, in dem das Unterprogramm GOUT aufgerufen wird.

Es ist jedoch auch möglich, den Unterprogrammaufruf für GOUT in einem Terminal zu überspringen.

Die Erzeugung der Gepäckstücke, die Übergabe im Terminal T1, das Ausladen am Terminal T2 und das Vernichten erfolgt den Angaben entsprechend in gewohnter Weise im Unterprogramm ACTIV.

```
C
C     Erzeugen der Gepäckstücke
C     =========================
1     CALL ERLANG (8.0,1,0.28,40.0,1,RAND1,*9999)
      CALL GENERA (RAND1,0.,*9999)
      CALL UNIFRM (1.,3.99,2,RAND2)
      TX(LTX,9) = AINT (RAND2)
C
C     Betreten des Terminals T1
C     =========================
      CALL GETIN (1,-1,2,3,1,5,*9000,*9999)
C
C     Verlassen des Terminals T2
C     ==========================
2     CALL GETOUT
C
C     Entfernen des Gepäckstückes
C     ===========================
      CALL TERMIN(*9000)
```

Das Transportmodell wird im Unterprogramm ACTIVG festgelegt. Als einzige Besonderheit ist zu beachten, daß eine Variable IPLAN eingeführt wird, die angibt, ob ein Flugzeug zur Beladung ansteht. Es gibt

IPLAN = 0   Kein Flugzeug
IPLAN = 1   Flugzeug mit Ziel 1
IPLAN = 2   Flugzeug mit Ziel 2
IPLAN = 3   Flugzeug mit Ziel 3

Die Variable IPLAN wird im Unterprogramm EVENT dem Flugplan entsprechend gesetzt.

Das Unterprogramm ACTIVG hat das folgende Aussehen:

```
C
C     Erzeugen der Fahrzeuge und nach Auftraegen suchen
C     ==================================================
1     CALL GGEN (0.1,1.,1,10.,1,5,*9999)
      GOTO 10
C
C     Fahrzeug zum Terminal 2 ausschleussen ?
C     ========================================
2     CALL INFO2 (1,9,PLAN,IFLAG,*9999)
      IF(IFLAG.NE.0.AND.NINT(PLAN).EQ.IPLAN) GOTO 4
C
C     Verzweigung B3
C     ==============
3     CALL GRIDE ('B',3,3,'B',1,7,*9000,*9999)
4     CALL GRIDE ('B',3,3,'T',2,5,*9000,*9999)
C
C     Entladen beim Terminal 2
C     ========================
5     CALL GOUT (6,1,0.,*9000,*9999)
6     CALL GRIDE ('T',2,6,'B',1,7,*9000,*9999)
C
C     Verzweigung B1
C     ==============
7     CALL INFO1(NCAR,ITARG,ISTATE,IORDR,*9999)
      IF(ISTATE.EQ.3) GOTO 9
C
C     Weiter im Verteiler fahren
C     ==========================
8     CALL GRIDE ('B',1,8,'B',3,2,*9000,*9999)
C
C     Falls Fahrzeug frei aus dem Speicherring
C     ========================================
9     CALL GRIDE ('B',1,9,'T',1,10,*9000,*9999)
C
C     Parken in der Warteschlange fuer freie Transporter
C     ==================================================
10    CALL GPARK (11,1,*9000,*9999)
C
C     Beladen beim Terminal 1 neues Gepaeckstueck aufnehmen
C     =====================================================
11    CALL GLOAD (12,1,0.,*9000,*9999)
12    CALL GRIDE ('T',1,12,'B',3,2,*9000,*9999)
```

Hinweise:

* Nach der Erzeugung durch das Unterprogramm GGEN wird das Fahrzeug zum Terminal T1 geschickt. Hier steht es in der Parkwarteschlange.

* Falls im allgemeinen Betrieb (Unterprogramm ACTIVG) in der Bedingung einer Verzweigung private Parameter des Fahrzeuges oder des Auftrages abgefragt werden, ist in jedem Fall bis zu der entsprechenden Verzweigung zu fahren. Im vorliegenden Beispiel trifft das für die beiden Verzweigungen B1 und B3 zu.

* Fahrzeuge mit Gepäckstücken stehen vor der Ampel. Sobald die Beladezeit für ein Flugzeug mit bekannten Ziel in der Variablen IPLAN angezeigt wird, werden alle Fahrzeuge freigesetzt. Fahrzeuge mit dem richtigen Gepäckstück werden aussortiert und laufen von der Verzweigung B3 zum Terminal T2. Hier durchlaufen sie den Unterprogrammaufruf GOUT. Da dieser Unterprogrammaufruf der erste ist, den das Fahrzeug erreicht, wird entladen.

Die Quellen für die Aufträge und die Fahrzeuge werden wie gewohnt mit Hilfe der beiden Unterprogramme START und TSTART im Rahmen gestartet. Die Quelle NSCR=2 für die Aufträge soll insgesamt 100 Fahrzeuge generieren. Die hierfür erforderliche Anweisung

```
      SOURCL(2,3) = 100.
```

ist ebenfalls in den Rahmen aufzunehmen.

Die Variable IPLAN gibt an, ob ein Fahrzeug zur Beladung bereitsteht und welches Ziel es hat. Die Variable IPLAN wird im Unterprogramm EVENT gesetzt. Weiterhin wird bei Erscheinen des Flugzeuges die Sperre geöffnet und nach 10 ZE wieder geschlossen. Das Unterprogramm EVENT hat die folgende Form:

```
C
C     Beladezeit Flugziel 1 einschalten
C     =================================
1     IPLAN = 1
      CALL SIGNAL (1,0,*9999)
      CALL ANNOUN (1,T+480.,*9999)
      CALL ANNOUN (2,T+10.,*9999)
      RETURN
C
C     Beladezeit Flugziel 1 ausschalten
C     =================================
2     IPLAN = 0
      CALL SIGNAL (1,1,*9999)
      RETURN
C
C     Beladezeit Flugziel 2 einschalten
C     =================================
3     IPLAN = 2
      CALL SIGNAL (1,0,*9999)
      CALL ANNOUN (3,T+420.,*9999)
      CALL ANNOUN (4,T+10.,*9999)
      RETURN
```

```
C
C     Beladezeit Flugziel 2 ausschalten
C     =================================
4     IPLAN = 0
      CALL SIGNAL (1,1,*9999)
      RETURN
C
C     Beladezeit Flugziel 3 einschalten
C     =================================
5     IPLAN = 3
      CALL SIGNAL (1,0,*9999)
      CALL ANNOUN (5,T+450.,*9999)
      CALL ANNOUN (6,T+10.,*9999)
      RETURN
C
C     Beladezeit Flugziel 3 ausschalten
C     =================================
6     IPLAN = 0
      RETURN
```

Die Ereignisse, die die Beladezeit einschalten, müssen im Rahmen durch die folgenden drei Anweisungen das erste Mal angemeldet werden:

```
      CALL ANNOUN (1,0.,*9999)
      CALL ANNOUN (3,150.,*9999)
      CALL ANNOUN (5,280.,*9999)
```

Hinweise:

* Es ist darauf zu achten, daß die Variable IPLAN in den Bereich COMMON/PRIV/ übernommen und initialisiert wird.

* Es ist darauf zu achten, daß die Sektion zwischen P5 und B3 in den Eingabedatensätzen zu einer Blockstrecke erklärt wird.

Informationen über das statistische Verhalten der Warteschlangen in den Terminals, der Sectionsbelegung und der Fahrzeugauslastung erhält man durch den Aufruf des Unterprogrammes

```
      CALL REPRT9
```

Der nachfolgende Ausdruck beschränkt sich bei den Fahrzeugen auf die ersten 10. Die weiteren 90 zeigen ähnliche Ergebnisse.

4.4.2 Das Modell Eiltransport

In den bisherigen Modellen trat immer nur eine Betriebsart auf. Entweder verkehrten Busse, Taxis oder Transporter. Diese Beschränkung ist jedoch nicht erforderlich. Es ist durchaus möglich, in einem Modell unterschiedliche Fahrzeugtypen fahren zu lassen.

In diesem Zusammenhang ist wichtig, daß alle Datenbereiche des Simulators GPSS-FORTRAN Version 3 in allen 4 Unterprogrammen ACTIV, ACTIVB, ACTIVT und ACTIVG gültig sind.

* Beispiel:

Wenn im Unterprogramm ACTIVB ein Bus in einem Terminal mit der Nummer NTERM eine Beladefunktion ausführt und im Unterprogramm ACTIVT ein Taxi im Terminal mit der Nummer NTERM ebenfalls beladen wird, so befinden sich beide Fahrzeuge in demselben Terminal und greifen auf dieselbe Warteschlange von Aufträgen zu.

Dieser Sachverhalt ermöglicht es, Fahrzeuge verschiedenen Typs zugleich im Modell zu berücksichtigen. Anschaulich gesehen durchlaufen alle Fahrzeugtypen ein gemeinsames Wegenetz. Die Funktionen, die die Fahrzeuge ausführen, werden getrennt nach Fahrzeugart in ACTIVB, ACTIVT oder ACTIVG aufgerufen.

Das Beispiel geht zunächst vom Modell Produktionsanlage III aus, das in Kap. 4.1.3 "Der Busbetrieb" beschrieben wurde.

In diesem Modell bewegt sich ein Bus auf einer abgeschlossenen Route und bedient die Terminals T1, T2, T3 und T4 (siehe Bild 23 "Das Wegenetz für den Busbetrieb").

Alle Angaben für das Modell Produktionsanlage III werden ohne Änderung übernommen.
Zusätzlich sollen im Modell Eiltransport sehr dringende Aufträge vorkommen, die vom Transportsystem vorrangig bedient werden. Hierzu wird zusätzlich zum regulären Busbetrieb ein Fahrzeug vom Typ Taxi installiert, das zwischen den Terminals verkehrt und auf Anforderung zur Verfügung steht. Das bedeutet, daß die Eilaufträge über die dispositive Steuerung ein Taxi anfordern können, während die normalen Aufträge auf den Bus warten.

Um dem Taxi den Verkehr zwischen den Terminals zu ermöglichen, werden zusätzlich Strecken für die Rückfahrt vorgesehen.
Das Wegenetz hat damit ein Aussehen, das Bild 35 zeigt.

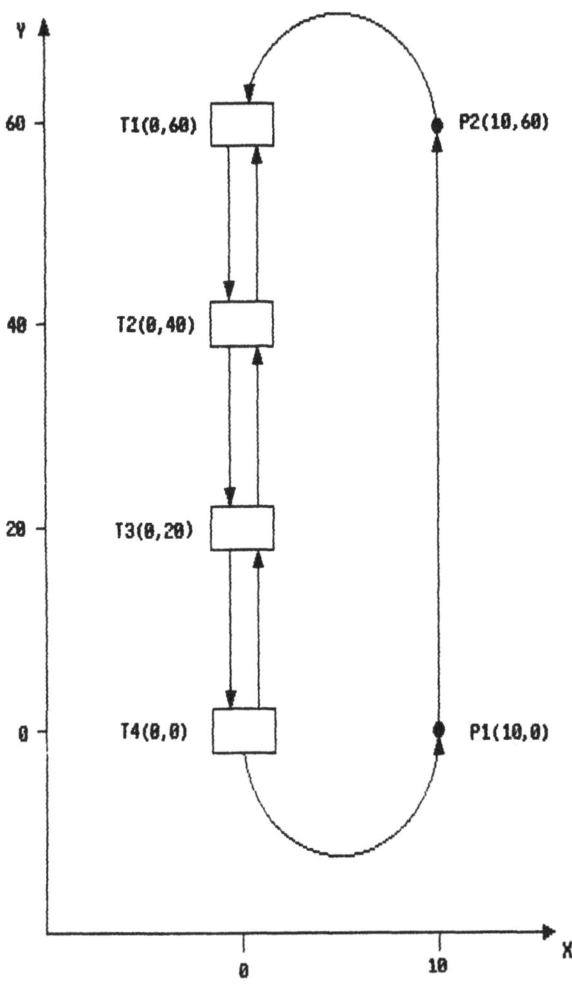

Bild 35: Das Wegenetz für das Modell Eiltransport

Von den insgesamt eintreffenden Aufträgen sollen 10 % Eilaufträge sein. Sie werden im Unterprogramm ACTIV bei der Generierung herausgesucht und mit einer höheren Priorität versehen. Der Abschnitt hat dann die folgende Form:

```
C
C      Erzeugen der Transactions
C      ==========================
1      CALL ERLANG (20.,1,0.7,100.,1,RAND1,*9999)
       CALL GENERA (RAND1,1.,*9999)
       CALL TRANSF (0.9,4,*111)
       TX (LTX,4) = 2.
111    CONTINUE
```

Weiterhin muß bei allen Terminals beim Aufruf des Unterprogrammes GETIN unterschieden werden, ob ein normaler Auftrag vorliegt, der auf den Bus warten muß oder ob ein Eilauftrag erschienen ist, der ein Taxi anfordern kann.

Als Beispiel für den Aufruf des Unterprogrammes GETIN wird die Folge der Anweisungen für das Terminal NTER=1 gezeigt:

```
C
C      Betreten des Terminals NTER=1
C      =============================
       ITYPE = 2
       IORDR = 1
       IF (TX(LTX,4).GT.1.) GOTO 2
       ITYPE = 1
       IORDR = 0
2      CALL GETIN (1,2,3,ITYPE,IORDR,3,*9000,*9000)
```

Hierdurch werden alle Aufträge in die Warteschlange gehängt. Für die Eilaufträge wird zusätzlich die dispositive Steuerung aufgerufen, die diesen Aufträgen das Taxi zuweist.

Hinweis:

* In der Warteschlange im Terminal stehen die Aufträge für Busse und Taxis gemischt. Sobald ein Fahrzeug eines bestimmten Typs das Terminal betritt und den Beladevorgang durch den Aufruf von BLOAD im Unterprogramm ACTIVB bzw. von TLOAD ins Unterprogramm ACTIVT einleitet, werden die Aufträge herausgesucht, die für das entsprechende Fahrzeug vorgesehen sind.

Um neben dem Bus noch ein Taxi zu erzeugen, ist im Rahmen ein weiterer Source-Start erforderlich. Der entsprechende Abschnitt hat im Rahmen damit die folgende Form:

```
      CALL START  (1,0.,1.,*9999)
      CALL TSTART (2,0.,1,1,*9999)
      CALL TSTART (3,0.,1,2,*9999)
```

Sowohl für die Source NSC=2, die den Bus erzeugt, wie auch für die Source NSC=3, die für das Taxi zuständig ist, muß die Anzahl der zu erzeugenden Transactions angegeben werden.

Es gilt:

```
      SOURCL (2,3) = 1.
      SOURCL (3,3) = 1.
```

Als einziger Eingriff in das Unterprogramm ACTIVT ist die Parameterliste von TGEN zu besetzen. Es gilt:

```
C
C     Erzeugen der Taxis
C     ==================
1     CONTINUE
      CALL TGEN (0.,1.,1,8.0,1,1,1,*9999)
```

Durch den Source-Start werden die Fahrzeuge gestartet. Der Bus beginnt seine Route, wobei er Aufträge niederer Priorität mitnimmt.

Das Taxi wartet an der Parkposition im Terminal NTER=1 auf den ersten Auftrag.

Hinweise:

* Um das Modell Eiltransport aufzubauen, sind ausgehend vom Modell "Produktionsanlage III" noch drei zusätzliche Sectionen bzw. Segmente zu definieren, die den Rückweg für das Taxi ermöglichen.

* Das Modell Eiltransport zeigt, wie ein Bus und ein Taxi auf einem gemeinsamen Wegenetz verkehren. Selbstverständlich können auch Busse, Taxis und Transporter oder jede Kombination daraus zusammen ein Wegenetz benützen.

Die Auswertung der Ergebnisse erfolgt in der üblichen Form. Es ist jedoch zu beachten, daß bei den statistischen Daten für die mittlere Warteschlange und die mittlere Wartezeit der Aufträge in einem Terminal nicht nach Prioritäten unterschieden wird.

Soll das unterschiedliche Verketten der Eilaufträge und der Normalaufträge gesondert untersucht werden, so empfiehlt sich der Einsatz neuer Bins, die die Verweilzeit der Aufträge im Gesamtmodell von der Generierung bis zur Vernichtung übernehmen. Es gilt:

```
Bin NBN = 3   Normale Aufträge
Bin NBN = 4   Eilaufträge
```

Durch den Aufruf von REPRT4 wird das statistische Verhalten der Bins ausgedruckt. Die Bins NBN=1 und NBN=2 beziehen sich wie im Modell Produktionsanlage auf die mittleren Wartezeiten der Aufträge vor der Bearbeitungsstation.

Die Bins 3 und 4 zeigen die Verweilzeit. Man sieht, daß die Eilaufträge aufgrund ihrer schnellen Beförderung schneller fertig bearbeitet werden.

Der Aufruf des Unterprogrammes REPRT9 druckt die Fahrzeug- und Wegenetzstatistik aus.

bin array
=========

nbn	qty	max	sumin	sumout	arrive	depart	totalwt	last
1	1	3	1002	1001	1002	1001	5972.	.2000E+05
2	1	2	997	996	997	996	5025.	.2000E+05
3	9	17	905	896	905	896	.1740E+06	.2000E+05
4	3	3	100	97	100	97	.1359E+05	.2000E+05

binsta array
============

nbn	duration time	num. of token	conf.int. per cent	displacem. per cent	end of settling phase
1	5.963	.2998	10.43	1.353	160.0
2	5.042	.2523	7.638	.7087E-04	80.00
3	193.2	8.745	4.548	2.763	640.0
4	138.0	.6674	13.72	-.8038E-04	600.0

blocked transactions
====================

queue:

terminal nr.	average length	average time in queue
1	1.170	23.29
2	.7040	14.09
3	.7117	14.33
4	.0	.0

parking vehicles
================

queue:

terminal nr.	average length	average time in queue
1	.8540	62.91
2	.0	.0
3	.0	.0
4	.0	.0

vehicle statistics :
====================

vehicle index	empty time	occupied time	parking time	blocked time	require- ments	number transp.
1	.1332E+05	6680.	.0	.0	2700.	2700.
2	2180.	740.0	.1706E+05	.0	296.0	296.0

vehicle index	mean loading	mean loading (%)	unloaded journey	loaded journey	loading time
1	.5399	27.00	.5918E+05	.3340E+05	.0
2	.3704E-01	3.704	.1744E+05	5920.	.0

segment loading :
=================

segm. ind.	weight	number of bus.	mean number	number of tax.	mean number	number of car.	mean number	total number	mean number
1	20.00	662	.1324	292	.3650E-01	0	.0	954	.1689
2	20.00	662	.1324	195	.2437E-01	0	.0	857	.1568
3	20.00	661	.1322	97	.1213E-01	0	.0	758	.1443
4	60.00	661	.6032	0	.0	0	.0	661	.6032
5	20.00	0	.0	97	.1213E-01	0	.0	97	.1213E-01
6	20.00	0	.0	195	.2437E-01	0	.0	195	.2437E-01
7	20.00	0	.0	292	.3650E-01	0	.0	292	.3650E-01

Anhang A1
Dimensionierungsparameter

Der Benutzer hat in GPSS-F die Möglichkeit, die Ausbaustufe des Simulators selbst zu bestimmen. Er kann z.B. angeben, wieviele Fahrzeuge zur gleichen Zeit zulässig sein sollen und wieviele Terminals verwendet werden können.

Die Ausbaustufe wird festgelegt, indem in der Fluchtsymbolversion des Simulators die Datenbereiche dimensioniert werden. Das geschieht durch den Benutzer mit Hilfe eines Editors. Der Editor sucht die entsprechenden, durch den Doppelapostroph eindeutig als Dimensionierungsparameter gekennzeichneten Variablen heraus und ersetzt sie durch einen aktuellen Wert.

* Beispiel:

In der Fluchtsymbolversion des Simulators wird der Datenbereich für Fahrzeugmatrix mit CARMA ("CAR",10) bezeichnet. Um eine lauffähige Version zu erhalten, muß "CAR" durch einen Wert ersetzt werden, der die Länge der Matrix festlegt. Damit wird die Anzahl der Fahrzeuge bestimmt, die im Modell vorkommen können.

Im folgenden Abschnitt werden die Dimensionierungsparameter in alphabetischer Reihenfolge beschrieben. Es wird angegeben, welche Variablen von den Dimensionierungsparamtern betroffen sind. Außerdem findet man einen Dimensionierungsvorschlag. Die Ausbaustufe ist hierbei so, daß der Simulator auch für sehr umfangreiche Modelle ausreichend ist.
Es wird dem Anwender des Simulators GPSS-FORTRAN empfohlen, den Simulator den eigenen Anforderungen entsprechend zu dimensionieren. Auf diese Weise läßt sich der Speicherplatzbedarf des Simulators deutlich reduzieren.

Hinweis:

* Von jedem Objekt in GPSS-FORTRAN muß mindestens ein Exemplar vorhanden sein. Keiner der Dimensionierungsparameter darf kleiner als 1 sein.

"BRAN" Anzahl der Verzweigungspunkte
Variablen:
COORDV("BRAN",2),
Vorschlag:
"BRAN" = 30
Es sind bis zu 30 Verzweigungspunkte möglich.

"CAR" Anzahl der Transporter
Variablen:
CARMA("CAR",10),TARMA("CAR",7),STATIS("CAR", 5)
Vorschlag:
"CAR" = 100
Es sind insgesamt 100 Fahrzeuge (Taxis, Busse und Transporter) zulässig.

"FROM" Anzahl von Knotenpunkten
Variablen:
FROMTO("NODE","FROM",2)
Vorschlag:
"FROM" = 4
Es sind bis zu 4 Knoten möglich, die man von einem Knoten aus erreichen kann.

"MATCH" Anzahl der Matchstationen
Vorschlag:
"MATCH" = 5
Dieser Dimensionierungsparameter mußte für die Berechnung der Elemente des Vektors BHEAD eingeführt werden. Es sind keine Variablen bis auf "STAT" betroffen.

"NODE" Anzahl der Knoten
Variablen:
DIRECT("NODE","NODE"),FROMTO("NODE","FROM",2),
TOFROM("NODE","TO",2),TOTLEN("NODE","NODE")
Vorschlag:
"NODE" = 50

"POINT" Anzahl von Stützpunkten
Variablen:
COORDP("POINT",2)
Vorschlag:
"POINT" = 200
Es wird die Höchstzahl von 200 Stützpunkten im Wegenetz vereinbart.

"ROUT" Anzahl der Routen
Variablen:
ROUTMA("ROUT","ROUT1"),COURMA("ROUT",3)
Vorschlag:
"ROUT" = 20
Die Höchstzahl der Routen, bzw. Kurse im Wegenetz wird hiermit vereinbart.

"ROUT1" Anzahl der Segmente pro Route
Variablen:
ROUTMA("ROUT","ROUT1")
Vorschlag:
"ROUT1" = 20
Die Höchstzahl von Segmenten, aus denen ein Route bestehen darf.

"SECT" Anzahl der Sektionen
Variablen:
BLOCVE("SECT",2),SECTMA("SECT",6)
Vorschlag:
"SECT" = 100
Die Höchstzahl von Sektionen wird hier dimensioniert.

"SEGM" Anzahl der Segmente
Variablen:
NETSTA("SEGM",5),SEGMA ("SEGM","SEGM1")
Vorschlag:
"SEGM" = 50
Die Höchstzahl von Segmenten im Wegenetz.

"SEGM1" Anzahl von Sektionen pro Segment
Variablen:
SEGMA("SEGM","SEGM1")
Vorschlag:
"SEGM1" = 20
Die Höchstzahl von Sektionen, aus denen ein Segment bestehen darf.

"TER" Anzahl der Terminals
Variablen:
COORDS("TER",2),
Vorschlag:
"TER" = 20
Es können 20 Terminals verwendet werden

"TO" Anzahl von Knotenpunkten
Variablen:
TOFROM("NODE","TO",2)
Vorschlag:
"TO" = 4
Der Parameter "TO" wird bei der Initialisierung des Wegenetzes benötigt. Er gibt Auskunft darüber, von wievielen Knoten höchstens ein Knoten erreicht werden kann.

Neben der Dimensionierung von Datenbereichen beeinflußt die Ausbaustufe des Simulators auch den Umfang von DO-Schleifen. Die Programmvariablen, die von der Ausbaustufe des Simulators abhängen, beginnen einheitlich mit "Z".

* Beispiel:

Im Unterprogramm RESET werden alle Datenbereiche auf 0 gesetzt. Die DO-Schleife, die den Datenbereich SECTMA zurücksetzt, läuft von 1 bis ZSECT.
Die Programmvariablen, die mit Z beginnen, werden im Unterprogramm SYSVAR entsprechend den Dimensionsparametern vorbesetzt.

Die Berechnung des Dimensionierungsparameters "STAT", der die Dimension des Vektors BHEAD bestimmt, muß vom Benutzer vorgenommen werden. An dieser Stelle ist besondere Sorgfalt erforderlich.
"STAT" gibt die Anzahl der Stationen an, vor denen Transactions blockiert sein können. Bei der Berechnung von "STAT" sind die folgenden Punkte zu beachten:
Für Stationen mit Families (Gather-Stationen für Families und User-Chains für Families) gibt es für jede Family ein eigenes Feld in BHEAD.
User-Chains benötigen 2 Felder für die User-Chain selbst und für die dazugehörige Triggerstation.
Für jedes Terminal werden im BHEAD zwei Elemente zum Eintrag der Kopfanker benötigt. Zunächst kommen die Verweise auf die Warteschlange der Aufträge, die befördert werden möchten. Es folgen die Kopfanker für die Warteschlangen der parkenden Fahrzeuge.
Jede Sektion kann zu einer Blockstrecke erklärt werden. Für jede Sektion ist daher ein Eintrag im BHEAD erforderlich.

Für die Berechnung von "STAT" gilt:

"STAT" = "FAC" + "MFAC" + "POOL" + "STO" + "GATE" + "GATT"
+ "GATF" + "FAM" + "UCHT" * 2 + "UCHF" * "FAM" * 2
+ "MATCH" + "TER" + "TER" + "SECT"

Aus dem Dimensionierungsvorschlag für den Simulator ergibt sich somit folgende Berechnung von "STAT":

"FAC"	= 10		"UCHT"	=	5
"MFAC"	= 2		"UCHF"	=	1
"POOL"	= 5		"MATCH"	=	5
"STO"	= 5		"TER"	=	20
"GATE"	= 20		"SECT"	=	100
"GATT"	= 5		"GATF"*"FAM"	=	200
"GATF"	= 1		"UCHF"*"FAM"	=	200

Hieraus ergibt für "STAT" der Wert 796.

Anhang A2
Benutzerunterprogramme

Im Anhang A2 sind noch einmal alle Benutzerunterprogramme zusammengefaßt. Es handelt sich um das FORTRAN-Hauptprogramm als Rahmen und die bereits im Simulator vorhandenen Benutzerunterprogramme ACTIV, CHECK, DETECT, DYNPR, EVENT, STATE und TEST.

Dazu kommen neu die Benutzerprogramme für das Transportmodell. Es handelt sich hierbei um ACTIVB, ACTIVG, ACTIVT und die Funktion GESGEW.

Zu den Benutzerunterprogrammen zählen weiterhin einige Unterprogramme, die für besondere Fälle zur Verfügung stehen. Sie sind als Dummy-Routinen im Simulator vorhanden. Hierzu gehören die Strategie-, Policy- und Integrationsunterprogamme.

```
      PROGRAM USER
C*************************************************************
C
C 1. MAIN PROGRAM AND SUBPROGRAMS
C
C*************************************************************
C
C     *** GPSS-FORTRAN VERSION 3
C     ***
C     *** MODEL
C     ***
C     *** ISSUE OF     **/ **/ **
C     ***
C
C
C
C
C     1. GENERAL FORTRAN DECLARATIONS
C     ===============================
      CHARACTER*4 PLOMA3, TXT
      CHARACTER*8 VNAMEI,VNAMER
      INTEGER UNIT1,UNIT2,XUNIT3,XUNIT4,XFORM
      INTEGER UNIT5,UNIT6,UNIT7,UNIT8
      INTEGER XGO,XEND,XNEW,XOUT,XMODUS,YMODUS,SVIN,SVOUT
      INTEGER ZASM,ZBIN,ZCAR,ZEVT,ZFAC,ZFAM,ZGATE,ZGATF,ZGATT
      INTEGER ZLDVAR,ZMATCH,ZMFAC,ZNACH,ZNCOND,ZNCRO,ZNDVAR,ZNPLO
      INTEGER ZNSET,ZNTAB,ZNV,ZPOL,ZPOOL,ZPUNKT,ZRAS,ZROUT,ZROUT1
      INTEGER ZSE,ZSECT,ZSEGM,ZSEGM1,ZSM,ZSRC,ZSTA
      INTEGER ZSTAT,ZSTO,ZTAB
      INTEGER ZTX1,ZTX2,ZUCHF,ZUCHT,ZVAR,ZVERZ,ZVON
      INTEGER CHAINC,CHAINE,CHAINV,CHAINM,CHAINS,
      INTEGER CHAINA,SOURCI,TXI
      INTEGER FAC,FAM,ASM,GATHT,GATHF,SE,PLAMA,POL,POOL,SBM
      INTEGER SM,STRAMA,TYPE,BHEAD,USERCT,USERCF
      INTEGER ANROUT,ANSECT,ANSEGM,ANSTA,ANVERZ,BLOCVE
      INTEGER COURMA,DIRECT,FROMTO,ROUTMA,SEGMA,TOFROM
      INTEGER DRN,DFACT,DMODUL,DCONST
      REAL LOGMA,NTXC,INTMA,INTSTA,MONITL,NETSTA
      COMMON /BIN/ BIN(10,8), BINSTA(10,5)
      COMMON /CON/ CONFL(10,5), CHAINC(10), CON(10,500), CLEV
      COMMON /DEL/ IDELAY, NCOMP(2), DEVAR(2,2,100)
      COMMON /DEL/ IDEMA(2,2), TCLEAR(2)
      COMMON /DEL/ IDPNTR(2,2), TAUMAX(2), TDELA(3)
      COMMON /DRN/ DRN(30), DFACT(30,2), DMODUL(2), DCONST(30,2)
      COMMON /EQU/ EQUL(3,4), CHAINE(3)
      COMMON /EQU/ INTMA(3,8), INTSTA(3,4)
      COMMON /EQU/ IFLAG(3,50), JFLAG(3,50)
      COMMON /EQU/ JFLAGL(3,50), IFLAGP(3,50)
      COMMON /EQU/ SV(3,100), SVLAST(3,100)
      COMMON /EQU/ DV(3,100), DVLAST(3,100), ICONT
      COMMON /EVT/ EVENTL(50), CHAINV(50)
      COMMON /FAC/ FAC(10,3)
      COMMON /FAM/ FAM(200,2), ASM(200,1)
      COMMON /FIL/ UNIT1,UNIT2,XUNIT3,XUNIT4,NUNIT1,NUNIT2,XFORM
      COMMON /FIL/ UNIT5,UNIT6,UNIT7,UNIT8
      COMMON /GAT/ GATHT(5), GATHF(200,1)
      COMMON /INP/ ITXT, JEPS, NDELAY
```

```
      COMMON /MFA/ MFAC(2,2), MBV(2), SE(20,3), LSE
      COMMON /MOD/ XMODUS, YMODUS, SVIN, SVOUT, NSTEP
      COMMON /NET/ ANROUT,ANSECT,ANSEGM,ANSTA,ANVERZ
      COMMON /NET/ BLOCVE(100,2)
      COMMON /NET/ COORDS(20,2),COORDV(30,2),COORDP(200,2)
      COMMON /NET/ COURMA(20,3),SECTMA(100,6),NETSTA(50,6)
      COMMON /NET/ ROUTMA(20,20),SEGMA(50,20)
      COMMON /NET/ DIRECT(50,50),TOTLEN(50,50)
      COMMON /NET/ FROMTO(50,4,2),TOFROM(50,4,2)
      COMMON /PLA/ PLAMA(2,2)
      COMMON /PLO/ MONITL(10), CHAINM(10)
      COMMON /PLO/ PLOMA1(10,16), PLOMA2(10,5)
      COMMON /PLC/ PLOMA3(10,18)
      COMMON /POL/ POL(10,3)
      COMMON /POO/ POOL(5,2)
      COMMON /RAS/ RASTL(10)
      COMMON /SRC/ SOURCL(10,3), CHAINS(10), SOURCI(10)
      COMMON /SRC/ NTXC, LSL, TXMAX
      COMMON /STO/ SBM(5,2), SM(1024,2), LSM
      COMMON /STR/ STRAMA(5,2)
      COMMON /TAB/ TAB(100,4,7)
      COMMON /TIM/ T, RT, TBUSY, TEND, EPS
      COMMON /TIM/ TCOND(150), IPRINT, JPRINT(25)
      COMMON /TRA/ TXADD(200,4),CARMA(100,10),TARMA(100,7)
      COMMON /TRA/ LOGMA(200,5),LOGPTR(2),STATIS(100,10)
      COMMON /TRA/ STATST(20,4),PARKST(20,4),BLOCST(100,4)
      COMMON /TXS/ TX(200,16),TXI(200)
      COMMON /TXS/ ACTIVL(200,2), CHAINA(200,2), LTX
      COMMON /TXT/ TXT(3,19)
      COMMON /TYP/ TYPE(15),BHEAD(796),THEAD(6),LHEAD(6),TTEST
      COMMON /UCH/ USERCT(2,2), USERCF(200,1,2)
      COMMON /VAR/ IV(50), RV(50)
      COMMON /SYM/ VNAMEI(50),VNAMER(50)
      COMMON /SYS/ ZASM,ZBIN,ZCAR,ZEVT,ZFAC,ZFAM,ZGATE
      COMMON /SYS/ ZGATF,ZGATT,ZLDVAR,ZMATCH,ZMFAC,ZNACH,ZNCOND
      COMMON /SYS/ ZNCRO,ZNDVAR,ZNPLO,ZNSET,ZNTAB,ZNV,ZPOL
      COMMON /SYS/ ZPOOL,ZPUNKT,ZRAS,ZROUT,ZROUT1,ZSE,ZSECT
      COMMON /SYS/ ZSEGM,ZSEGM1,ZSM,ZSRC,ZSTA,ZSTAT,ZSTO,ZTAB
      COMMON /SYS/ ZTX1,ZTX2,ZUCHF,ZUCHT,ZVAR,ZVERZ,ZVON
C
C
C
C     SPECIFY COMMON /PRIV/
C     =====================
      COMMON /PRIV/ DUMMY
C
C
C     SPECIFY OPERATIONAL MODE
C     ========================
      XMODUS = 0
      YMODUS = 0
```

```
C
C
C     SPECIFY CHANNEL NUMBERS FOR INPUT AND OUTPUT
C     ============================================
C
C     INPUT FILE: DATAIN
C     ------------------
      UNIT1  = 14
C
C     OUTPUT FILE: DATAOUT
C     --------------------
      UNIT2  = 15
C
C     INTERACTIVE INPUT FROM TERMINAL
C     -------------------------------
      XUNIT3 =  5
C
C     INTERACTIVE OUTPUT TO TERMINAL
C     ------------------------------
      XUNIT4 =  6
C
C     GRAPHICS FILE FOR SAVING PICTURE DESCRIPTION: GRADAT
C     ----------------------------------------------------
      UNIT5  =  7
C
C     SCRATCH FILE FOR PLOTTING PHASE DIAGRAMS: SCRAT1
C     ------------------------------------------------
      UNIT6  = 11
C
C     FILE FOR SAVING MODEL: SAVED
C     ----------------------------
      UNIT7  = 12
C
C     SCRATCH FILE FOR PLOTTING(ANAR,REPRT5,XINPUT): SCRAT2
C     -----------------------------------------------------
      UNIT8  = 20
C
C
C
C
C     OPEN INPUT AND OUTPUT FILES
C     ===========================
      OPEN(UNIT1,FILE='DATAIN',ACCESS='SEQUENTIAL',
     +           FORM='FORMATTED')
      OPEN(UNIT2,FILE='DATAOUT',ACCESS='SEQUENTIAL',FORM='PRINT')
C
C     OPEN(XUNIT3,FILE='INPUT' )
C     OPEN(XUNIT4,FILE='OUTPUT')
C
C     OPEN FILE FOR GRAPHICS
C     ======================
      OPEN(UNIT5,FILE='GRADAT',ACCESS='SEQUENTIAL',
     +           FORM='FORMATTED')
```

```
C
C     OPEN SCRATCH AND SAVE FILES
C     ===========================
      OPEN(UNIT6,FILE='SCRAT1',ACCESS='DIRECT',                    +
FORM='UNFORMATTED',RECL=101)
      OPEN(UNIT7,FILE='SAVED',ACCESS='SEQUENTIAL',
     +           FORM='UNFORMATTED')
      OPEN(UNIT8,FILE='SCRAT2',ACCESS='SEQUENTIAL',
     +           FORM='UNFORMATTED')
C
C
C     OPEN PLOT FILES
C     ===============
      OPEN(19,FILE='PLOT1',ACCESS='SEQUENTIAL',
     +        FORM='UNFORMATTED')
C     OPEN(18,FILE='PLOT2',ACCESS='SEQUENTIAL',
C    +        FORM='UNFORMATTED')
C
C
C     2. CLEAR DATA AREAS AND ASSIGN DEFAULT VALUES
C     =============================================
C
C     ASSIGN VARIABLES WHICH DEFINE ARRAY SIZES
C     =========================================
      CALL SYSVAR
C
C     CLEAR DATA AREAS
C     ================
      CALL RESET
C
C     ASSIGN DEFAULT VALUES
C     =====================
      CALL PRESET
C
C     ASSIGN DEFAULT VALUES TO USER VARIABLES
C     =======================================
C
C
C
C     3. READ AND ASSIGN VARIABLES
C     ============================
C
C     DECLARE NAMES OF INTEGER VARIABLES
C     ==================================
      VNAMEI(1) = 'IPRINT  '
      VNAMEI(2) = 'ICONT   '
      VNAMEI(3) = 'SVIN    '
      VNAMEI(4) = 'SVOUT   '
C
C
C     DECLARE NAMES OF REAL VARIABLES
C     ===============================
      VNAMER(1) = 'TEND    '
      VNAMER(2) = 'TXMAX   '
      VNAMER(3) = 'EPS     '
```

```
C
C
C     ASSIGN DEFAULT VALUES FOR FREE FORMAT INPUT
C     ===========================================
1000  IV(1) = IPRINT
      IV(2) = ICONT
      IV(3) = SVIN
      IV(4) = SVOUT
      RV(1) = TEND
      RV(2) = TXMAX
      RV(3) = EPS
C
C
C
C
C
C     INPUT
C     =====
      CALL XINPUT(XEND,XGO,XNEW,XOUT,*9999)
C
C     CALL YINPUT(XEND,XGO,XNEW,XOUT,*9999)
C
C
C     ASSIGN VALUES FOR FREE FORMAT INPUT
C     ===================================
      IPRINT = IV(1)
      ICONT  = IV(2)
      SVIN   = IV(3)
      SVOUT  = IV(4)
      TEND   = RV(1)
      TXMAX  = RV(2)
      EPS    = RV(3)
C
C
      IF(XMODUS.EQ.1) CALL XBEGIN(XEND,XGO,XNEW,XOUT,*6000,*7000)
      IF(SVIN.NE.0) GOTO 5500
C
C
C     4. ASSIGN VALUES OF CONSTANTS AND INITIALIZE MODEL
C     ==================================================
C
C     ASSIGN SOURCE MATRIX
C     ====================
C
C     ASSIGN POLICY,STRATEGY, AND PLAN ARRAYS
C     =======================================
C
C     DEFINE CAPACITIES OF POOLS AND STORAGES
C     =======================================
C
C     DEFINE CAPACITIES OF MULTIFACILITIES
C     ====================================
```

```
C
C     INITIALIZE DATA AREAS
C     =====================
      CALL INIT1X
      CALL INIT2(*9999)
      CALL INIT3(*9999)
      CALL INIT4
C
C     INITIALIZE NETTOPOLOGY
C     ======================
      CALL ININET(*9999)
C
C
C     5. START MODEL
C     ==============
C
C     SCHEDULE THE FIRST EVENT
C     ========================
C
C     START SOURCES
C     =============
C
C     PROCEED WITH SIMULATION RUN
C     ===========================
5500  IF(SVIN.NE.0) CALL SAVIN(*9999)
C
C
C
C     6. MODEL
C     ========
6000  CALL FLOWC(*7000)
      IF(XMODUS.EQ.1) GOTO 1000
C
C
C
C     7. TERMINATING SECTION
C     ======================
7000  CONTINUE
C
C     FINAL COMPUTATION OF THE BINS AND DETERMINATION OF THE
C     CONFIDENCE INTERVAL
C     ======================================================
      CALL ENDBIN
C
C     FINAL COMPUTATION OF USER QUANTITIES
C     ====================================
C
C
C
C     8. OUTPUT OF THE RESULTS
C     ========================
C
C     OUTPUT OF PLOTS
C     ===============
      IF(ICONT.NE.0) CALL ENDPLO(0)
```

```
C
C     OUTPUT OF USER QUANTITIES
C     =========================
C
C
      IF(XOUT.EQ.1) GOTO 1000
C
C     SAVE THE STATE OF THE SYSTEM
C     ============================
      IF(SVOUT.NE.0) CALL SAVOUT
C
C
C
9999  CLOSE(UNIT1,STATUS='KEEP')
      CLOSE(UNIT2,STATUS='KEEP')
      CLOSE(UNIT5,STATUS='KEEP')
      CLOSE(UNIT6,STATUS='DELETE')
      CLOSE(UNIT7,STATUS='KEEP')
      CLOSE(UNIT8,STATUS='DELETE')
      CLOSE(21,STATUS='DELETE')
      CLOSE(22,STATUS='DELETE')
C
C
      STOP
      END
```

```
      SUBROUTINE ACTIV(*)
C     ***
C     *** CALL ACTIV(EXIT1)
C     ***
C     *** PURPOSE: MODEL FOR TASKS
C     *** PARAMETERS: EXIT1 = EXIT TO TERMINATING SECTION
C     ***
      INTEGER CHAINC, CHAINV, CHAINS, CHAINA, SOURCI, TXI
      INTEGER FAC,FAM,ASM,GATHT,GATHF,SE,PLAMA,POL,POOL,SBM
      INTEGER SM, STRAMA, TYPE, BHEAD, USERCT, USERCF
      INTEGER UNIT1, UNIT2, XUNIT3, XUNIT4, XFORM
      INTEGER UNIT5,UNIT6,UNIT7,UNIT8
      REAL NTXC, LOGMA
      LOGICAL CHECK
      COMMON /BIN/ BIN(10,8), BINSTA(10,5)
      COMMON /CON/ CONFL(10,5), CHAINC(10), CON(10,500), CLEV
      COMMON /EVT/ EVENTL(50), CHAINV(50)
      COMMON /FAC/ FAC(10,3)
      COMMON /FAM/ FAM(200,2), ASM(200,1)
      COMMON /GAT/ GATHT(5), GATHF(200,1)
      COMMON /FIL/ UNIT1,UNIT2,XUNIT3,XUNIT4,NUNIT1,NUNIT2,XFORM
      COMMON /FIL/ UNIT5,UNIT6,UNIT7,UNIT8
      COMMON /MFA/ MFAC(2,2), MBV(2), SE(20,3), LSE
      COMMON /PLA/ PLAMA(2,2)
      COMMON /POL/ POL(10,3)
      COMMON /POO/ POOL(5,2)
      COMMON /RAS/ RASTL(10)
      COMMON /SRC/ SOURCL(10,3), CHAINS(10), SOURCI(10)
      COMMON /SRC/ NTXC, LSL, TXMAX
      COMMON /STO/ SBM(5,2), SM(1024,2), LSM
      COMMON /STR/ STRAMA(5,2)
      COMMON /TAB/ TAB(100,4,7)
      COMMON /TIM/ T, RT, TBUSY, TEND, EPS
      COMMON /TIM/ TCOND(150), IPRINT, JPRINT(25)
      COMMON /TRA/ TXADD(200,4),CARMA(100,10),TARMA(100,7)
      COMMON /TRA/ LOGMA(200,5),LOGPTR(2),STATIS(100,10)
      COMMON /TRA/ STATST(20,4),PARKST(20,4),BLOCST(100,4)
      COMMON /TXS/ TX(200,16),TXI(200)
      COMMON /TXS/ ACTIVL(200,2), CHAINA(200,2), LTX
      COMMON /TYP/ TYPE(15),BHEAD(796),THEAD(6),LHEAD(6), TTEST
      COMMON /UCH/ USERCT(2,2), USERCF(200,1,2)
C
C     SPECIFY COMMON /PRIV/
C     =====================
      COMMON /PRIV/ DUMMY
C
C     DETERMINE LABEL
C     ===============
      IF (LSL.GT.0) NADDR = NINT(SOURCL(LSL,2))
      IF (LTX.GT.0) NADDR = NINT(ACTIVL(LTX,2))
```

```
C
C     TRANSFER CONTROL TO LABEL
C     =========================
C
      GOTO (1), NADDR
C
      WRITE(NUNIT2,3000) T,NADDR
3000  FORMAT('0+++++ ACTIV: T=',F12.4,
     +' ERROR IN LABEL SELECTOR  NADDR = ',I3)
      GOTO 9999
C
C
C     MODEL
C     =====
C
1     CONTINUE
C
C
C     EXIT TO FLOW CONTROL
C     ====================
9000  RETURN
C
C     EXIT TO TERMINATING SECTION
C     ===========================
9999  RETURN 1
      END
```

```
      SUBROUTINE ACTIVB(*)
C     ***
C     *** CALL ACTIVB(EXIT1)
C     ***
C     *** PURPOSE: MODEL FOR BUS-TRAFFIC
C     *** PARAMETERS: EXIT1 = EXIT TO TERMINATING SECTION
C     ***
      INTEGER CHAINC, CHAINV, CHAINS, CHAINA, SOURCI ,TXI
      INTEGER FAC,FAM,ASM,GATHT,GATHF,SE,PLAMA,POL,POOL, SBM
      INTEGER SM, STRAMA, TYPE, BHEAD, USERCT, USERCF
      INTEGER UNIT1, UNIT2, XUNIT3, XUNIT4, XFORM
      INTEGER UNIT5,UNIT6,UNIT7,UNIT8
      REAL NTXC, LOGMA
      LOGICAL CHECK
      COMMON /BIN/ BIN(10,8), BINSTA(10,5)
      COMMON /CON/ CONFL(10,5), CHAINC(10), CON(10,500), CLEV
      COMMON /EVT/ EVENTL(50), CHAINV(50)
      COMMON /FAC/ FAC(10,3)
      COMMON /FAM/ FAM(200,2), ASM(200,1)
      COMMON /GAT/ GATHT(5), GATHF(200,1)
      COMMON /FIL/ UNIT1,UNIT2,XUNIT3,XUNIT4,NUNIT1,NUNIT2,XFORM
      COMMON /FIL/ UNIT5,UNIT6,UNIT7,UNIT8
      COMMON /MFA/ MFAC(2,2), MBV(2), SE(20,3), LSE
      COMMON /PLA/ PLAMA(2,2)
      COMMON /POL/ POL(10,3)
      COMMON /POO/ POOL(5,2)
      COMMON /RAS/ RASTL(10)
      COMMON /SRC/ SOURCL(10,3), CHAINS(10), SOURCI(10)
      COMMON /SRC/ NTXC, LSL, TXMAX
      COMMON /STO/ SBM(5,2), SM(1024,2), LSM
      COMMON /STR/ STRAMA(5,2)
      COMMON /TAB/ TAB(100,4,7)
      COMMON /TIM/ T, RT, TBUSY, TEND, EPS
      COMMON /TIM/ TCOND(150), IPRINT, JPRINT(25)
      COMMON /TRA/ TXADD(200,4),CARMA(100,10),TARMA(100,7)
      COMMON /TRA/ LOGMA(200,5),LOGPTR(2),STATIS(100,10)
      COMMON /TRA/ STATST(20,4),PARKST(20,4),BLOCST(100,4)
      COMMON /TXS/ TX(200,16),TXI(200)
      COMMON /TXS/ ACTIVL(200,2), CHAINA(200,2), LTX
      COMMON /TYP/ TYPE(15),BHEAD(796),THEAD(6),LHEAD(6),TTEST
      COMMON /UCH/ USERCT(2,2), USERCF(200,1,2)
C
C     SPECIFY COMMON /PRIV/
C     =====================
      COMMON /PRIV/ DUMMY
C
C     DETERMINE LABEL
C     ===============
      IF (LSL.GT.0) NADDR = NINT(SOURCL(LSL,2))
      IF (LTX.GT.0) NADDR = NINT(ACTIVL(LTX,2))
```

```
C
C     TRANSFER CONTROL TO LABEL
C     ========================
C
      GOTO (1,2), NADDR
C
      WRITE(NUNIT2,3000) T,NADDR
3000  FORMAT('0+++++ ACTIVB: T=',F12.4,
     +' ERROR IN LABEL SELECTOR  NADDR=',I3)
      GOTO 9999
C
C
C     MODEL
C     =====
C
C     BUS-GENERATION
C     ==============
1     CONTINUE
      CALL BGEN(ET,PR,KAP,VEL,NROUT,*9999)
C
C     DETERMINE STATUS
C     ================
2     NCAR   = NINT(TXADD(LTX,1))
      ISTATE = NINT(CARMA(NCAR,8))
      GOTO (21,22,23), ISTATE
C
C     LOAD
C     ====
21    CALL BLOAD(0.,*9000,*9999)
C
C     RIDE
C     ====
22    CALL BRIDE(*9000,*9999)
C
C     UNLOAD
C     ======
23    CALL BOUT(0.,*9000,*9999)
C
C
C     EXIT TO FLOW CONTROL
C     ====================
9000  RETURN
C
C     EXIT TO TERMINATING SECTION
C     ===========================
9999  RETURN 1
      END
```

```
      SUBROUTINE ACTIVG(*)
C     ***
C     *** CALL ACTIVG(EXIT1)
C     ***
C     *** PURPOSE: MODEL OF TRANSPORT SYSTEM
C     *** PARAMETERS: EXIT1 = EXIT TO TERMINATING SECTION
C     ***
      INTEGER CHAINC, CHAINV, CHAINS, CHAINA, SOURCI, TXI
      INTEGER FAC,FAM,ASM,GATHT,GATHF,SE,PLAMA,POL,POOL,SBM
      INTEGER SM, STRAMA, TYPE, BHEAD, USERCT, USERCF
      INTEGER UNIT1, UNIT2, XUNIT3, XUNIT4, XFORM
      INTEGER UNIT5,UNIT6,UNIT7,UNIT8
      REAL NTXC, LOGMA
      LOGICAL CHECK
      COMMON /BIN/ BIN(10,8), BINSTA(10,5)
      COMMON /CON/ CONFL(10,5), CHAINC(10), CON(10,500), CLEV
      COMMON /EVT/ EVENTL(50), CHAINV(50)
      COMMON /FAC/ FAC(10,3)
      COMMON /FAM/ FAM(200,2), ASM(200,1)
      COMMON /GAT/ GATHT(5), GATHF(200,1)
      COMMON /FIL/ UNIT1,UNIT2,XUNIT3,XUNIT4,NUNIT1,NUNIT2,XFORM
      COMMON /FIL/ UNIT5,UNIT6,UNIT7,UNIT8
      COMMON /MFA/ MFAC(2,2), MBV(2), SE(20,3), LSE
      COMMON /PLA/ PLAMA(2,2)
      COMMON /POL/ POL(10,3)
      COMMON /POO/ POOL(5,2)
      COMMON /RAS/ RASTL(10)
      COMMON /SRC/ SOURCL(10,3), CHAINS(10), SOURCI(10)
      COMMON /SRC/ NTXC, LSL, TXMAX
      COMMON /STO/ SBM(5,2), SM(1024,2), LSM
      COMMON /STR/ STRAMA(5,2)
      COMMON /TAB/ TAB(100,4,7)
      COMMON /TIM/ T, RT, TBUSY, TEND, EPS
      COMMON /TIM/ TCOND(150), IPRINT, JPRINT(25)
      COMMON /TRA/ TXADD(200,4),CARMA(100,10),TARMA(100,7)
      COMMON /TRA/ LOGMA(200,5),LOGPTR(2),STATIS(100,10)
      COMMON /TRA/ STATST(20,4),PARKST(20,4),BLOCST(100,4)
      COMMON /TXS/ TX(200,16),TXI(200)
      COMMON /TXS/ ACTIVL(200,2), CHAINA(200,2), LTX
      COMMON /TYP/ TYPE(15),BHEAD(796),THEAD(6),LHEAD(6),TTEST
      COMMON /UCH/ USERCT(2,2), USERCF(200,1,2)
C
C     SPECIFY COMMON /PRIV/
C     =====================
      COMMON /PRIV/ DUMMY
C
C     DETERMINE LABEL
C     ===============
      IF (LSL.GT.0) NADDR = NINT(SOURCL(LSL,2))
      IF (LTX.GT.0) NADDR = NINT(ACTIVL(LTX,2))
```

```
C
C     TRANSFER CONTROL TO LABEL
C     =========================
C
      GOTO (1) ,NADDR
C
      WRITE(NUNIT2,3000) T,NADDR
3000  FORMAT('0+++++ ACTIVG: T=',F12.4,
     +' ERROR IN LABEL SELECTOR  NADDR=',I3)
      GOTO 9999
C
C
C     MODEL
C     =====
1     CONTINUE
C
C
C     EXIT TO FLOW CONTROL
C     ====================
9000  RETURN
C
C     EXIT TO TERMINATING SECTION
C     ===========================
9999  RETURN 1
      END
```

```
      SUBROUTINE ACTIVT(*)
C     ***
C     *** CALL ACTIVT(EXIT1)
C     ***
C     *** PURPOSE: MODEL FOR TAXITRAFFIC
C     *** PARAMETERS: EXIT1 = EXIT TO TERMINATING SECTION
C     ***
      INTEGER CHAINC, CHAINV, CHAINS, CHAINA, SOURCI, TXI
      INTEGER FAC, FAM, ASM, GATHT, GATHF, SE, PLAMA
      INTEGER POL,POOL,SBM
      INTEGER SM, STRAMA, TYPE, BHEAD, USERCT, USERCF
      INTEGER UNIT1, UNIT2, XUNIT3, XUNIT4, XFORM
      INTEGER UNIT5,UNIT6,UNIT7,UNIT8
      REAL NTXC, LOGMA
      LOGICAL CHECK
      COMMON /BIN/ BIN(10,8), BINSTA(10,5)
      COMMON /CON/ CONFL(10,5), CHAINC(10), CON(10,500), CLEV
      COMMON /EVT/ EVENTL(50), CHAINV(50)
      COMMON /FAC/ FAC(10,3)
      COMMON /FAM/ FAM(200,2), ASM(200,1)
      COMMON /GAT/ GATHT(5), GATHF(200,1)
      COMMON /FIL/ UNIT1,UNIT2,XUNIT3,XUNIT4,NUNIT1,NUNIT2,XFORM
      COMMON /FIL/ UNIT5,UNIT6,UNIT7,UNIT8
      COMMON /MFA/ MFAC(2,2), MBV(2), SE(20,3), LSE
      COMMON /PLA/ PLAMA(2,2)
      COMMON /POL/ POL(10,3)
      COMMON /POO/ POOL(5,2)
      COMMON /RAS/ RASTL(10)
      COMMON /SRC/ SOURCL(10,3), CHAINS(10), SOURCI(10)
      COMMON /SRC/ NTXC, LSL, TXMAX
      COMMON /STO/ SBM(5,2), SM(1024,2), LSM
      COMMON /STR/ STRAMA(5,2)
      COMMON /TAB/ TAB(100,4,7)
      COMMON /TIM/ T, RT, TBUSY, TEND, EPS
      COMMON /TIM/ TCOND(150), IPRINT, JPRINT(25)
      COMMON /TRA/ TXADD(200,4),CARMA(100,10),TARMA(100,7)
      COMMON /TRA/ LOGMA(200,5),LOGPTR(2),STATIS(100,10)
      COMMON /TRA/ STATST(20,4),PARKST(20,4),BLOCST(100,4)
      COMMON /TXS/ TX(200,16),TXI(200)
      COMMON /TXS/ ACTIVL(200,2), CHAINA(200,2), LTX
      COMMON /TYP/ TYPE(15),BHEAD(796),THEAD(6), LHEAD(6), TTEST
      COMMON /UCH/ USERCT(2,2), USERCF(200,1,2)
C
C     SPECIFY COMMON /PRIV/
C     =====================
      COMMON /PRIV/ DUMMY
C
C     DETERMINE LABEL
C     ===============
      IF (LSL.GT.0) NADDR = NINT(SOURCL(LSL,2))
      IF (LTX.GT.0) NADDR = NINT(ACTIVL(LTX,2))
```

```
C
C     TRANSFER CONTROL TO LABEL
C     =========================
C
      GOTO (1,2), NADDR
C
      WRITE(NUNIT2,3000) T,NADDR
3000  FORMAT('0+++++ ACTIVT: T=',F12.4,
     +' ERROR IN LABEL SELECTOR  NADDR=',I3)
      GOTO 9999
C
C
C     MODEL
C     =====
C
C     GENERATION OF TAXIS
C     ===================
1     CONTINUE
      CALL TGEN(ET,PR,KAP,VEL,NTERM,ITARGP,NSTRAT,*9999)
C
C     DETERMINE STATUS
C     ================
2     NCAR   = NINT(TXADD(LTX,1))
      ISTATE = NINT(CARMA(NCAR,8))
      GOTO (21,22,23,24,25,26), ISTATE
C
C     TOURNEY FROM START TO LOADING POINT
C     ===================================
21    ISTART = NINT(CARMA(NCAR,6))
      ITARGL = NINT(TARMA(NCAR,1))
      CALL TRIDE(ISTART,ITARGL,*9000,*9999)
C
C     LOAD
C     ====
22    CALL TLOAD(0.,*9000,*9999)
C
C     TOURNEY FROM LOADING POINT TO UNLOADING-POINT
C     =============================================
23    ITARGL = NINT(CARMA(NCAR,6))
      ITARGU = NINT(TARMA(NCAR,2))
      CALL TRIDE(ITARGL,ITARGU,*9000,*9999)
C
C     UNLOAD
C     ======
24    CALL TOUT(0.,*9000,*9999)
C
C     TOURNEY TO PARKING-LOT
C     ======================
25    ITARGU = NINT(CARMA(NCAR,6))
      IPARKL = NINT(TARMA(NCAR,3))
      IF (IPARKL.NE.0) THEN
         CALL TRIDE(ITARGU,IPARKL,*9000,*9999)
      ENDIF
C
C     PARK
C     ====
26    CALL TPARK(*9000,*9999)
```

```
C
C
C     EXIT TO FLOW CONTROL
C     ====================
9000  RETURN
C
C     EXIT TO TERMINATING SECTION
C     ===========================
9999  RETURN 1
      END
```

```
      REAL FUNCTION GESGEW(NSECT)
C     ***
C     *** FUNCTION : COMPUTE THE WEIGHT OF A SECTION
C     *** PARAMETER: NSECT = NUMBER OF THE SECTION
C     ***
C
            INTEGER ANROUT,ANSECT,ANSEGM,ANSTA,ANVERZ,
      INTEGER BLOCVE,COURMA,DIRECT
      INTEGER FROMTO,ROUTMA,SEGMA,TOFROM
      INTEGER UNIT1,UNIT2,UNIT5,UNIT6,UNIT7,UNIT8
      INTEGER XFORM,XUNIT3,XUNIT4
C
      REAL    NETSTA
C
      COMMON /FIL/ UNIT1,UNIT2,XUNIT3,XUNIT4,NUNIT1,NUNIT2,XFORM
      COMMON /FIL/ UNIT5,UNIT6,UNIT7,UNIT8
      COMMON /NET/ ANROUT,ANSECT,ANSEGM,ANSTA,ANVERZ
      COMMON /NET/ BLOCVE(100,2)
      COMMON /NET/ COORDS(20,2),COORDV(30,2),COORDP(200,2)
      COMMON /NET/ COURMA(20,3),SECTMA(100,6),NETSTA(50,6)
      COMMON /NET/ ROUTMA(20,20),SEGMA(50,20)
      COMMON /NET/ DIRECT(50,50),TOTLEN(50,50)
      COMMON /NET/ FROMTO(50,4,2),TOFROM(50,4,2)
C
C     SELECT STRATEGY
C     ===============
      NUMBER = 1
C
      GOTO (1,2,3,4,5), NUMBER
C
C     SHORTEST DISTANCE
C     =================
1     GESGEW = ABS(SECTMA(NSECT,3))
      GOTO 100
C
C     MOST RAPID DISTANCE
C     ===================
2     GESGEW = ABS(SECTMA(NSECT,3))/SECTMA(NSECT,5)
      GOTO 100
C
C     USER'S OWN STRATEGIES
C     =====================
3     GESGEW = 0.
      GOTO 100
C
4     GESGEW = 0.
      GOTO 100
C
5     GESGEW = 0.
C
C
100   RETURN
      END
```

Anhang A3
Unterprogramme für das Transportmodell

Im Anhang A3 sind für alle Unterprogramme die von GPSS-FORTRAN Version 3 angeboten werden, die Funktion und die Parameterliste angegeben.

```
SUBROUTINE BGEN(ET,PR,KAP,VEL,NROUT,*)
***
*** CALL BGEN(ET,PR,KAP,VEL,NROUT,*9999)
***
*** Funktion : Erzeugen einer Bus-Transaction
*** Parameter: ET    = Ankunftsabstände
***            PR    = Priorität des erzeugten Busses
***            KAP   = Kapazität des Busses
***            VEL   = Geschwindigkeit des Busses
***            NROUT = Nummer der Route, die der Bus fahren soll
***            *9999 = Fehlerausgang
***
```

```
SUBROUTINE BLOAD(TIME,*,*)
***
*** CALL BLOAD(TIME,*9000,*9999)
***
*** Funktion : Beladen eines Busses
*** Parameter: TIME  = Zeitverzögerung für eine Bus-
***                    Transaction, die aufgeladen wird
***            *9000 = Ausgang zur Ablaufkontrolle
***            *9999 = Fehlerausgang
***
```

```
SUBROUTINE BOUT(TIME,*,*)
***
*** CALL BOUT(TIME,*9000,*9999)
***
*** Funktion : Entladen der Transaction am Zielpunkt
***            und Einhängen in die Zeitkette
*** Parameter: TIME  = Zeitverzögerung für eine Bus-
***                    Transaction, die entladen wird
***            *9000 = Ausgang zur Ablaufkontrolle
***            *9999 = Fehlerausgang
***
```

```
SUBROUTINE BRIDE(*,*)
***
*** CALL BRIDE(*9000,*9999)
***
*** Funktion : Fahren eines Busses
*** Parameter: *9000 = Ausgang zur Ablaufkontrolle
***            *9999 = Fehlerausgang
***
```

```
SUBROUTINE FINBEN(NCAR,FOUND)
***
*** CALL FINBEN(NCAR,FOUND)
***
*** Funktion : Suchen nach einem Auftrag f{r ein Fahrzeug
***            nach einer benutzereigenen Strategie
*** Parameter: NCAR  = Nummer des suchenden Fahrzeugs
***            FOUND = Rückgabe-Parameter :
***                      TRUE  : neuer Auftrag gefunden
***                      FALSE : kein Auftrag gefunden
***
```

```
SUBROUTINE FIND(NCAR,FOUND,*)
***
*** CALL FIND(NCAR,FOUND,*9999)
***
*** Funktion : Suchen nach einem Auftrag für ein Fahrzeug
*** Parameter: NCAR =  Nummer des suchenden Fahrzeugs
***            FOUND = Rückgabe-Parameter :
***                      TRUE  : neuer Auftrag gefunden
***                      FALSE : kein Auftrag gefunden
***            *9999 = Fehlerausgang
***
```

```
SUBROUTINE FINLDS(NCAR,FOUND)
***
*** CALL FINLDS(NCAR,FOUND)
***
*** Funktion : Suchen nach einem Auftrag nach der Strategie
***            Weiteste Entfernung
*** Parameter: NCAR =  Nummer des suchenden Fahrzeugs
***            FOUND = Rückgabe-Parameter :
***                      TRUE  : neuer Auftrag gefunden
***                      FALSE : kein Auftrag gefunden
***
```

```
SUBROUTINE FINOLD(NCAR,FOUND)
***
*** CALL FINOLD(NCAR,FOUND)
***
*** Funktion : Suchen nach einem Auftrag nach der Strategie
***            Ältester Auftrag
*** Parameter: NCAR =  Nummer des suchenden Fahrzeugs
***            FOUND = Rückgabe-Parameter :
***                    TRUE  : neuer Auftrag gefunden
***                    FALSE : kein Auftrag gefunden
***
```

```
SUBROUTINE FINPRI(NCAR,FOUND)
***
*** CALL FINPRI(NCAR,FOUND)
***
*** Funktion : Suchen nach einem Auftrag nach der Strategie
***            Höchste Priorität
*** Parameter: NCAR =  Nummer des suchenden Fahrzeugs
***            FOUND = Rückgabe-Parameter :
***                    TRUE  : neuer Auftrag gefunden
***                    FALSE : kein Auftrag gefunden
***
```

```
SUBROUTINE FINSDS(NCAR,FOUND)
***
*** CALL FINSDS(NCAR,FOUND)
***
*** Funktion : Suchen nach einem Auftrag nach der Strategie
***            Kürzeste Entfernung
*** Parameter: NCAR =  Nummer des suchenden Fahrzeugs
***            FOUND = Rückgabe-Parameter :
***                    TRUE  : neuer Auftrag gefunden
***                    FALSE : kein Auftrag gefunden
***
```

```
SUBROUTINE FINTOP(NCAR,FOUND)
***
*** CALL FINTOP(NCAR,FOUND)
***
*** Funktion : Suchen nach einem Auftrag nach der Strategie
***            Gegenwärtiges Terminal
*** Parameter: NCAR =  Nummer des suchenden Fahrzeugs
***            FOUND = Rückgabe-Parameter :
***                    TRUE  : neuer Auftrag gefunden
***                    FALSE : kein Auftrag gefunden
***
```

```
REAL FUNKTION GESGEW(NSECT)
***
*** Funktion : Berechnen eines Gewichtes für eine Section
*** Parameter: NSECT = Nummer der Section, die
***                    gewichtet werden soll
***
```

```
SUBROUTINE GETIN(NTERM,ITARGU,IDN,ITYPE,IORDR,NSTRAT,*,*)
***
*** CALL GETIN(NTERM,ITARGU,IDN,ITYPE,IORDR,NSTRAT,*9000,*9999)
***
*** Funktion : Betreten des Terminals durch eine
***            Auftragstransaction
*** Parameter: NTERM  = Nummer des Terminals
***            ITARGU = Zielpunkt der Transaction
***                   = -1: noch kein Zielpunkt bekannt
***            IDN    = Adresse der zugehörigen
***                     GETOUT-Anweisung
***            ITYPE  = Kennung des gewünschten Fahrzeugtyps
***                   = 1: Bus
***                   = 2: Taxi
***                   = 3: Transporter
***            IORDR  = Art der Steuerung
***                   = 0: es wird kein Transportwunsch an die
***                        dispositive Steuerung weitergegeben
***                   = 1: es wird ein Transportwunsch an die
***                        dispositive Steuerung weitergegeben
***            NSTRAT = Strategie für die Suche nach einem
***                     Taxi bzw. Transporter
***            *9000  = Ausgang zur Ablaufkontrolle
***            *9999  = Fehlerausgang
***
```

```
SUBROUTINE GETOUT
***
*** CALL GETOUT
***
*** Funktion : Verlassen des Terminals durch eine
***            Auftragstransaction
***
```

```
SUBROUTINE GGEN(ET,PR,KAP,VEL,NTERM,NSTRAT,*)
***
*** CALL GGEN(ET,PR,KAP,VEL,NTERM,NSTRAT,*9999)
***
*** Funktion : Erzeugen einer Transporter-Transaction
*** Parameter: ET     = Ankunftsabstände
***            PR     = Priorität des erzeugten Transporters
***            KAP    = Kapazität des Transporters
***            VEL    = Geschwindigkeit des Transporters
***            NTERM  = Terminal, an der der Transporter entsteht
***            NSTRAT = Strategie, nach der der Transporter seine
***                     Aufträge suchen soll
***                     = 0:       keine Suche
***                     = 1: old:  Ältester Auftrag
***                                (oldest)
***                     = 2: pri:  Höchste PrioritÄt
***                                (priority)
***                     = 3: sds:  Nächster Auftrag
***                                (shortest distance)
***                     = 4: lds:  Weitester Auftrag
***                                (longest distance)
***                     = 5: top:  Gegenwärtiges Terminal
***                                (present terminal)
***                     = 6: ben:  Benutzereigene Strategien
***            *9999  = Fehlerausgang
***
```

```
SUBROUTINE GLOAD(IDN,IORDR,TIME,*,*)
***
*** CALL GLOAD(IDN,IORDR,TIME,*9000,*9999)
***
*** Funktion : Beladen eines Transporters
*** Parameter: IDN   = Fortsetzungsadresse
***            IORDR = Art der Steuerung
***                    = 0: Aufträge ohne dispositive Steuerung
***                    = 1: Aufträge mit dispositiver Steuerung
***            TIME  = Zeitverzögerung für eine Transporter-
***                    Transaction
***            *9000 = Ausgang zur Ablaufkontrolle
***            *9999 = Fehlerausgang
***
```

```
SUBROUTINE GOUT(IDN,IORDR,TIME,*,*)
***
*** CALL GOUT(IDN,IORDR,TIME,*9000,*9999)
***
*** Funktion : Entladen eines Transporters
*** Parameter: IDN   = Fortsetzungsadresse
***            IORDR = Frage nach weiteren Aufträgen für
***                    freien Transporter
***                     = 0: wird nicht gestellt
***                     = 1: wird gestellt
***            TIME  = Zeitverzögerung für eine
***                    Transaction, die entladen wird
***            *9000 = Ausgang zur Ablaufkontrolle
***            *9999 = Fehlerausgang
***
```

```
SUBROUTINE GPARK(IDN,IORDR,*,*)
***
*** CALL GPARK(IDN,IORDR,*9000,*9999)
***
*** Funktion : Parken eines Transporters
*** Parameter: IDN   = Fortsetzungsadresse
***            IORDR = Frage nach weiteren Aufträgen für
***                    Transporter
***                     = 0: wird nicht gestellt
***                     = 1: wird gestellt
***            *9000 = Ausgang zur Ablaufkontrolle
***            *9999 = Fehlerausgang
***
```

```
SUBROUTINE GRIDE(CSTART,ISTART,ID,CTARG,ITARG,IDN,*,*)
***
*** CALL GRIDE(CSTART,ISTART,ID,CTARG,ITARG,IDN,*9000,*9999)
***
*** Funktion : Fahren eines Transporters
*** Parameter: CSTART = Art des Startpunktes
***                   = 'T': Terminal
***                   = 'B': Verzweigung
***            ISTART = Startknoten des Transportes
***            ID     = Anweisungsnummer des
***                     Unterprogrammaufrufs
***            CTARG  = Art des Zielpunktes
***                   = 'T': Terminal
***                   = 'B': Verzweigung
```

```
***            ITARG  = Zielknoten des Transportes
***            IDN    = Fortsetzungsadresse
***            *9000  = Ausgang zur Ablaufkontrolle
***            *9999  = Fehlerausgang
***
```

```
SUBROUTINE INFO1(NCAR,ITARG,ISTATE,IORDR,*)
***
*** CALL INFO1(NCAR,ITARG,ISTATE,IORDR,*9999)
***
*** Funktion : Informieren über charakteristische Werte einer
***            Fahrzeugtransaction
*** Parameter:          Rückgabeparameter :
***            NCAR   = Nummer des Wagens
***            ITARG  = Nächstes anzufahrendes Ziel
***            ISTATE = Zustand des Wagens
***            IORDR  = Art der Steuerung
***                   = 0: keine dispositive Steuerung
***                   = 1: dispositive Steuerung
***            *9999  = Fehlerausgang
***
```

```
SUBROUTINE INFO2(IPASS,ITX2,VALUE,LFLAG,*)
***
*** CALL INFO2(IPASS,ITX2,VALUE,LFLAG,*9999)
***
*** Funktion : Informieren über charakteristische Werte einer
***            von der Fahrzeugtransaction aufgeladenen
***            Auftragstransaction
*** Parameter: IPASS = Reihenfolgenummer einer Fahrzeug
***                    aufgeladenen Transaction
***            ITX2  = Spaltennummer
***                    > 0: Transaction-Matrix
***                    < 0: TXADD-Matrix (nur Spalte 2-4)
***            VALUE = Rückgabeparameter : Inhalt des
***                    entsprechenden Feldes
***            LFLAG = Rückgabeparameter : ist angegebene
***                    Transaction von Fahrzeug aufgeladen
***                    = 0: nicht aufgeladen
***                    = 1: aufgeladen
***            *9999 = Fehlerausgang
***
```

```
SUBROUTINE ININET(*)
***
*** CALL ININET(*9999)
***
*** Funktion : Initialisieren und Überprüfen des Wegenetzes
*** Parameter: *9999 = Fehlerausgang
***
```

```
SUBROUTINE INITAB(ORIGIN,WEIGHT)
***
*** Funktion : Initialisieren der Routing-Tabellen
*** Parameter: ORIGIN : Bezugspunkt für Weglängenberechnung
***            WEIGHT : Gewichtsmatrix der Segmente
***
```

```
SUBROUTINE LOTSE(ISTART,ITARG,NSEG,*)
***
*** CALL LOTSE(ISTART,ITARG,NSEG,*9999)
***
*** Funktion : Liefert das nächste zu befahrende Segment
***            für ein Fahrzeug bei freier Wegefindung
***            (keine Fahrzeugsteuerung)
*** Parameter: ISTART = Standort des Fahrzeugs
***            ITARG  = Ziel des Fahrzeugs
***            NSEG   = Rückgabeparameter
***                     Nummer des nächsten zu
***                     befahrenden Segmentes
***            *9999  = Fehlerausgang
***
```

```
SUBROUTINE ORDBEN(ITARGL,ITARGU,NCAR)
***
*** CALL ORDBEN(ITARGL,ITARGU,NCAR)
***
*** Funktion : Anfordern eines Fahrzeugs nach einer
***            benutzereigener Strategie
*** Parameter: ITARGL = Nummer des Beladepunktes
***            ITARGU = Nummer des Entladepunkt
***            NCAR   = Rückgabeparameter
***                     > 0: Nummer des Wagens
***                     = 0: kein Wagen gefunden
***
```

```
SUBROUTINE ORDER(ITARGL,ITARGU,LOGLIN,NSTRAT,FOUND,*)
***
*** CALL ORDER(ITARGL,ITARGU,LOGLIN,NSTRAT,FOUND,*9999)
***
*** Funktion : Anfordern eines Fahrzeugs
*** Parameter: ITARGL = Nummer des Beladepunktes
***            ITARGU = Nummer des Entladepunktes
***            LOGLIN = Zeile der anfordenden Transaction
***                     in der LOGMA
***            NSTRAT = Strategie zur Wagenauswahl
***                     = 1: ran:  zufällig
***                                (random)
***                     = 2: por:  Wagen mit niedrigster
***                                Nummer
***                     = 3: sds:  Wagen mit kürzester
***                                Entfernung
***                                (shortest distance)
***                     = 4: lds:  Wagen mit längster
***                                Entfernung
***                                (longest distance)
***                     = 5: top:  Wagen an gegenwärtigem
***                                Terminal
***                                (present terminal)
***                     = 6: ben:  Benutzereigene Strategien
***            FOUND  = Rückgabeparameter:
***                      TRUE : Wagen gefunden
***                      FALSE: kein Wagen gefunden
***            *9999  = Fehlerausgang
***
```

```
SUBROUTINE ORDLDS(ITARGL,NCAR)
***
*** CALL ORDLDS(ITARGL,NCAR)
***
*** Funktion : Anfordern eines Fahrzeugs nach der Strategie
***            Längste Entfernung
*** Parameter: ITARGL = Nummer des Beladepunktes
***            NCAR   = Rückgabeparameter
***                     > 0: Nummer des Wagens
***                     = 0: kein Wagen gefunden
***
```

```
SUBROUTINE ORDPOR(NCAR)
***
*** CALL ORDPOR(NCAR)
***
*** Funktion : Anfordern eines Fahrzeugs nach der Strategie
***            Niedrigste Nummer
*** Parameter: NCAR   = Rückgabeparameter
***                     > 0: Nummer des Wagens
***                     = 0: kein Wagen gefunden
***
```

```
SUBROUTINE ORDRAN(NCAR)
***
*** CALL ORDRAN(NCAR)
***
*** Funktion : Anfordern eines Fahrzeugs nach der Strategie
***            Zufällig
*** Parameter: NCAR   = Rückgabeparameter
***                     > 0: Nummer des Wagens
***                     = 0: kein Wagen gefunden
***
```

```
SUBROUTINE ORDSDS(ITARGL,NCAR)
***
*** CALL ORDSDS(ITARGL,NCAR)
***
*** Funktion : Anfordern eines Fahrzeugs nach der Strategie
***            Kürzeste Entfernung
*** Parameter: ITARGL = Nummer des Beladepunktes
***            NCAR   = Rückgabeparameter
***                     > 0: Nummer des Wagens
***                     = 0: kein Wagen gefunden
***
```

```
SUBROUTINE ORDTOP(ITARGL,NCAR)
***
*** CALL ORDTOP(ITARGL,NCAR)
***
*** Funktion : Anfordern eines Fahrzeugs nach der Strategie
***            Auftrag an gegenwärtigem Terminal
*** Parameter: ITARGL = Beladepunkt der anfordernden Transaction
***            NCAR   = Rückgabeparameter
***                     > 0: Nummer des Wagens
***                     = 0: kein Wagen gefunden
***
```

```
SUBROUTINE RASTER(NRAS,DRT,RSTART,IDN,*)
***
*** CALL RASTER(NRAS,DRT,RSTART,IDN,*9000)
***
*** Funktion : Zeitverzögern einer Transaction in Abhängigkeit
***            der bereits anstehenden Transactions
*** Parameter: NRAS   = Nummer des Rasters
***            DRT    = Zeitintervall
***            RSTART = Festlegungsweise
***                     >= 0: statisches Raster
***                           mit Anfangszeit RSTART
***                     = -1: variables Raster
***            IDN    = Fortsetzungsadresse
***            *9000  = Ausgang zur Ablaufkontrolle
***
```

```
SUBROUTINE REPRT8
***
*** CALL REPRT8
***
*** Funktion : Ausdrucken der Transport-Datenbereiche
***
```

```
SUBROUTINE REPRT9
***
*** CALL REPRT9
***
*** Funktion : Ausdrucken der Transport- und
***            Wegenetzstatistik
***
```

```
SUBROUTINE SIGNAL(NBLOC,IFLAG,*)
***
*** CALL SIGNAL(NBLOC,IFLAG,*9999)
***
*** Funktion : Externes Blockieren, bzw. Deblockieren
***            einer Blockstrecke
*** Parameter: NBLOC  = Nummer der Blockstrecke
***            IFLAG  = Kennzeichen
***                     = 0: Deblockieren
***                     > 0: Blockieren
***            *9999  = Fehlerausgang
***
```

```
SUBROUTINE SORT(V,N)
***
*** CALL SORT(V,N)
***
*** Funktion : Sortieren von Listen nach aufsteigendem Schlüssel
*** Parameter: V = erste Spalte  : Schlüssel
***                zweite Spalte : Platznummern
***            N = Länge der Liste
***
```

```
SUBROUTINE TGEN(ET,PR,KAP,VEL,NTERM,ITARGP,NSTRAT,*)
***
*** CALL TGEN(ET,PR,KAP,VEL,NTERM,ITARGP,NSTRAT,*9999)
***
*** Funktion : Erzeugen einer Taxi-Transaction
*** Parameter: ET     = Ankunftsabstände
***            PR     = Priorität des erzeugten Taxis
***            KAP    = Kapazität des Taxis
***            VEL    = Geschwindigkeit des Taxis
***            NTERM  = Terminal, an der das Taxi entsteht
***            ITARGP = Parkterminal für das Taxi
***                     falls ITARGP = 0 , so parkt es jeweils
***                     an dem Terminal, an dem der letzte
***                     Auftrag beendet wurde
***            NSTRAT = Strategie, nach der das Taxi seine
***                     Aufträge suchen soll
***                     = 1: old:  Ältester Auftrag
***                                (oldest)
***                     = 2: pri:  Auftrag mit höchster
***                                Priorität
***                                (priority)
***                     = 3: sds:  Nächster Auftrag
***                                (shortest distance)
***                     = 4: lds:  Weitester Auftrag
***                                (longest distance)
***                     = 5: top:  Auftrag an gegenwärt. Terminal
***                                (present terminal)
***                     = 6: ben:  Benutzereigene Strategien
***            *9999  = Fehlerausgang
***
```

```
SUBROUTINE TLOAD(TIME,*,*)
***
*** CALL TLOAD(TIME,*9000,*9999)
***
*** Funktion : Beladen eines Taxis
*** Parameter: TIME  = Zeitverzögerung für eine Taxi-
***                    Transaction, die aufgeladen wird
***            *9000 = Ausgang zur Ablaufkontrolle
***            *9999 = Fehlerausgang
***
```

```
SUBROUTINE TOUT(TIME,*,*)
***
*** CALL TOUT(TIME,*9000,*9999)
***
*** Funktion : Ausladen der Transaction am Zielpunkt
***            und Einhängen in die Zeitkette
*** Parameter: TIME  = Zeitverzögerung für eine Taxi-
***                    Transaction, die entladen wird
***            *9000 = Ausgang zur Ablaufkontrolle
***            *9999 = Fehlerausgang
***
```

```
SUBROUTINE TPARK(*,*)
***
*** CALL TPARK(*9000,*9999)
***
*** Funktion : Parken eines Taxis nach
***            Abwicklung eines Auftrages
*** Parameter: *9000 = Ausgang zur Ablaufkontrolle
***            *9999 = Fehlerausgang
***
```

```
SUBROUTINE TRAVEL(*)
***
*** CALL TRAVEL(*9999)
***
*** Funktion : Wählen der Betriebsart
*** Parameter: *9999 = Fehlerausgang
***
```

```
SUBROUTINE TRIDE(ISTART,ITARG,*,*)
***
*** CALL TRIDE(ISTART,ITARG,*9000,*9999)
***
*** Funktion : Fahren eines Taxis
*** Parameter: ISTART = Startknoten des Taxis
***            ITARG  = Zielknoten des Taxis
***            *9000  = Ausgang zur Ablaufkontrolle
***            *9999  = Fehlerausgang
***
```

```
SUBROUTINE TSTART(NSC,TSC,IDG,ITYPE,*)
***
*** CALL TSTART(NSC,TSC,IDG,ITYPE,*9999)
***
*** Funktion : Anmelden, Ändern oder stillegen einer
***            Source für Fahrzeuge
*** Parameter: NSC   = Nummer der Source
***            TSC   = Startzeit
***                    >= 0: Anmelden oder Ändern
***                    <  0: Stillegen
***            IDG   = Anweisungsnummer des zugehörigen
***                    Unterprogrammaufrufes
***            ITYPE = Fahrzeugtyp
***                    = 1: Bus
***                    = 2: Taxi
***                    = 3: Transporter
***            *9999 = Fehlerausgang
***
```

Stichwortverzeichnis

I

K

L

N

O

P

R

S

T

V

W